Farbatlas Landschaften
und Biotope Deutschlands

Leonie und Eckhard Jedicke

Farbatlas Landschaften und Biotope Deutschlands

225 Farbfotos und
20 Zeichnungen

E.U.
VERLAG
EUGEN
ULMER

Die Deutsche Bibliothek – CIP-Einheitsaufnahme

Farbatlas Landschaften und Biotope Deutschlands/
Leonie und Eckhard Jedicke. –
Stuttgart : Ulmer, 1992
ISBN 3-8001-3320-2
NE: Jedicke, Leonie; Jedicke, Eckhard

Wollgrasweg 41, 7000 Stuttgart 70 (Hohenheim)
Printed in Germany
Lektorat: Dr. Steffen Volk
Herstellung: Katja Weiher
Einbandgestaltung: A. Krugmann, Freiberg am Neckar
Satz: Typobauer, Scharnhausen
Druck: Georg Appl, Wemding
Bindung: Ludwig Auer, Donauwörth

Inhaltsverzeichnis

Vorwort

Für Creszenz Henriette

Ob beruflich oder aus privatem Interesse: Jeder, der sich mit der Natur befaßt, wird mit verschiedenen Biotopen konfrontiert, die wiederum in einer bestimmten Landschaft liegen. Biotope sind nicht allein schutzwürdige, für menschliche Begriffe »wertvolle« Flächen: Auch ein Parkplatz, ein Gebäude und ein Maisacker sind Lebensraum von Pflanzen und Tieren. Welche Bedeutung diese Biotope im Unterschied zum Hochmoor, Weiher oder Magerrasen besitzen, wo sie zu finden sind, welche Gefahren ihnen drohen und wie sie gegebenenfalls zu schützen sind, solche Informationen faßt dieser Farbatlas in seinem zweiten Teil zusammen.

Zuvor werden die Landschaften der Bundesrepublik Deutschland portraitiert: geographisch und geologisch abgrenzbare Einheiten vom norddeutschen Flachland bis zu den Alpen. Jede Landschaft zeigt ein eigenes Gesicht, das primär durch den geologischen Untergrund geprägt wird. Sekundär zeigt sich dieses zum Beispiel in den Oberflächenformen, in der Verteilung von Wasser, Wald, Agrarflächen und Siedlungen, in der Art landwirtschaftlicher Nutzung und vielen anderen Faktoren mehr. Aus ihrem Zusammenspiel rekrutiert sich wiederum das unterschiedliche Vorkommen der Biotoptypen in den einzelnen Landschaften.

Bewußt behandelt dieser Farbatlas daher sowohl die Landschaften als auch die Biotope Deutschlands, weil diese in engen Beziehungen zueinander stehen. Der begrenzte Druckraum andererseits zwingt zu einer Generalisierung, zu manches Mal etwas verkürzt wirkenden Darstellungen. Doch versteht sich das Buch als Versuch einer Einführung in das Thema, die das Studium spezieller Fachliteratur nicht ersetzen kann.

Geographische, geologische, biologische und ökologische Sachverhalte spielen bei den Beschreibungen der Landschaften und Biotope eine wichtige Rolle. Angestrebt wurde größtmögliche Allgemeinverständlichkeit, um einen breiten Leserkreis vom Naturfreund und Wanderer bis zu wissenschaftlichen Anwendern anzusprechen. Dennoch ließ sich der Gebrauch mancher Fachausdrücke – unter dem Gebot der notwendigen Kürze – nicht vermeiden. Ein Glossar am Ende des Buches soll helfen, Verständnis-Schwierigkeiten auszuräumen.

Aufgaben und Ziele dieses Farbatlanten sind entsprechend weit gefaßt. Sie lassen sich stichwortartig so umreißen:

- ▸ Naturfreunden soll er als Einführung in die Charakteristika der deutschen Landschaften und Biotope dienen – um Unterschiede zu erkennen, Bedeutung und Gefährdungen zu sehen und sich vielleicht auch für den Naturschutz zu engagieren.
- ▸ Planern aller Disziplinen will es die Ansprache heimischer Lebensräume erleichtern und ihnen als Einstieg komprimierte Grundinformationen vermitteln – zum Beispiel über die geologische Entstehung ihres Planungsraumes, über Wert und Gefährdung verplanter (oder als Ausgleich geplanter) Biotope.
- ▸ Naturschützer finden Argumentationshilfen, wenn sie die Bedeutung von gefährdeten Landschaftsausschnitten und Lebensräumen schildern und ihre Erhaltung verfechten wollen.
- ▸ Behörden-Vertreter und Politiker, Studenten aller natur- und umweltorientierten Studiengänge können sich einen raschen Überblick über die Thematik verschaffen.
- ▸ Biotopkartierern kann die Gliederung der Biotope als Grundgerüst für den Aufbau eigener Erhebungsbögen dienen, wobei diese – je nach lokalen Besonderheiten – noch verfeinert werden sollten.

In manchen Punkten erwies es sich als sehr mühsam, die Angaben zu den einzelnen Landschaften und Biotopen zusammenzustellen; meist war die Fülle an Informationen das Problem, da diese stark zusammengefaßt werden mußten.

Neuland beschreitet diese Publikation insofern, als unseres Wissens bisher nirgends die Landschaften und Biotope der (während unserer Arbeit an diesem Projekt noch größer gewordenen) Bundesrepublik in einem solchen Überblick gleichberechtigt nebeneinander darge-

stellt sind. Viele Fakten entnahmen wir lokaler und regionaler Fachliteratur. Allgemeine geographische, geologische und ökologische Bücher geben zwar vielfach einen guten Überblick zur Gesamtsituation, behandeln jedoch nicht die einzelnen, kleinräumigeren bzw. enger abgegrenzten Landschaftseinheiten oder Biotoptypen in separaten Betrachtungen.
Zum besseren Verständnis und um Wiederholungen bei den Einzelbeschreibungen möglichst einzuschränken, erfolgt vorab eine allgemeine geowissenschaftliche Einführung, bevor die Landschaften en detail beschrieben werden. Die zwölf Hauptgruppen der Biotope beginnen ebenso jeweils mit einer Gesamtbetrachtung.
Ein wesentliches Element dieses Farbatlanten bilden die Fotos. Sie sollen auch dem Orts- und Fachunkundigen einen Eindruck von der Gestalt und Eigenart der behandelten Landschaften und Biotope vermitteln. Natürlich ist die Auswahl der Fotomotive subjektiv, und die Bandbreite der charakteristischen Erscheinungsformen einer einzelnen Landschaft wie eines Biotops kann mit einem, zwei oder maximal drei Bildern natürlich nicht zum Ausdruck kommen. Dennoch haben wir uns bemüht, im Rahmen des Möglichen aussagekräftige Motive herauszusuchen.
Ein wesentliches Anliegen ist uns, mit Hilfe der Fotos und Texte auf die Schönheiten und Gefährdungen vieler Landschaften und Biotope gleichermaßen hinzuweisen. Wir würden uns freuen, wenn unser Buch vielfache praktische Anwendung fände und nötige Argumentationen lieferte, damit bedrohte Natur erhalten werden kann. Naturschutz tut dringend not, wenn wir unseren Kindern wenigstens eine halbwegs intakte Umwelt zurücklassen wollen.

Wettenberg, im Frühjahr 1992
Leonie Jedicke
Dr. Eckhard Jedicke

Einführung

Was ist eine Landschaft, was ein Biotop? Besonders um das Wesen einer Landschaft führen Geographen seit Jahrzehnten intensive Debatten – einzelne Facetten dieser Diskussion sollen kurz beleuchtet werden. Weitere Hinweise erläutern und begründen die für diesen Farbatlas erarbeiteten Gliederungsschemata der deutschen Landschaften und der Biotope der Bundesrepublik. Abschließend erfolgen Bemerkungen zur Bebilderung des Buches.

Wichtige Definitionen

Vier zentrale Begriffe dieses Buches bedürfen vorab einer klaren Definition: Landschaft und Biotop, die im Titel auftauchen und den Inhalt beschreiben, aber auch die in ähnlicher Weise benutzten Fachausdrücke Habitat und Ökosystem. Alle anderen im Text erwähnten Fachwörter werden, wo wir dies für notwendig erachteten, im Glossar am Ende des Farbatlanten erläutert.

Im allgemeinen Sprachgebrauch ist häufig von »Natur« und »Landschaft« die Rede, wobei diese fast synonym verstanden werden – als das, »was man ›draußen‹, in der sogenannten ›freien Natur‹, sehen und erleben kann« (Leser 1991 a). Im ökologischen Sinne besitzt »Landschaft« jedoch eine konkreter gefaßte Bedeutung, wenngleich diese immer wieder anders definiert wird.

Landschaft: Eine Landschaft ist ein »Teil der Erdoberfläche, der durch Faktoren wie Relief, Boden, Klima, Wasserhaushalt, Vegetation, Tierwelt und menschlichen Einfluß in einheitlicher und charakteristischer Weise geprägt ist« (Schaefer und Tischler 1983). Dabei sind Natur- und Kulturlandschaften voneinander zu unterscheiden. Im Bereich der Bundesrepublik handelt es sich nahezu generell um Kulturlandschaften, die durch Tätigkeit des Menschen mehr oder weniger gravierend verändert und umgestaltet wurden.

Leser (1991 b) spricht von einem Landschaftsökosystem, welches konkret und real im Bereich der Öko- oder Biogeosphäre – dem belebten Teil der Erde – existiert. Es handelt sich um ein hochkomplexes System, das sich in der geographischen Realität anordnet. Naturbürtige, vom Menschen (anthropogen) veränderte und anthropogene Bestandteile bilden ein Gefüge von gegenseitigen Wechselwirkungen. Nach Leser sind Landschaftsökosysteme (vereinfacht: Landschaften) Modelle, die zweckgerichtet abgegrenzt werden; die konkrete Landschaft ist der räumliche Repräsentant des betreffenden Landschaftsökosystems.

Weitere Erläuterungen folgen im nächsten Unterkapitel. Auf Fragen und Probleme der Abgrenzung von Landschaften gegeneinander wird daran anschließend eingegangen.

Biotop: Der räumlich abgrenzbare Lebensraum einer bestimmten Lebensgemeinschaft – einer Biozönose – wird als Biotop bezeichnet. Dieser weist eine mehr oder minder einheitliche Beschaffenheit auf und läßt sich damit von seiner Umgebung abgrenzen.

Oder in Anlehnung an Leser (1991 b): Ein Biotop ist eine dreidimensional in der Umwelt örtlich ausweisbare Lebensstätte von aus Pflanzen und Tieren gebildeten Lebensgemeinschaften. Durch ihre Ausstattung mit abiotischen (unbelebten) und biotischen (belebten) Faktoren stellt diese Lebensstätte relativ einheitliche Lebensbedingungen bereit.

Eine Landschaft besteht somit aus einem Mosaik unterschiedlicher Biotope. Ein solches Mosaik kann relativ eintönig und großflächig ausgebildet sein, zum Beispiel als Buchenwälder oder ausgeräumte Ackerlandschaften der Börden. Vielfältige, gern als naturnah bezeichnete Landschaften zeigen dagegen eine große Mannigfaltigkeit unterschiedlicher Biotope auf kleinem Raum, etwa Mittelgebirgs-Landschaften mit schlechteren Böden, kleinparzellierter Nutzung und kleinräumig wechselnden Standortbedingungen.

Habitat: In dem Biotop sehr ähnlicher Bedeutung wird in wissenschaftlichem Rahmen der Begriff des Habitats gebraucht. Er bezeichnet den charakteristischen Standort bzw. »Wohnort«

einer Einzelart und wird im Unterschied zum Biotop als Lebensraum einer aus Pflanzen und Tieren bestehenden Biozönose (Lebensgemeinschaft) gesehen. Ursprünglich handelt es sich um einen autökologischen Terminus, der in bezug auf den Lebensraum einer einzelnen Art verwendet wird. Besonders im angelsächsischen Sprachgebrauch, zunehmend jedoch auch im deutschen, erhält Habitat eine ebenso synökologische, auf Lebensgemeinschaften bezogene Bedeutung, die der des Biotops entspricht. PLACHTER (1991) gebraucht Habitat im Sinne von Lebensraumteil: Kein Biotop ist in sich homogen. Stets setzt er sich heterogen aus verschiedenen Teillebensräumen zusammen. Die einzelne Pflanzen- oder Tierart bevorzugt bestimmte, besonders geeignete Lebensraumteile, etwa das Habitat XY.
In diesem Buch wird durchgängig von Biotopen gesprochen, da es sich um den bekannteren und allgemeinverständlicheren und im gegebenen Zusammenhang auch treffenderen Ausdruck handelt.
Ökosystem: Noch umfassender als Habitat und Biotop ist der Begriff des Ökosystems. Er meint das Beziehungsgefüge biotischer und abiotischer Natur von Organismen und ihrem Lebensraum, die durch Stoff- und Energiekreisläufe mannigfaltig miteinander verknüpft sind. LESER (1991 a und b) spricht von einer »Funktionseinheit der hochkomplexen realen Umwelt«, die einen Ausschnitt aus der Geobiosphäre bildet, sprich aus dem belebten Teil der Erde im Überschneidungsbereich von Atmo-, Hydro-, Litho-, Pedo- und Biosphäre.
Ein Ökosystem besteht im allgemeinen aus verschiedenen Biotopen: Das Ökosystem Moor zum Beispiel setzt sich unter anderem aus Hochmoor, randlichen Übergangs- und vielleicht auch Niedermooren, stehenden Kleingewässern, Moorheiden in trockenen Bereichen usw. zusammen. Eine Landschaft besitzt in der Regel Ausschnitte aus verschiedenen Ökosystemen. Ebenso können Ökosysteme jedoch auch mehrere benachbart liegende Landschaften durchziehen, wenn man etwa an das Wattenmeer oder subalpine Bergwälder denkt.

Was ist eine Landschaft?

Landschaft findet im deutschen Sprachgebrauch sehr vielfältige Verwendung, die weit über die ursprüngliche Bedeutung hinausgeht: politische Landschaft, Presselandschaft, Hochschul-, Behörden- und Kunstlandschaft, Büro- und Wohnlandschaft, um nur einige Beispiele zu nennen. Im Mittelalter wurde Landschaft nach LESER (1991 a) als »regio« oder »provincia« bezeichnet – und meinte einen Siedlungs- und Wirtschaftsraum, einen Lebensraum mit gewisser Homogenität, unabhängig von politischen Grenzen.
Das Deutsche Universal-Wörterbuch von Duden definiert Landschaft in ihrem engeren Sinne so: »Hinsichtlich des äußeren Erscheinungsbildes (der Gestalt des Bodens, des Bewuchses, der Besiedlung o.ä.) in bestimmter Weise geprägter Bereich der Erdoberfläche«.
Noch anders liest sich die Erklärung in Meyers Großem Konversations-Lexikon aus dem Jahre 1905: »Jeder Ausschnitt der Erdoberfläche, den wir von einem bestimmten Standort aus zu überblicken vermögen, bis im Horizont oder Gesichtskreis Erde und Himmel zusammenzustoßen scheinen. Jede Landschaft kann unter einem naturwissenschaftlichen, unter einem künstlerischen oder einem kulturgeschichtlichen Gesichtspunkte betrachtet werden.« Besonders weist das Lexikon auf die Bedeutung der Geologie zur Klärung der Entwicklung und der aktuellen Züge »im Antlitz der Erde« hin. »Jede Landschaft zeigt Farben und Formen; die erstern sprechen mehr zur schauenden Empfindung, die letztern sind dauerhafter und wenden sich mehr an den Verstand: Schönheit können beide in reichstem Maße bieten.«
Ungezählte Fachbeiträge vor allem aus der Geographie befaßten sich in den vergangenen Jahrzehnten mit der Frage, was eine Landschaft ist. Einen Querschnitt konträrer Ansicht aus der Zeit von den 30er Jahren bis 1970 bringt die Sammlung verschiedener Veröffentlichungen durch PAFFEN (1973). Damals standen sich unter anderem zwei Auffassungen gegenüber:

- Eine geographische Landschaft ist eine real existierende Raumeinheit, also etwas Konkretes und Gegebenes, wenn auch in sich wandelbar und daher in der Umgrenzung nicht absolut.
- Landschaft ist nicht mehr als ein beliebig begrenzbarer Ausschnitt der Geosphäre, sozusagen eine Forschungshypothese.

Damals wie heute erwies sich die Abgrenzung unterschiedlicher Landschaften voneinander als Problem: Als Kontinuum wandeln sich Landschaften allmählich, sie stoßen kaum mit einer scharfen Grenze aneinander. Somit ist und bleibt jede Grenzziehung zwischen Landschaften problematisch und bestreitbar. LAUTENSACH (nach PAFFEN 1973) spricht denn auch von einem »kartographischen Notbehelf« solcher Grenzlinien zwischen Landschaftstypen und von einer »weitgehenden Abstraktion gegenüber der Wirklichkeit«.

1950 faßte TROLL (nach PAFFEN 1973) zur Diskussion um das über ein Jahrtausend alte deutsche Wort Landschaft zusammen: ». . .immer ist und bleibt die Landschaft der physiognomische Ausdruck der in einem bestimmten Raum einheitlich und anders als in benachbarten Räumen wirksamen Kräfte.«

Viele weitere Definitionen ließen sich hier anführen, doch sollen die gegebenen Erklärungen ausreichen, um die Verwendung des Begriffes »Landschaft« in diesem Buch zu verdeutlichen: als mittelmaßstäbliche Ausschnitte der Erdoberfläche im Bereich der Bundesrepublik Deutschland, die sich durch Oberflächengestalt, geowissenschaftliche Faktoren und nicht zuletzt auch menschliche Einflußnahme von benachbarten Regionen unterscheiden. Beschrieben werden also nicht bestimmte Landschaftstypen, die sich an verschiedenen Orten immer wieder finden lassen, sondern regional begrenzte geographische Einheiten.

Zur Gliederung der Landschaften

Landschaften als Kontinuum, denen wie gesagt scharfe Grenzen zueinander fehlen, zu gliedern, ist kein einfaches Unterfangen. Einige (vergleichsweise wenige) Landschaften sind namentlich in den topographischen Karten verzeichnet. Doch ihre genaue Abgrenzung wird daraus in den seltensten Fällen ersichtlich. Ähnlich schwierig gestaltet sich vielfach die Benennung von Landschaften.

Mit solchen Dingen befaßt sich seit 1952 der Ständige Ausschuß für geographische Namen, der sich mit seiner Geschäftsstelle im Institut für Angewandte Geodäsie in Frankfurt/Main befindet. Er sieht es als seine Aufgabe, »die amtlich und privat gebrauchten Namen zu vereinheitlichen und für deren Schreibweise, Lokalisierung und Abgrenzung eine standardisierte, also eindeutig festgelegte und computerisierbare Form zu schaffen« (LIEDTKE 1984).

Als ein Ergebnis publizierte der Zentralausschuß für deutsche Landeskunde in den »Forschungen zur deutschen Landeskunde« einen Katalog der »Namen und Abgrenzungen von Landschaften in der Bundesrepublik Deutschland gemäß der amtlichen Übersichtskarte 1 : 500 000 (ÜK 500)« (LIEDTKE 1984). Ihm liegt eine vorläufige Landschaften-Karte im Maßstab 1 : 1 000 000 bei. Für die Landschaften-Gliederung in diesem Buch lieferte diese eine wichtige Grundlage, was die »alte« Bundesrepublik betrifft. Weitere Hinweise, auch auf angrenzende Landschaften im östlichen Teil Deutschlands, gibt KLINK in TIETZE et al. (1990).

Allerdings ergab sich der Zwang zu einer Generalisierung, zu einer Zusammenfassung kleinerer Landschaftseinheiten zu übergeordneten Landschaften. LIEDTKE (1984) beschreibt allein für die westlichen Bundesländer rund 460 Landschaftsnamen, die in der amtlichen Übersichtskarte aufgeführt oder zur Aufnahme empfohlen werden. Die ostdeutschen Gebiete hinzugenommen – für die eine ähnliche Bearbeitung noch nicht vorliegt –, hätte diese Zahl den Rahmen des Farbatlanten bei weitem gesprengt.

Daher wurde für dieses Buch auf der Basis von KLINK in TIETZE et al. (1990) und LIEDTKE (1984) eine neue Gliederung der Landschaften erarbeitet, die für die alten und die neuen Bundesländer insgesamt 55 verschiedene Landschaften bzw. Landschafts-Komplexe beschreibt. Um Wiederholungen zu vermeiden und auch für unbedarfte Leser den Überblick zu wahren, wurden dazu einzelne Landschaften mit sehr ähnlicher Gestalt und/oder geowissenschaftlicher Vergangenheit zusammengefaßt, zum Beispiel Schwäbische und Fränkische Alb, Niederrheinisches Tiefland und Kölner Bucht, Allgäuer und Bayerische Alpen sowie Wendland, Altmark und Prignitz mit angrenzenden Einheiten.

Die Zusammenfassung mehrerer kleiner Landschaftseinheiten war besonders in kleinräumig gekammerten Gebieten notwendig: Dort ist eine Häufung von Landschaftsnamen zu beobachten, während gering strukturierte Areale oft weniger Landschaftsnamen aufweisen (LIEDTKE 1984). Der kontinuierliche Übergang von einer Landschaft in die nächste bedingt zudem, daß nicht immer eine so scharfe Grenzziehung erfolgen konnte, wie das in der Theorie vielleicht wünschenswert wäre. Für Gebirgszüge scheint die Abgrenzung durch schroffe Hänge und Waldbewuchs vielfach sehr klar, und dennoch

bleibt hier die Frage, inwieweit das Vorland noch dem Gebirge zuzurechnen ist.
Gliederung und Benennung der Landschaften im einzelnen sind der Kartenskizze zu entnehmen. Sehr grob lassen sich die deutschen Landschaften vier naturräumlichen Großregionen zuordnen (Klink in Tietze et al. 1990):

- mitteleuropäisches Tiefland,
- Mittelgebirge verschiedener Bautypen, insbesondere Grundgebirgs-Schollenland und Deckgebirgs-Schichtstufenland,
- nördliches Alpenvorland,
- Hochgebirge der Alpen.

Landschaft ist nicht unbedingt identisch mit Naturraum. Denn benachbarte Landschaften mit unterschiedlichen Namen können durchaus eine sich entsprechende naturräumliche Ausstattung und Geschichte aufweisen. Kulturelle, politische und allgemein historische Einflüsse bewirkten jedoch manches Mal so starke Trennung, daß sich unterschiedliche Landschaftsnamen etablierten. Damit hängt auch zusammen, daß die Landschaftsnamen in vielen Fällen nicht auf natürliche Eigenschaften zurückgehen, sondern sich aus Orts- oder Personennamen, aus territorialgeschichtlichen Verhältnissen oder Kunstnamen (wie das Rheinische Schiefergebirge) rekrutieren.

Einteilung der Biotoptypen

Ähnlich den Landschaften erwies sich auch die Typisierung der Biotope als Problem. Dazu vorliegende Publikationen – vor allem Blab (1986), Friese et al. (1973), Heydemann und Nowak (1980) sowie Riecken und Blab (1989) – gehen allein von Tierbiotopen aus. Die Lebensräume von Pflanzen werden im allgemeinen anhand von Pflanzengesellschaften gegliedert (siehe Ellenberg 1986), die am Standort herrschende Umweltfaktoren recht gut widerspiegeln.
Die diesem Farbatlas zugrundeliegende Einteilung der Biotope versucht eine allgemeinere Darstellung, um die Biotope gleichberechtigt als Lebensräume für Flora **und** Fauna zu beschreiben. Die Gliederung stellt daher teils pflanzensoziologische Kriterien in den Vordergrund, teils basiert sie stärker auf faunistischen Gesichtspunkten, wenn charakteristische Tierlebensgemeinschaften dies nahelegen. Sogleich sei jedoch vorausgeschickt, daß ein solches Schema in manchen Punkten Schwachstellen aufweisen muß und niemals allen Ansprüchen gerecht werden kann.
Dennoch: So wichtig es sein mag, die Lebensräume einzelner Tiergruppen in allen Einzelheiten zu kennen, umso bedeutsamer erscheint eine allgemeinverständliche Zusammenfassung der Funktionen verschiedener Lebensräume für den Naturschutz insgesamt. Zwangsläufig bedeutet dieses Unterfangen die Notwendigkeit, angesichts begrenzten Druckraumes die Informationen zu selektieren und zu komprimieren. Es ist klar, daß dabei aus Sicht des Fachwissenschaftlers Verallgemeinerungen und auch Auslassungen unumgänglich sind; die Auswahl der Inhalte muß subjektiv sein.
Die Biotoptypen sind 14 Hauptgruppen zugeordnet. Bewußt wurde innerhalb dieser auf eine hierarchische Gliederung verzichtet, da sie unpraktikabel erscheint. Daher stehen größere Biotopkomplexe in landschaftsprägender Größenordnung (zum Beispiel See) auf gleicher Ebene neben Einzelbiotopen (Teich, Tümpel) und wenigen, als besonders wichtig erachteten Biotopelementen (Schwimmpflanzen-Biotop, Röhricht).
So werden bei den Wald- und Forstbiotopen zunächst großflächiger entwickelte Waldbiotope wie Buchenwald, Eichen-Hainbuchen-Wald, Wärmeliebender Eichenmischwald usw. beschrieben. Behandelt werden jedoch auch besondere Kulturbiotope der Forsten, die sich ebensogut zum Beispiel den Buchen- oder wärmeliebenden Eichenwäldern zuordnen ließen (Jungpflanzung, Hutewald, Niederwald, Altholzinsel). Ihre Abtrennung von den eher pflanzensoziologisch gegliederten Waldtypen wurde dann vollzogen, wenn – besonders für die Tierbesiedlung – strukturelle Faktoren (Schonungen, Altholz usw.) wesentlich bedeutsamer sind als die floristische Zusammensetzung. Schließlich werden häufig auch Kleinbiotope behandelt, die ansich eher als Bestandteile von anderen Biotopen anzusprechen sind (etwa Tot- und Moderholz, Waldsaum). Trotz ihres oft nur kleinflächigen Auftretens übernehmen sie wichtige Funktionen für Flora und/oder Fauna, ohne charakteristisch für einen einzelnen zuvor genannten Biotoptyp zu sein.
Eine numerische Gliederung der Biotope in einer bundesweit gültigen Standardliste ist unmöglich: Es kann keinen Biotop Nummer 7.12.4

geben, der im mecklenburgischen Tiefland genauso aussieht und dieselben Pflanzen- und Tierarten aufweist wie derselbe Typ im oberschwäbischen Alpenvorland. Dafür variieren die Standortfaktoren zu stark, wirken menschliche Einflüsse zu differenziert und unterscheiden sich biogeographische Verbreitungsmuster und sogar Biotopansprüche der Arten zu sehr.

Dennoch kann die diesem Buch zugrunde liegende Biotop-Gliederung sicherlich als ein Grundschema für Biotopkartierungen und für Analysen der Bedeutung verschiedener Biotope für den Naturschutz genutzt werden. Stets erfordert dieses Grundraster jedoch lokale und regionale Verfeinerungen, um der spezifischen Ausstattung des untersuchten Naturraumes mit Biotopen bestmöglich gerecht zu werden. Denn auch wenn es wünschenswert wäre, für die Naturschutz-Praxis eine Art »Rote Liste« gefährdeter Biotoptypen zu erarbeiten – globale Aussagen für das gesamte Areal der Bundesrepublik Deutschland müssen stets fraglich bleiben. Sie erfordern eine regionalisierte, kleinräumigere Betrachtung (siehe zum Beispiel Bushart et al. 1990 für Rheinland-Pfalz), die zudem von einem noch stärker differenzierten Biotopschema ausgehen muß.

Die Angaben bei den Biotopbeschreibungen beruhen zum Teil auf eigenen Beobachtungen und Erfahrungen. Vor allem Angaben zu den typischen Pflanzen(gesellschaften) und Tieren wurden aus der Literatur zusammengestellt, wobei regelmäßig auf die Arbeiten von Blab (1986), Ellenberg (1986), Hölzinger (1987), Riecken und BLAB (1989), RUNGE (1986) und WESTRICH (1989) zurückgegriffen wurde. Es ist klar, daß in Detailfragen stets vertiefende Fachliteratur heranzuziehen ist; gerade die Angaben zu Schutz und Pflege (vergleiche dazu BLAB 1986 und JEDICKE et al. 1992) können hier nicht in einer für die Praxis notwendigen Ausführlichkeit behandelt werden.

Anmerkungen zu den Fotos

Die Bilder entstanden im Laufe der 80er Jahre bis einschließlich Herbst 1991, die meisten auf zahlreichen Exkursionen in den Jahren 1989, 1990 und 1991. Wir arbeiten mit einer Mittelformat-Kamera Mamiya 645 mit Brennweiten zwischen 35 und 210 mm sowie Kleinbild-Gehäusen von Minolta (XD 7, Dynax 8000 i) im Brennweiten-Bereich von 24 bis 105 mm. Als Filmmaterial kommt Fujichrome zum Einsatz.
Als ein Problem bei der Landschafts-Fotografie erwies sich, daß die Bildergebnisse vielfach wesentlich uninteressanter, flacher wirken als in der Natur; das Relief kommt nicht immer so zum Ausdruck, wie wir es draußen empfinden. Aber ein Buch wie dieses kann eben nicht das Hochgefühl ersetzen, auf einem Berggipfel zu stehen und ins Tal hinabzuschauen – oder umgekehrt eine Gebirgskulisse aus der vorgelagerten Ebene zu betrachten.
Wir nahmen uns die Freiheit, das optische Resultat durch den Einsatz unterschiedlicher Brennweiten variabel zu gestalten – so, daß ein »schönes« Ergebnis herauskam. Nicht immer ließen sich dadurch Hochspannungsleitungen verbannen, aber auch sie sind ein Teil der Landschaft. Weitwinkel-Aufnahmen bewirken den Eindruck größerer Weite, sie wirken in vielen Fällen schöner, wenngleich sie die Landschaft noch ebener erscheinen lassen. Ein realistischeres Bild ergibt sich häufig durch Einsatz eines ganz leichten Teleobjektivs. Dann allerdings verdichtet sich auch der fast stets unvermeintliche Dunst, der die Bilder nicht selten unbrauchbar werden ließ.
So spulten wir ungezählte Filmrollen durch unsere Kameras, um dann aus tausenden von Dias in tage- und nächtelanger Arbeit die endgültige Auswahl zu treffen. Nicht alle Ergebnisse sind optimal, so wie wir auch nicht stets die besten Aussichtspunkte entdeckten, von denen sich die Landschaft vielleicht noch etwas aussagekräftiger hätte fotografieren lassen.
Viele Fotos entstanden von Berggipfeln und vor allem Aussichtstürmen aus. Besonders im Flachland erwies es sich vielfach als ungemein schwierig, eine Bildposition zu finden, in der nicht zwei Drittel des Fotos von einem Acker eingenommen werden und wo mehr als nur ein kleiner, wenige Parzellen umfassender Landschaftsausschnitt zu sehen ist.
Trotz aller Probleme und mancher abgebrochenen Exkursion, weil das Wetter nicht mehr mitspielte, hoffen wir dennoch, mit Unterstützung der erläuternden Texte ein halbwegs repräsentatives Bild der Landschaften zu zeichnen.
Gleiches gilt für die Biotope: Auch hier hatten wir vielfach die Qual der Wahl, weil etwa eine Quelle als Sturz-, Tümpel- oder Sickerquelle jeweils komplett anders aussieht, weil ein Flußauenwald als Weichholzaue oder als Hartholzaue ausgeprägt sein kann – um zwei Beispiele zu nennen. Stets weist der Erläuterungstext dann auf solche wichtigen Differenzierungen hin.
Aus Platzgründen wurden Hinweise auf Bildobjekte und Aufnahmeorte der Fotos in einem eigenen Verzeichnis im letzten Teil des Buches zusammengefaßt, so daß Bildunterschriften verzichtbar wurden.

Vom Werden der Landschaft – ein geowissenschaftlicher Überblick

Das Wissen um den Kreislauf der Gesteine auf der Erde hat das Verständnis von geologischen Prozessen nachhaltig verändert. Die Erdkruste besteht aus Platten ozeanischer und kontinentaler Kruste, die sich gegeneinander, aufeinander zu und voneinander weg bewegen. Das Grundprinzip der Plattentektonik erklärt damit alle generellen Ereignisse, zu denen Grabenbrüche und Gebirgsbildungen gehören. Heute ist bekannt, daß die Gesteine der Ozeanböden sehr jung sind – nirgendwo auf der Erde älter als 200 Millionen Jahre. Sie entstehen ständig an den mittelozeanischen Rücken aus basaltischen Laven des Erdmantels neu und driften langsam von der Spreizungsachse fort.

Da sich die Erdkugel aber nicht ausdehnt, muß der Ozeanboden an anderer Stelle wieder von der Erdoberfläche verschwinden. Das geschieht an den sogenannten Subduktionszonen – tiefen Ozeangräben, oft an Kontinentalhängen, an denen die basaltische ozeanische Platte in den Erdmantel zurücktaucht. In großen Tiefen schmilzt sie dort wieder auf. Beim Abtauchen verursacht das Material Erdbeben, aufsteigende Wärme und Wasser begünstigen in höheren Krustenniveaus die Bildung von Gesteinsschmelzen, Magmen dringen nach oben und bauen riesige vulkanische Gebirge auf. Ein berühmtes Beispiel sind die Anden: Die pazifische Platte taucht dort unter den südamerikanischen Kontinent ab und verursacht neben häufigen Erdbeben die Entstehung des Gebirges selbst. Treffen zwei Kontinente direkt aufeinander, verdickt sich die kontinentale Kruste und schiebt riesige Faltengebirge wie den Himalaya und die Alpen auf.

Die Kenntnis der Plattentektonik als Grundprinzip erleichtert auch das Verständnis des geologischen Baus Europas und Deutschlands. Drei große Phasen der Gebirgsbildung (Oroge-

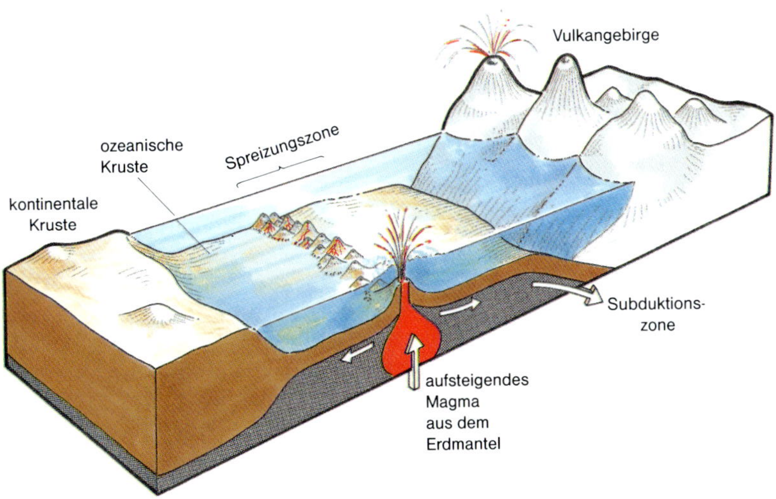

Vereinfachtes Schema der Plattentektonik mit Entstehung ozeanischer Kruste in Subduktionszonen.

Alpidische Gebirgsbildung

Zeitalter: Tiere	Zeitalter: Pflanzen	System		Serie (und Subserie)		Stufe (gegebenenfalls auch Unterstufe)		
Känozoikum (Neozoikum)	Neophytikum	13. Quartär		B. Holozän A. Pleistozän				
		(1,5–2)						
		12. Tertiär	Neogen (Jungtertiär)	E. Pliozän		Astium	Levantinium (Reuverium) Dacium	
						Piacentinium		
						Pannonium	Pontium Mäotium	
				(7)				
				D. Miozän		Sarmatium	Vindobonium	Obere Süßwassermolasse (Bayerisches Molassebecken)
						Tortonium		
						Helvetium		Obere Meeresmolasse (Bayerisches Molassebecken)
						Burdigalium	Girondium	
						Aquitanium		Untere Süßwassermolasse (Bayerisches Molassebecken)
				(26)				
			Paläogen (Alttertiär)	C. Oligozän		Chattium		
						Rupelium		Untere Meeresmolasse (Bayerisches Molassebecken)
						Lattorfium	Sannoisium	
						Tongrium		
				(37–38)				
				B. Eozän	Oberes	Ludium Bartonium Auversium	Ledium	Priabonium
					Mittleres	Lutetium		
					Unteres	Ypresium		
				(53–54)				
				A. Paleozän (Paläozän)		Sparnacium Thanetium	Landenium	
						Montium Danium		
		(64–65)						
Mesozoikum		11. Kreide		B. Obere Kreide		Maastrichtium	Senonium	Gosau (Alpen)
						Campanium		
						Santonium	Emscherium	
						Coniacium		
						Turonium		
						Cenomanium		
				(100)				
	Mesophytikum			A. Untere Kreide		Albium	Gaultium	
						Aptium		
						Barremium		
						Hauterivium	Neokomium	
						Valanginium		
						Berriasium		
		(136)						
		10. Jura		C. Malm (Weißer Jura)	Oberer Jura	Portlandium = Thitonium		
						Kimmeridgium		
						Oxfordium		
		(154)						

Ära	Florenzeit	System	Abteilung	Gliederung	Alpine Trias	Stufe	Gebirgsbildung
Mesozoikum	Mesophytikum	10. Jura	B. Dogger (Brauner Jura)	Mittlerer Jura		Callovium Bathonium Bajocium Aalenium	Alpidische Gebirgsbildung
Mesozoikum	Mesophytikum	10. Jura	A. Lias (Schwarzer Jura)	Unterer Jura		Toarcium Pliensbachium Sinemurium Hettangium	Alpidische Gebirgsbildung
		(190–195)					
			Germanische Trias		Alpine Trias		
Mesozoikum	Mesophytikum	9. Trias	C. Keuper	Oberer Keuper (Rät)	Obere Trias	Rätium	Alpidische Gebirgsbildung
Mesozoikum	Mesophytikum	9. Trias	C. Keuper	Mittlerer Keuper = »Gipskeuper«	Obere Trias	Norium Karnium	Alpidische Gebirgsbildung
Mesozoikum	Mesophytikum	9. Trias	C. Keuper	Unterer Keuper = »Letten(Kohlen-)-Keuper«	Mittlere Trias	Ladinium	
Mesozoikum	Mesophytikum	9. Trias	B. Muschelkalk	Oberer Muschelkalk (= Hauptmuschelkalk) Mittlerer Muschelkalk (= Anhydritgruppe)	Mittlere Trias		
Mesozoikum	Mesophytikum	9. Trias	B. Muschelkalk	Unterer Muschelkalk (= Wellenkalk)	Mittlere Trias	Anisium	
Mesozoikum	Mesophytikum	9. Trias	A. Buntsandstein	Oberer Buntsandstein (= Röt) Mittlerer Buntsandstein (= Hauptbuntsandstein) Unterer Buntsandstein	Untere Trias	Skythium	
		(225)					

Ära	Florenzeit	System	Abteilung	Mitteleuropa – terrestrisch bis marin			Stufe	Gebirgsbildung
Paläozoikum	Mesophytikum	8. Perm (Dyas)	B. Zechstein	Niedersachsen-Serien	Aller-Serie (Z IV)		Oberperm = Thuringium	Variskische Gebirgsbildung
Paläozoikum	Mesophytikum	8. Perm (Dyas)	B. Zechstein	Niedersachsen-Serien	Leine Serie (Z III)		Oberperm = Thuringium	Variskische Gebirgsbildung
Paläozoikum	Mesophytikum	8. Perm (Dyas)	B. Zechstein	Staßfurth-Serie (Z II) Werra-Serie (Z I)			Oberperm = Thuringium	Variskische Gebirgsbildung
Paläozoikum	Paläophytikum	8. Perm (Dyas)	A. Rotliegendes	Kreuznacher Schichten (Zechstein?)	Oberes Rotliegendes	Tambacher Schichten	Mittleres Perm = Saxonium	Variskische Gebirgsbildung
Paläozoikum	Paläophytikum	8. Perm (Dyas)	A. Rotliegendes	Waderner Schichten	Oberes Rotliegendes		Mittleres Perm = Saxonium	Variskische Gebirgsbildung
Paläozoikum	Paläophytikum	8. Perm (Dyas)	A. Rotliegendes	Söterner Schichten (Mit Vulkaniten: »Grenzlager«)	Oberes Rotliegendes		Mittleres Perm = Saxonium	Variskische Gebirgsbildung
Paläozoikum	Paläophytikum	8. Perm (Dyas)	A. Rotliegendes	Tholeyer Schichten	Unteres Rotliegendes	Oberhöfer Schichten	Unterperm = Autunium	Variskische Gebirgsbildung
Paläozoikum	Paläophytikum	8. Perm (Dyas)	A. Rotliegendes	Lebacher Schichten	Unteres Rotliegendes	Goldlauterer Schichten	Unterperm = Autunium	Variskische Gebirgsbildung
Paläozoikum	Paläophytikum	8. Perm (Dyas)	A. Rotliegendes	Kuseler Schichten	Unteres Rotliegendes	Manebacher Schichten Gehrener Schichten	Unterperm = Autunium	Variskische Gebirgsbildung
				Saar-Nahe		Thüringen		
		(280)						

Gebirgsbildung	Ära		Periode	Abteilung	Stufen	
Variskische Gebirgsbildung	Paläozoikum	Paläophytikum	7. Karbon	B. Oberkarbon (= Silesium) (= Pennsylvanium)	Stefanium (A, B, C) (= Uralium) Westfalium (A, B, C, D) Namurium (A, B, C)	
				(320)		
				A. Unterkarbon (Mississippium)	Viséum Tournaisium	Dinantium (Kalkfazies: »Kohlenkalk«, klastische F.: »Kulm«)
			(345)			
			6. Devon	C. Oberdevon	Dasbergium (= Etroeungtium) Hembergium Nehdenium	Famennium
					Adorfium (= Frasnium)	
				(358)		
				B. Mitteldevon	Givetium (= Stringocephalen-Schichten) Eifelium (= Couvinium = Calceola-Schichten)	
				(370)		
				A. Unterdevon	Emsium Siegenium Gedinnium	
			(395)			
Kaledonische Gebirgsbildung			5. Silur (Gotlandium)		Downtonium	
					Ludlovium Wenlockium	Salopium
					Llandoverium	
			(430–440)			
		Eophytikum	4. Ordovizium	B. Oberordovizium	Ashgillium Caradocium	
				(450)		
				A. Unterordovizium	Llandeilium Llanvirnium Arenigium (= Skiddavium) Tremadocium	
			(500)			
			3. Kambrium	C. Oberkambrium (Potsdamium)		
				B. Mittelkambrium (Acadium)		
				A. Unterkambrium (Georgium)		
			(570) — (Eokambrium)			
	Kryptozoikum		2. Proterozoikum = Eozoikum = Jungpräkambrium			
			1. Archaikum = Altpräkambrium			
			(> 4500)			

Stratigraphische Tabelle von Präkambrium bis Quartiär (aus Murawski 1983, verändert)

		Alter in Mio. J. B. P.	Alpen	NW-Europa
QUARTÄR			HOLOZÄN	
	PLEISTOZÄN	0,01		
		0,05	Würm-Kaltzeit	Weichsel-Kaltzeit
		0,1	Riß/Würm-Warmzeit	Eem-Warmzeit
		0,2	Riß-Kaltzeit	Warthe-Stadium Saale-Kaltzeit Drenthe-Stadium
		0,3	Mindel/Riß-Warmzeit	Holstein-Warmzeit
		0,4	Mindel-Kaltzeit	Elster-Kaltzeit
		0,5		
		0,6 0,7	Günz/Mindel-Warmzeit	Cromer-Komplex (-Warmzeit)
		0,8	Günz-Kaltzeit	Menap-Komplex
		0,9 1,0 1,1 1,2 1,3	Donau/Günz-Warmzeit	Waal-Komplex (-Warmzeit)
		1,4 1,5	Donau-Kaltzeit	Eburon-Komplex (-Kaltzeit)
		1,6 1,7 1,8 1,9 2,0 2,1 2,2 2,3	Biber/Donau-Warmzeit	Tegelen-Komplex (-Warmzeit)
		2,4	Biber-Kaltzeit	Prä-Tegelen-Komplex (Brüggen-Kaltzeit)
		2,5	PLIOZÄN	

Stratigraphische Tabelle des Quartär (aus MURAWSKI 1983, verändert)

nese) mit Verfaltung von Sedimenten, Magmatismus, Metamorphose und Hebung prägen das Bild Deutschlands: die kaledonische (500 bis 395 Millionen Jahre), die variskische (370 bis 250 Millionen Jahre) und die alpidische Orogenese (195 bis 1 Million Jahre).

Im Kambrium und Ordovizium brechen am nördlichen Rand des damaligen Riesenkontinents Gondwana im Zuge bedeutender Spreizungen (rifting-Episoden) sogenannte Mikrokontinente ab, zwischen denen sich schmale Ozeane bilden. Kaledonisch – im Ordovizium und Silur – kollidieren die beiden Kontinente Laurentia und Baltica zu einem neuen Kontinentblock namens Laurussia. In frühpaläozoischer Zeit ist Laurussia (bzw. zunächst Baltica) von Afrika und Gondwana durch den Norddeutsch-Polnischen Ozean getrennt; die am Nordrand von Gondwana abgesplitterten Mikrokontinente und Gondwana selbst liegen wesentlich weiter südlich. Im Ordovizium müssen sie sich in Polnähe befinden, denn die Sahara ist von einer Vereisung betroffen.

Im südlichsten, dem Moldanubischen Becken, das nach Norden hin vom Saxothuringischen Becken durch das Tepla-Barandium getrennt ist, beginnt die Subduktion und damit die Schließung im Ordovizium. Die klastischen Sedimente (Verwitterungsschutt der Gesteine) werden gefaltet und durch Druck und Temperatur metamorphosiert. Während die südlichen Bekken bereits konvergieren, öffnet sich im Silur und Devon der Rhenoherzynische Ozean. Möglicherweise entsteht er dadurch, daß die mitteleuropäische Platte durch Schließen des Norddeutschen Ozeans und Kollision mit Baltica die Spreizungsachse des Ozeans überfährt und damit sich inmitten der Kontinentplatte das Rhenoherzynische Becken durch Vulkanismus öffnet. Es bilden sich die für solche Krustenausdünnungen typischen sowohl sauren als auch basischen (bimodalen) Magmatite, auf vulkani-

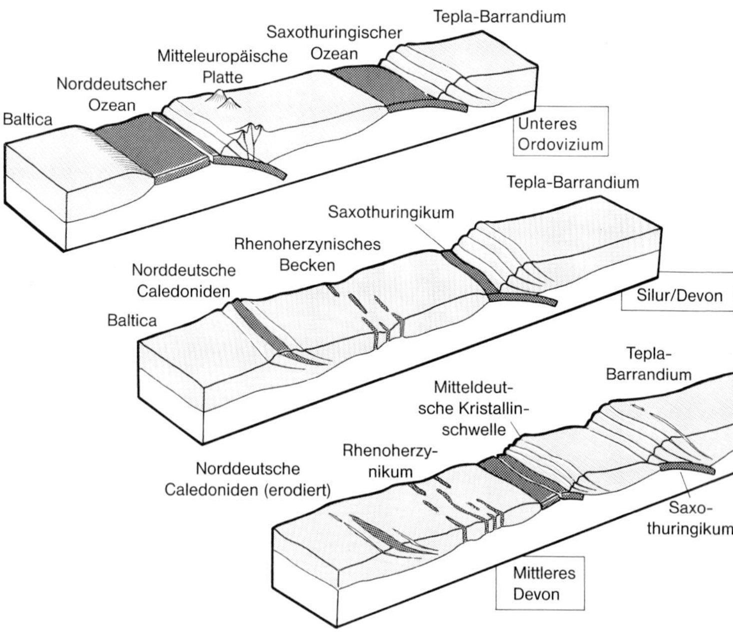

Plattentektonisches Modell des Variskischen Gürtels in Mitteleuropa (nach Franke 1989b, verändert).

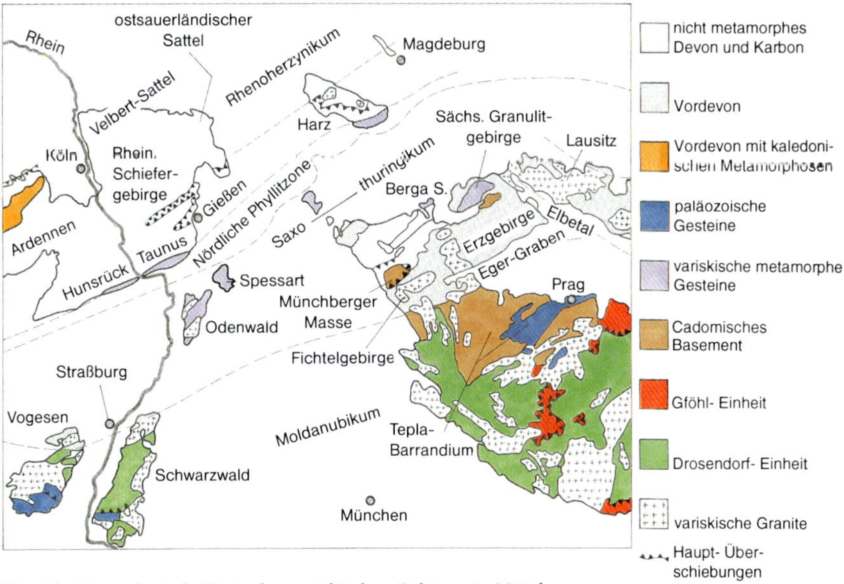

Vereinfachte geologische Karte des variskischen Gebirges in Mitteleuropa (nach Franke 1989b, verändert).

schen Schwellen wachsen Korallenriffe. Aber bereits im Mitteldevon beginnt das Becken sich wieder zu schließen. Es subduziert nach Süden unter die Mitteldeutsche Kristallinschwelle. Dabei werden vom Kontinentalhang mächtige Sedimente (Flysch) in das sich schließende Bekken geschüttet. Im Oberkarbon ist das Becken geschlossen. In seinen nördlichen Randsenken bilden sich riesige Sümpfe, aus denen die Steinkohle des Ruhrkarbons entsteht.

In die Senken des gerade gefalteten variskischen Gebirges schwemmen im Rotliegenden in großen Mengen festländische Schuttsedimente: braune bis rote Konglomerate, Sand- und Tonsteine. Vulkanische Gesteine wie Melaphyre, Andesite und Quarzporphyre dringen in diese Sedimente ein. Das Rotliegende kann als Nachwehen der variskischen Gebirgsbildung betrachtet werden: Nach der Kollision der Kontinente entstehen durch Verschiebungen neue Becken. Die größten Tröge mit permischen Sedimenten finden sich heute im Saar-Nahe-Bergland mit dem Melaphyr-Komplex von Baumholder/Idar-Oberstein und den Quarzporphyren bei Bad Kreuznach sowie am Nordostrand des Harzes im Selketrog und im nordsächsischen Vulkanitkomplex. Im Oberrotliegenden sind die variskischen Gebirge weitgehend eingeebnet. Seit dem Perm bis in das Tertiär lagern sich vorwiegend Sedimente ab, die heute verfestigt sind: das Deckgebirge. Zum Teil sind sie großräumig verbogen (wie in der Münsterschen Kreidemulde und im Thüringer Becken), andernorts sind sie durch Bruchtektonik verändert (wie im Weser-Leine-Bergland).

In der ebenfalls zum Perm gehörenden folgenden Zeit des Zechsteins bedeckt ein Flachmeer weite Teile Europas, welches infolge mehrmaliger Eindunstung riesige Salz- und Kalkschichten abscheidet. Durch das geringere spezifische Gewicht der Salzschichten im Vergleich zu den später darüber abgelagerten Gesteinsschichten kommt es – besonders im Tertiär – in vielen Gebieten zum Aufstieg der Salzschichten, sogenannten Salzdomen. In der Nordwest-Forsetzung des Thüringer Waldes tritt Zechstein im Unterwerra-Sattel zutage.

Unter warm-ariden Bedingungen wird in der

Folgezeit des Buntsandsteins flächenhaft von Flüssen herantransportierter (fluviatiler) Schutt von umgebenden variskischen und älteren Höhen in das Germanische Becken geschüttet. Große Teile der variskischen Höhen sind bereits so weit eingeebnet, daß sie selber von festländischem Becken bedeckt werden. Während im Unteren und Oberen Buntsandstein stark tonige Sedimente abgelagert werden, charakterisieren feste Sandsteine den Mittleren Buntsandstein. Weite Verbreitung zeigt der Buntsandstein heute in Solling, Wesergebirge, Westhessischem Bergland, Rhön, an der Ostabdachung von Spessart, Odenwald und Schwarzwald.
Über die Burgundische und die Oberschlesische Pforte dringt das Meerwasser der Tethys nach Mitteleuropa. In dem marinen und stark salzhaltigen Wasser lagern sich die Kalke des Muschelkalks ab. Zwischen Rhön und Donau liegt die Schichtstufen-Landschaft, die aus schräggestellten mesozoischen Schichten von Muschelkalk bis Jura besteht. Teilweise lößbedeckte Muschelkalk-Schichten bilden das intensiv agrarisch genutzte Gäuland.
In der Oberen Trias, dem Keuper, herrschen dann wieder fluviatile (von Flüssen getätigte) Schüttungen vor mit Mergeln und Schilfsandstein. Der Keuper zeigt im Süddeutschen Schichtstufenland eine deutliche bewaldete Stufenstirn – zum Beispiel in Frankenhöhe und Steigerwald.
Sehr unterschiedliche Schichten werden im Jurameer abgelagert. Infolge von Sauerstoff-Defiziten in einzelnen abgetrennten Becken kennzeichnen dunkle Tonsteine, Ölschiefer und Brauneisen-Oolithe den Schwarzen Jura (Lias). Der Braune Jura oder Dogger zeigt durch ein hohes Angebots an Sauerstoff durch dreiwertiges Eisen braun gefärbte Sandsteine, Mergel und Kalksteine. Den Weißen Jura oder Malm schließlich charakterisieren mächtige Kalkablagerungen, Riff- und Plattenkalke sowie Dolomite. Während die tonigen und mergeligen Liasschichten des Albvorlandes fruchtbar und daher ackerbaulich genutzt sind (Filder), prägt Wiesennutzung die tonig-sandigen Doggerbereiche. Der Malm bildet den mächtigen Albtrauf der Schwäbisch-Fränkischen Alb. Dieser ist bewaldet und stark in Zeugenberge gegliedert. Die Albhochfläche selbst wird landwirtschaftlich genutzt.
In der Kreidezeit dringt nach der Ablagerung festländischer Sedimente das Meer in der Unterkreide nach Mitteleuropa ein. Im Becken lagern sich vorwiegend Kalke ab (Münstersches Kreidebecken, Teutoburger Wald), an den Rändern zeigt die Kreide eher sandige Ausbildungen, so im Elbsandstein- und Zittauer Gebirge.
Durch die Öffnung des Atlantiks und die beginnende Auffaltung der Alpen durch die Kollision Afrikas und Europas beginnt auch in Mitteleuropa eine intensive tektonische Aktivität. Bereits in der Kreidezeit, besonders jedoch im Tertiär, heben sich die variskischen Rumpfgebirge. Der Oberrheingraben bricht ein, die Grabenschultern heben sich stark und kippen vom Graben weg. Nachfolgende Erosion legt an den Schultern (westlicher Odenwald und Schwarzwald) das Grundgebirge frei, in den östlich anschließenden Gebieten bildet sich an den gekippten Schichten infolge von Härteunterschieden die Schichtstufenlandschaft aus. Der Oberrheingraben selbst wird mit mehreren tausend Metern mächtigen Sedimenten gefüllt. Auch im Rheinischen Schiefergebirge und im Harz werden die Deckgebirgsschichten nach der Hebung durch Abtragung entfernt.
Das Meer des Norddeutschen Beckens stößt mehrmals in die Tieflandsbuchten zwischen den Mittelgebirgen vor und sorgt in der Niederrheinischen und Leipziger Bucht sowie in der Hessischen Senke für die Bildung von Braunkohlenmooren. Die saxonische Tektonik wird einerseits von der Grabenbildung im Bereich von Rhein und Hessischer Senke geprägt, andererseits von der durch die Eigendynamik des Salzes bedingten Salztektonik.
Auffallend ist auch die wahrscheinlich durch die alpidische Gebirgsbildung begründete vulkanische Aktivität. In Westerwald, Vogelsberg, Rhön, Erzgebirge und Lausitz werden teilweise mächtige vulkanische Decken über mesozoische Sockel ergossen. Auch die Vulkanite von Kaiserstuhl, Hegau und Urach-Kirchheim fallen in das Tertiär.
Die Alpen bestehen aus den gefalteten Schichten, welche die Norddrift Afrikas gegen Europa zusammengepreßt hat. Nördlich der Alpen bildet sich im Tertiär das Molassebecken, das riesige Schuttmassen der Alpen seit dem Oligozän bis ins Obere Miozän beinhaltet. Den jeweiligen Bildungsbedingungen entsprechend, untergliedert man die Abfolge in Süßwasser- und Meeresmolasse.
Die tertiären Schichten des Alpenvorlandes, unter die die Schwäbische Alb nach Süden ab-

taucht, sind ebenso wie das Norddeutsche Tiefland von mächtigen Ablagerungen des Pleistozäns bedeckt. Von Skandinavien aus sowie von den Alpen wird das nördliche Mitteleuropa sowie das Alpenvorland mehrmals von Eismassen der Gletscher überfahren. Die Moränen der Elster und Saalekaltzeit bzw. der Riß- und Mindelkaltzeit sind heute weitgehend eingeebnet und flachwellig – sie bilden das Altmoränen-Gebiet. Die Formen der Weichsel- bzw. Würmkaltzeit sind noch deutlich vorhanden: Im Jungmoränenland zeugen neben Moränen besonders Zungenbecken, Rinnen- und Toteisseen (wie in der Mecklenburger Seenplatte) sowie Wallberge von der Tätigkeit des Gletschereises. Vom Wind in vegetationsarmen Eisrandlagen ausgeblasener Lößstaub lagert sich im Windschatten der Mittelgebirge ab, der in weiten Teilen Deutschlands – den Börden, dem Thüringer Becken, der Leipziger Bucht und den Gäulandschaften – für fruchtbare Böden sorgt.

Die Nacheiszeit ist durch Moorbildung, Marschenentstehung an der Küste, Talsand- und Auelehm-Ablagerungen in den Flußniederungen geprägt, seit dem Einfluß des Menschen auch durch Waldrodung und Umformung der Kulturlandschaft.

Heute läßt sich Deutschland grob viergliedern:

- Grundgebirge besteht aus metamorphen und magmatischen Gesteinen hauptsächlich der variskischen Gebirgsbildung aus den Erdzeitaltern Silur bis Oberdevon.
- Deckgebirge zeigt Gesteine des Perms bis zum Tertiär, die großräumig verbogen oder durch Bruch- und Salztektonik in Schollen zerlegt sind.
- Die Alpen sind Produkt der alpidischen Gebirgsbildung.
- Quartäre Lockersedimente lagerten im Zusammenhang mit der Vereisung im Norddeutschen Flachland und im Voralpenraum ab.

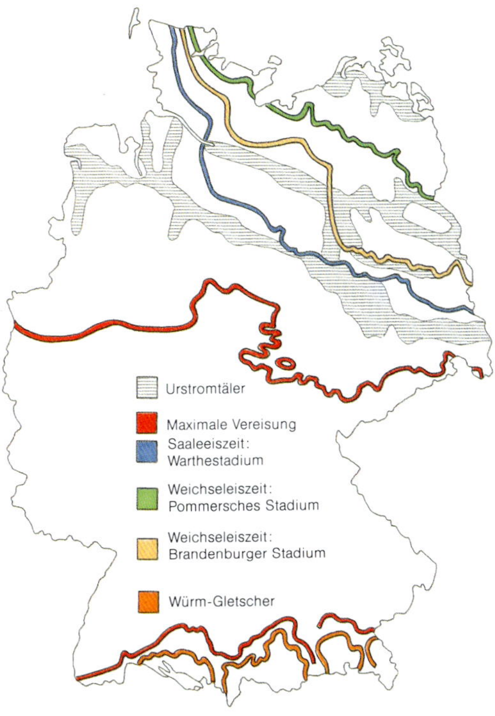

Stadien der Vereisung während des Pleistozäns in Nord- und Süddeutschland.

Die Landschaften

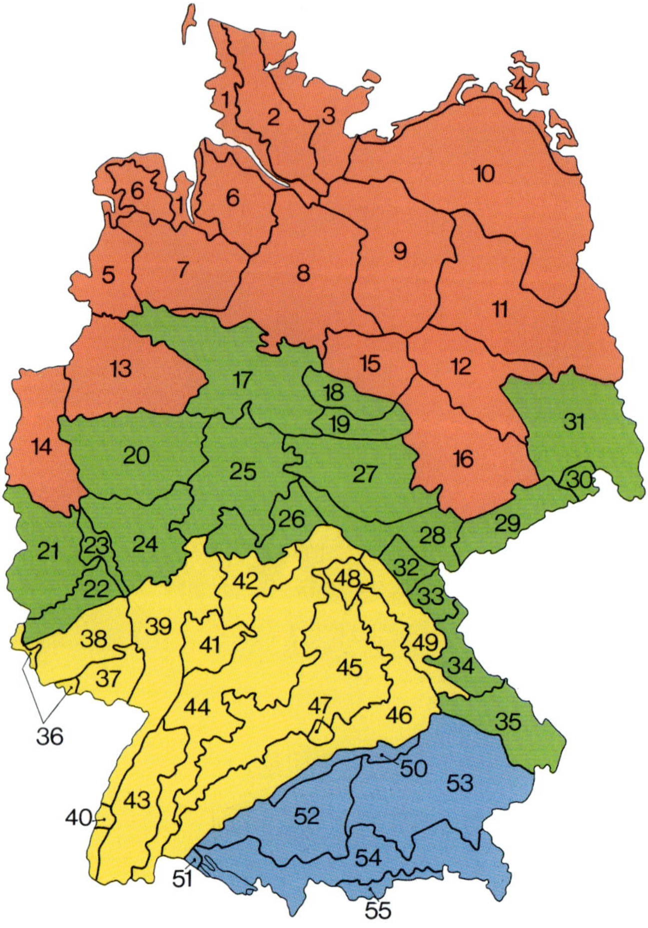

Gliederung und Abgrenzung der 55 Landschaften in der Bundesrepublik Deutschland.

Landschaftsgliederung

Norddeutsches Tiefland

1. Nordseewatten und Marschenküste
2. Schleswig-Holsteinische Geest
3. Schleswig-Holsteinisches Hügelland
4. Mecklenburgische Küste
5. Emsland
6. Ostfriesische und Stader Geest
7. Diepholzer Geestplatten und Nienburger Wesertal
8. Lüneburger Heide, Aller-Urstromtal und Hannoversche Geest
9. Wendland, Altmark und Prignitz
10. Mecklenburgische Seenplatte
11. Brandenburgisches Platten- und Tiefland
12. Fläming, Elbe-Elster-Niederung und Dübener Heide
13. Westfälische Bucht
14. Niederrheinisches Tiefland
15. Nördliches Harzvorland und Magdeburger Börde
16. Leipziger Bucht

Zentraleuropäische Mittelgebirge

17. Weser-Leine-Bergland
18. Harz
19. Südöstliches Harzvorland und Kyffhäuser
20. Bergisches, Sauer- und Siegerland
21. Eifel und Moseltal
22. Hunsrück
23. Mittelrheintal
24. Westerwald, Lahn und Taunus
25. West- und Osthessisches Bergland
26. Vogelsberg und Rhön
27. Thüringer Becken und Randplatten
28. Thüringer Wald und Schiefergebirge
29. Erzgebirge
30. Elbsandsteingebirge
31. Ober- und Niederlausitz
32. Frankenwald
33. Fichtelgebirge
34. Oberpfälzer Wald
35. Bayerischer Wald

Süddeutsches Schichtstufenland

36. Saargau und Bliesgau
37. Pfälzer Wald und Westrich
38. Saar-Nahe-Bergland
39. Oberrhein-Untermain-Senke
40. Kaiserstuhl
41. Odenwald
42. Spessart
43. Schwarzwald
44. Mainfranken und süddeutsches Gäuland
45. Schwäbisch-Fränkisches Keuperbergland und Albvorland
46. Schwäbisch-Fränkische Alb
47. Nördlinger Ries
48. Coburger Land
49. Oberpfälzisches Hügelland

Alpen und Alpenvorland

50. Donauniederung
51. Hegau
52. Iller-Lech-Riedelland
53. Niederbayerisches Hügelland und Oberbayerische Schotterplatten
54. Jungmoränen-Alpenvorland
55. Allgäuer und Bayerische Alpen

Nordseewatten und Marschenküste

Name: Watt = Land zum Durchwandern, Marschen = Sumpfland.
Geographische Abgrenzung und Gliederung: Das Gebiet umfaßt die gesamte deutsche Nordseeküste von den Ostfriesischen bis zu den Nordfriesischen Inseln und beinhaltet damit die Marschenküsten der Bundesländer Niedersachsen, Hamburg und Schleswig-Holstein. Unterteilt in Marschenhochland, Marschensietland, Brackmarschen und Flußmarschen. Landseitig werden die Marschen von der Geest begrenzt: von Norden nach Südwesten von der Schleswig-Holsteinischen Geest, der Lüneburger Heide und der Stader Geest, der Diepholzer und der Ostfriesischen Geest sowie dem Emsland.
Geologie und Geomorphologie: Die deutsche Nordseeküste ist ein Teil des hauptsächlich eiszeitlich geprägten Norddeutschen Tieflandes. In dem nacheiszeitlichen Schwemmland der Nordsee befinden sich Geestkerninseln mit einem eiszeitlichen Rumpf. Sie hingen zu historischen Zeiten noch zusammen; die Mandrenkelse Marcellusflut im Jahre 1362 riß Amrum, Föhr und Sylt auseinander. In den Kliffs auf Sylt (Morsum-, Weißes und Rotes Kliff) kommt der tertiäre (Miozän und Pliozän) sowie pleistozäne Geestkern zum Vorschein.
Die nacheiszeitlichen Düneninseln Ostfrieslands werden durch starke Westwinde zu einer Ostwanderung gezwungen. Man unterscheidet lagestabile (Borkum, Juist und Langeoog) und lagemobile Inseln (Baltrum, Spiekeroog und Wangerooge).
Während die Marschen heute überwiegend eingedeicht und damit dem direkten Einfluß des Meeres entzogen sind, unterliegen die Watten den stetigen Sedimentations- und Erosionskräften der Gezeitenströme. Die Anziehungskraft von Mond, Sonne und Erde verursacht Niveauschwankungen des Wassers: die Gezeiten der Meere. Der Wechsel von Ebbe und Flut bewirkt ein waagerechtes Strömen des Meerwassers. Im Schutz der Inseln und Sandbänke lagern sich über ehemaligen Marschen, die durch einen nacheiszeitlichen Meeresspiegelanstieg überflutet wurden, Sedimente ab. Sie werden im 12,5-Stunden-Rhythmus überflutet und fallen wieder trocken. Das Watt wird durch Tiefs – große

Wasserrinnen, die das Süßwasser vom Binnenland abführen – in Wattplaten unterteilt. Diese werden durch Baljen entwässert, die sich in Priele verästeln. Mit 7 bis 20 km Breite ziehen sich die Watten an der gesamten Nordseeküste entlang. Es werden in Abhängigkeit vom Tidenhub drei Wattypen unterschieden:

- ▶ offene Watten liegen hinter Sandbänken, beispielsweise in den Sandbanksystemen zwischen den Mündungen von Jade und Eider;
- ▶ Buchten- und Ästuarwatten gehören zur Brackwasserzone und befinden sich in der Weser- und Elbemündung sowie im Dollart und Jadebusen;
- ▶ Rückseitenwatten finden sich im Schutze der Nord- und Ostfriesischen Inseln.

Als Relikte des ehemaligen Marschenbodens, der im Zuge des nacheiszeitlichen Meeresspiegelanstiegs überspült wurde, liegen die Halligen vor der Küste Nordfrieslands: Nordstrand, Pellworm, Hooge, Habel, Oland, Gröde, Langeneß, Südfall, Hamburger Hallig, Nordstrandischmoor, Norderoog und Süderoog.

Junge Seemarschen befinden sich auf einem Niveau von etwa 1,5 m über NN; alte Marschen, die eingedeicht sind, entwässern zunehmend und sacken zusammen. Sie liegen bis zu 1,5 m unter NN. An Schleswig-Holsteins Nordseeküste reihen sich von Norden nach Süden das Marschenland Nordfriesland, die sehr flache, 340 km^2 große Marschen-Halbinsel Eiderstedt sowie Dithmarschen als Marschengebiet zwischen Eider- und Elbemündung aneinander.

Im Mündungsbereich der Elbe liegen am nördlichen Elbufer die Wilster Marsch bei Itzehoe, von der Kremper Marsch durch die Stör getrennt. Letztere befindet sich zwischen Itzehoe und Glückstadt.

Weiterhin liegen am Nordufer die Haseldorfer Binnenelbe und südöstlich von Hamburg die Vierlande, welche die Orte Alten- und Neuengamme, Curslach und Kirchwerder umfaßt. Am südlichen Elbufer liegen die Winsener Marsch östlich sowie das Alte Land westlich von Hamburg.

Durch den Schutz der Geesthöhen ist das Klima im Alten Land milder als in den Seemarschen, der Boden ist hier sandiger, daher konnte sich dieses Gebiet zu einem der bedeutendsten Obstbaugebiete Deutschlands entwickeln. Während die sandreichen Tonböden entlang der Flußläufe für den Obstbau genutzt werden, dienen

die wasserundurchlässigen Tone des Sietlandes der Wiesen- und Weidenutzung.

Zwischen Elbe- und Wesermündungen liegen die jeweils als Land bezeichneten Gebiete Kehdingen – als Elbmarsch an der südlichen Unterelbe -, Hadeln und Wursten als eingedeichte Seemarsch zwischen Cuxhaven und Bremerhaven, der die Marscheninsel Neuwerk vorgelagert ist. Als gras- und krautreiche Sandinsel in der Elbe ist dem Land Kehdingen der Krautsand vorgelagert. Südlich Bremerhavens schließen sich eingedeichte Wesermarschen an: das Land Würden und die Osterstade, die östlich mit einem Hochmoor überdeckt ist, am linken Weserufer, am rechten Stedingen im Mündungswinkel der Hunte. Zwischen Jadebusen und Wesermündung liegt die Marschen-Halbinsel Butjadingen, an die sich südlich das Stadland anschließt, nach Westen südlich des Jadebusens in die Jader Marsch übergehend. Um Jever liegt das Jeverland, an der ostfriesischen Küste das Wangerland, das Harlinger Land und Norderland.

Das Harlinger Land befand sich früher durch Meerwassereinbrüche unter Wasser, in den letzten Jahrhunderten wurde es durch Deichbau dem Meereinfluß entzogen. Zwischen Leybucht und Dollart, im Mündungsbereich der Ems, liegt nordwestlich Emden die eingedeichte Seemarsch des Krummhörn.

In der Helgoländer Bucht ist die einzige deutsche Hochseeinsel lokalisiert: Helgoland. Im Unterschied zu den übrigen Inseln besteht Helgoland aus roten Sandsteinen des Buntsandsteins. Diese sind durch den Aufstieg von Zechsteinsalzen an die Erdoberfläche gelangt und bilden neben Kliffs auch das umgebende einzigartige Felswatt.

Schleswig-Holsteinische Geest

Name: Geest = unfruchtbares, trockenes, hochgelegenes Land.
Geographische Abgrenzung und Gliederung: Die Schleswig-Holsteinische Geest grenzt im Norden an dänisches Staatsgebiet, im Westen an das Marschenland, im Osten an das Schleswig-Holsteinische Hügelland und im Süden an Elbeniederung und Prignitz. Unterteilt wird das Gebiet in die Hohe Geest im Westen und die Niedere Geest im Osten.
Geologie und Geomorphologie: Zur Nordwestdeutschen Geest und damit zum Norddeutschen Tiefland gehört der Geestrücken, der sich mitten durch Schleswig-Holstein von Norden nach Südosten zieht. Während die Hohe Geest ein hügeliges Altmoränengebiet der Saaleeiszeit darstellt, versteht man unter der Niederen Geest die sich ostwärts anschließende, ebene und flache Sanderzone. Diese wurde durch weichseleiszeitliche Schmelzwässer geschaffen. Im Grenzbereich beider Teile liegen feuchte Niederungen, aus denen das Wasser zur Nordsee nicht ungestört abfließen kann. Hierzu gehören die Niederungen von Eider, Treene, Stör und Soholmer Au. Die Geest bildet zum nacheiszeitlichen Schwemmland zumeist eine deutliche Geländestufe, die gegen Ende der Flandrischen Transgression vor 5000 Jahren teilweise als Kliffküste fungierte. Diese ist deutlich am Kleve südlich von St. Michaelisdonn zu beobachten. Vom Steilhang blickt man auf die Niederung der Lundener Nehrung, einem ehemals vom Meer abgeschnittenen Binnensee, der verlandete und von dem heute der Kudensee als letzte offene Wasserfläche übrigblieb. Der Geestrand stellt eine bevorzugte Siedlungsleitlinie dar, an der auch die Kreisstädte Itzehoe, Heide und Husum liegen.
Die östlich des Ochsenweges gelegene, sanftgewellte und sandige Altmoränenlandschaft zwischen dänischer Grenze im Norden und Nord-Ostsee-Kanal im Süden wird unter dem Sammelbegriff Schleswigsche Geest zusammengefaßt. Nördlich von Husum, bei Bredstedt, werden Nordergosharde und Südergosharde als Kooge und Geest abgegrenzt.
Während der Saalevereisung bildeten sich Urstromtäler, durch die zur Zeit der Weichselvereisung Schmelzwässer unter Ablagerung großflä-

chiger Sander abflossen, welche die Schleswigsche Vorgeest bildeten. Heute folgen die Flüsse den zwischenzeitlich vermoorten Niederungen. Nördlich der unteren Eider erhebt sich mit prägnantem Rand aus dem Marschengebiet mit den Wiesenniederungen von Eider, Treene und Sorge ein 22 km^2 großer Geestrücken: das Stapelholm, berühmt durch die Storchenkolonie Bergenhusen, die von dem umliegenden Feuchtgrünland profitiert. Auch gehörten einst Moore zu den typischen Landschaftselementen der Niederungen in der Geest.

Ein Beispiel stellt das Tetenhusener Moor in der Sorge-Niederung dar. Westlich der Treene verzahnen sich die weichselzeitlichen Sanderflächen mit den leicht kuppigen Altmoränen, deren Morphologie und Boden durch Bodenfließen, Erosion, Entkalkung und Tonverlagerung beinflußt ist.

Der Pobüller Bauernholz zeigt einen Primärwaldrest auf podsolierten Braunerden. Flugsandareale finden sich zwischen der Lecker Geest und der Bredstedter Geest in den Lütjenholmer Heidedünen sowie im Altmoränenbereich der Bredstedter Geest in der Düne am Rimmelsberg, die eine Wacholderheide trägt.

Zur Schleswigschen Vorgeest und damit zu den weichselzeitlichen Sanderflächen, die von abgeflachten saalezeitlichen Altmoränenkuppen durchragt werden, gehört das Gebiet des Fröslev-Jardelunder Moores an der deutsch-dänischen Grenze.

Am Außenrand der Weichselvereisung liegen südöstlich von Schleswig die Hüttener Berge, ein isoliertes, das Umland überragendes Hügelland, das mit dem Scheelsberg 106 m Höhe erreicht. Der bewaldete Endmoränenrücken des Aukrug, westlich von Neumünster, weist eine Länge von 6 km auf und entstand durch die warthestadiale Saalevereisung.

Der Sachsenwald, östlich von Hamburg, ist mit 65 km^2 das größte geschlossene Waldgebiet Schleswig-Holsteins. Als Rest des ehemaligen Grenzwaldes zwischen Sachsen und Slawen stellt er eine flache, sandige Altmoränenlandschaft östlich der Bille dar. Er liegt auf Höhen von 40 bis 50 m.

Schleswig-Holsteinisches Hügelland

Name: nach der flachwelligen Moränenlandschaft.

Geographische Abgrenzung und Gliederung: Das Schleswig-Holsteinische Hügelland grenzt im Westen an die Geest, im Norden mit der Flensburger Förde an Dänemark und im Südosten an die Mecklenburgische Küste und Seenplatte. Von Nordwesten nach Südosten läßt es sich wie folgt unterteilen: Die Schlei trennt Angeln im Norden von Schwansen im Süden, die Eckernförder Bucht Schwansen vom Dänischen Wohld. Östlich der Kieler Förde schließlich liegt Wagrien, welches sich in Probstei im Nordwesten und Oldenburger Winkel im Nordosten mit Fehmarn unterteilen läßt, nach Süden folgt die Holsteinische Schweiz und schließlich Lauenburg.

Geologie und Geomorphologie Die Oberflächenformen des Schleswig-Holsteinischen Hügellandes werden in erster Linie von der Tätigkeit der Eismassen der letzten Vereisung – der Weichseleiszeit – bestimmt. Ein Mosaik von Toteisseen, Zungenbecken und Endmoränen gestaltet das Jungmoränenland: die Ostholsteinische Seenplatte mit Plöner und Selenter See, die Pönitzer Seenplatte, das Gebiet um den 168 m hohen Bungsberg und das bis 80 m hohe Ahrensböker Endmoränengebiet, die bis zu 106 m hohen Hüttener Berge südlich der Großen Breite der Schlei, die Stauchmoränenbögen der Fröruper Berge als Westgrenze der weichseleiszeitlichen Moränen mit dem Treßsee als Rinnensee sowie Westen-, Witten- und Bistensee als Zungenbecken in der Grundmoränenlandschaft.

Die Küste präsentiert sich als Förden- und Ausgleichsküste: die Förden als Talrinnen ehemaliger Gletscherzungen, Steilküsten, Strandwälle und Binnenseen als Folge des küstenparallelen Sandtransports. Die Halbinsel Holnis in der Flensburger Förde trennt die Innen- von der Außenförde. Das aus Geschiebemergeln bestehende Kliff an seiner Westseite wird zunehmend abgebaut, während sich an der Nordspitze ein Nehrungshaken bildet. Am Ausgang der Flensburger Förde baut sich vor der ehemaligen Insel Beverö aus Abtragungsmaterial das Strandwall-Gebiet des Geltinger Birk auf.

Die mit 43 km längste und zugleich schmalste Ostseeförde, die Schlei, zeigt an ihrem Ausgang Windwatten (vom Wind freigeblasene, im Normalfall vom Meerwasser bedeckte Sand- und Schlickflächen) und Nehrungshaken von Oehe-Schleimünde aus Abbruchmaterial des Kliffs bei Schönhagen. Dieses liefert auch Material für den Strandwall des Schwanser Sees. Am östlichen Ausgang der Kieler Förde bildet der Nehrungshaken des Bottsandes eine boddenartige Bucht. Abbruchmaterial des 700 m langen Kliffs von Hohwacht baute die Strandwälle der drei Binnenseen der Hohwachter Bucht auf: Sehlendorfer, Kleiner und Großer Binnensee. Der 5 km lange Nehrungshaken des Graswarders von Heiligenhafen bezieht sein Material von der Steilküste nordwestlich des Ortes, wo die Eisschollen der Weichseleiszeit eine tertiäre Tonscholle bis an die Oberfläche schuppten.
Auch auf Fehmarn, mit sehr fruchtbaren Lehmböden eine von intensivem Ackerbau geprägte Insel, wechseln Steilküsten und Strandseen ab.
Die ehemalige Hemmelsförde nördlich Lübecks ist heute durch das Material vom Brodtener Steilufer geschlossen, so daß der Hemmelsdorfer See über die Aalbek-Niederung in die Ostsee entwässert. Ebenso führte die Aufschüttung des Priwalls zur Aussüßung der Traveförde.
In Lauenburg bilden Garrensee, Pötschersee und Schwarze Kuhle als oligotrophe Rinnenseen Reste eines eiszeitlichen Tunneltals, die umgebenden Buchen-Hochwälder stocken auf Geschiebemergeln. Das klare Wasser der Seen erlaubt eine Sichttiefe von bis zu 7 m.
Der Bad Segeberger Kalkberg, 90,8 m hoch, stellt einen Gipshut aus aufgestiegenem Zechsteinsalz dar. Er birgt eine für Besucher zugängliche Höhle, die nördlichste Deutschlands. Diese entstand durch Auslaugung von Gips, indem Regenwasser in geotektonisch bedingte Spalten eindrang. Die Hebung der Salzschichten schreitet auch heute noch voran – pro Jahr um durchschnittlich einen Millimeter.

Mecklenburgische Küste

Geographische Abgrenzung und Gliederung: Die Mecklenburgische Küste reicht im Westen von dem Schleswig-Holsteinischen Hügelland mit der Lübecker Bucht bis zur Pommerschen Bucht mit dem Stettiner Haff an die Grenze Polens im Osten. Gen Süden geht der Küstenraum in die Mecklenburgische Seenplatte über. Durch die Inseln Darß und Rügen wird das Gebiet in einen westlichen Küstenabschnitt der Mecklenburger Bucht und einen östlichen Abschnitt mit Greifswalder Bodden und Pommerscher Bucht unterteilt.

Geologie und Geomorphologie: Der Norden Deutschlands und Polens senkt sich seit dem Oberkarbon, so daß Teile durch Nord- und Ostsee überflutet sind. So wie die pleistozäne Vereisung das gesamte südliche Vorland der Ostsee modellierte, kann auch die Ostsee als ein riesiger Grundmoränensee oder als ein Zungenbekken verstanden werden.

Inselkerne, meist aus Moränen aufgebaut, bilden eine vielgestaltige, buchtige Küste, welche die Dynamik der Ostsee im Wechsel von Steilküsten und Sandablagerungen zur Ausgleichsküste wandelt. Die Insel Poel in der Wißmarer Bucht gibt an ihrer westlichen Steilküste Material an den südlicher gelegenen Rustwerder Haken ab.

Am 18 m aufragenden Hohen Ufer südlich von Ahrenshoop findet man die glazialen Sande und Geschiebemergel des Inselkerns von Fischland aufgeschlossen. Auch Altdarß besteht aus Geschiebemergeln, die von altholozänen, bis zu 20 m mächtigen Heidesanden bedeckt sind. Am Nordrand von Altdarß erkennt man die ehemalige Steilküste, vor der die jüngeren Sedimente von Neudarß liegen. Durch Anlandung verschiebt sich die Küste immer weiter nach Norden und hat zwischen Esper Ort und Darßer Ort acht Strandwälle mit sieben langgestreckten, verlandenden Seen gebildet.

Der Nordost-Transport von Sandmaterial bildet das flache Land von Zingst mit seiner jüngsten Landbildung der Bock, einer großen bis Hiddensee reichenden Sandplatte mit den Halligen Großer und Kleiner Werder. Das Freibaggern der Fahrrinne nach Stralsund verhindert ein Zusammenwachsen von Zingst und Hiddensee. Die küstenparallele Sedimentation im Bereich

Fischland, Darß und Zingst schnitt den Saaler, Bodstedter und Barther Bodden sowie den Grabow fast vollständig von der offenen Ostsee ab. Der Inselkern Hiddensees im Norden besteht aus dem 72 m hohen Stauchmoränenkörper des Dornbusch. Der Abbruch des Materials am Dornbusch und die Südströmung bildeten das 18 km lange, teils nur 250 m breite Flachland der Insel mit großen Sandwattbereichen bei Gellen im Süden und bei Bessin im Nordosten. Die größte Insel Deutschlands mit 960 km^2 Fläche wird durch den Strelasund vom Festland getrennt. Sie besteht aus den Inselkernen Rügen, Wittow im Norden, Jasmund im Nordosten, Granitz und mehreren kleinen im Südosten. Das flachwellige Geschiebemergelland von Wittow zeigt in seinen Steilküsten, so am 46 m hohen Kap Arkona, aufragende Schollen weißer Schreibkreide. Durch Steilküstenabtrag und Sandtransport entstand hier nach Süden die schmale Sandnehrung der Schaabe, die den Großen Jasmunder Bodden von der Ostsee abschnitt und eine Verbindung zur Halbinsel Jasmund herstellte. Der pultförmig nach Osten aufsteigende Jasmund besteht aus einem Inselkern aus Schreibkreide und eiszeitlichen Geschiebemergeln, die von Buchenwäldern bestanden werden.

Im Steilufer der Stubnitz mit dem 120 m hohen Königstuhl sind die wechselnden Kreideschollen mit Geschiebemergeln und Feuersteinbänken zu erkennen. Sandtransport nach Südosten schuf hier die Nehrung der Schmalen Heide, die bei Binz den Inselkern mit der Granitz verbindet und den Kleinen Jasmunder Bodden abschnürt. Von der Steilküste bei Binz – Sellin wiederum gelangt Material an die Südspitze von Mönchgut. Von hier blickt man über den Greifswalder Bodden zur Insel Usedom, die durch die Peene vom Festland getrennt wird. Seewärts hat sich hier bereits eine 42 m lange Ausgleichsküste gebildet, während das zweigeteilte Hinterland als überflutetes Jungmoränenland weit zerlappt ist. Mehrere Moränenstaffeln sind auf der Insel erkennbar.

Die nördlich gelegene Insel Greifswalder Oie gehört zur Nordrügen-Ostusedomer Staffel, während bei dem Ort Usedom die Franzburger Staffel erkennbar ist. Nördlich des Achterwassers bei Zempin liegt nur ein 325 m breiter Ufersaum. Nach Südosten grenzt Usedom an das Kleine Haff.

Emsland

Name: nach dem Niederungsfluß Ems.

Geographische Abgrenzung und Gliederung: Das Gebiet grenzt im Norden an die Weser-Ems-Marsch, im Osten an die Diepholzer Geestplatten, im Süden an das Weserbergland und die Westfälische Bucht und im Westen mit der Staatsgrenze zu den Niederlanden an die Westfriesische Geest.

Geologie und Geomorphologie: Das Emsland gehört zum Altmoränenland der Nordwestdeutschen Geest. Die flachen Geestplatten wurden vom Saaleeis des Drenthe-Stadiums modelliert. Das Weichseleis überschritt die Elbe nach Süden nicht; als periglaziale Bildungen sind dort aber Talsande und Dünen zu finden.

Von Nordnordost nach Südsüdwest wird das Gebiet von einer breiten Moorniederung durchzogen. Zu ihr gehört das Bourtanger Moor, ein ehemals großflächiges Hochmoor entlang der niederländischen Grenze. Am Rande der Moorniederung auf Talsandflächen und Geestplatten liegen mehrere Dünenfelder. Auch die Hunte durchfließt eine Schmelzwasserrinne, die mit Talsanden gefüllt und stark vermoort ist; an ihren Rändern treten Flugsanddünen auf.

Der Hümmling – dem Namen nach »unfruchtbares, dürres Land« – zwischen den Urstromtälern von Ems, Leda und Hase nordöstlich von Meppen ist neben der Lüneburger Heide das bekannteste Heidegebiet Norddeutschlands. Das 800 km^2 große Areal mit sanften Grundmoränen-Formen erreicht am Windberg mit 73 m seine größte Höhe.

In den Jura- und Kreideschichten unterhalb des Niedersächsischen Tieflandes liegen Erdöl- und Erdgasvorräte. Das Emsland birgt bei Rühle, Lingen, Georgsdorf, Twist und Scheerhorn die Hauptfelder der deutschen Erdölförderung.

Die Grenzlandschaft zu den Niederlanden war lange Zeit nicht nutzbar und wurde seit 1948 im Rahmen des Emslandplans nachhaltig verändert. Mehr als 100 000 ha Moor- und Heideland wurden zerstört und in Kulturland umgewandelt. Heute sind nur Reste der ehemals großflächigen Hochmoore übrig geblieben. Zur Kühlung des Kernkraftwerks Lingen wurde 15 km nördlich der Stadt das 230 ha große Speicherbecken Geeste im Bereich des Geester und Biener Sandes gebaut.

Ostfriesische und Stader Geest

Name: Geest = unfruchtbares, trockenes, hochgelegenes Land.

Geographische Abgrenzung und Gliederung: Beide Geestplatten werden an ihren West-, Nord- und Ostseiten von der Watten- und Marschenküste der Nordsee begrenzt. Die Weser trennt die zwei Landschaftsteile voneinander. Die Ostfriesische Geest grenzt im Süden an die Diepholzer Geestplatten; der Stader Geest benachbart ist im Süden das Nienburger Wesertal und im Südosten die Lüneburger Heide.

Geologie und Geomorphologie: Das Gebiet gehört zum Altmoränenland des Norddeutschen Tieflandes und wird von Grund- und Endmoränen der Saaleeiszeit geprägt. Breite Moorniederungen gliedern das ebene bis schwach hügelige Land. Das Drenthe-Stadium der Saaleeiszeit hinterließ als Marken verschiedener Eisrandlagen mehrere Endmoränenzüge. Die Lamstedter Phase als Spätzeit des Drenthe-Stadiums schuf die Wurster Heide im Winkel zwischen Elbe und Weser. Sie ist leicht bewaldet und bildet im Westen ein hohes Kliff, während sie nach Osten zu den Elbmarschen langsamer abfällt.

Das Teufelsmoor nördlich Bremen durchzieht die Stader Geest als breite Niederung beiderseits der Hamme. Im Süden bildeten sich Niedermoore, während sonst Hochmoore vorherrschen, aus denen kleine Geestrücken hervorragen. Moorkolonisation und Torfabbau reduzierten das einst größte zusammenhängende Moorgebiet Niedersachsens von 360 auf heute nur noch 15 km^2, die – mehr oder weniger degeneriert – für den Naturschutz gesichert sind. Der 51 m hohe Weyerberg aus eiszeitlichen Geschieben bietet eine Rundumblick in die Teufelsmoor-Landschaft.

Im Südosten der Stader Geest liegt die ausgedehnte, durch Niedermoore charakterisierte Wümmeniederung. Als südlichster Zipfel der Stader Geest liegt zwischen Wümme, Lehrde und Aller die teils bewaldete Verdener Heide.

Die Stader Geest wird von der Oste mit ihren Nebenflüssen durchflossen. Bei Cuxhaven hat die Oste durch Aufschwemmung einen erhöhten Ufersaum geschaffen, der auf dem umgebenden Sietland als 500 m breiter Hochland-Streifen hervorsticht. Der Geestrand offenbart

sich hier gleichsam als Insel: Als Nordende der Stader Geest ragt der 74 m hohe Silberberg der Wingst aus dem umgebenden Marschen- und Moorland empor. Der Rand der Wingst war einst Meeresküste, an seinem Rand enstanden durch die in die Marsch mündenden Geestbäche breite Vermoorungen. Südöstlich von Wilhelmshaven liegt der flache Altmoränenrücken des Westerbergs, der mit bis zu 66 m Höhe zur saaleeiszeitlichen Eisrandlage gehört.

Bis 13 m Höhe erreicht die sandig-tonige Geestplatte der Friesischen Wehde um Neuenburg südlich von Wilhelmshaven. Sie ist teilweise bewaldet. Westlich liegt Overledingen, eine historische, kleine Landschaft, die sich südlich der Leda bei Leer um den Geestkern von Rhaude befindet. Von hier aus wurden früher die umliegenden Hochmoore und Ems-Flußmarschen kultiviert.

Am Südrand der Ostfriesischen Geest liegt die Altmoränenplatte des Ammerlandes auf der Wasserscheide zwischen Ems- und Wesermündung. Das Ammerland umgibt das Zwischenahner Meer und wird von Mooren charakterisiert. Der flache Geestrücken – er erreicht 21 m als maximale Höhe – wird von zahlreichen Bächen in schmale Rippen zerteilt. Das Zwischenahner Meer entstand durch Lösung aufgestiegener Zechsteinsalze. Im Süden gehört die Oldenburgisch-Ostfriesische Moorniederung zum Gebiet, die Hoch- und Niedermoore auf Talsanden enthält. Auch die Ostfriesische Grundmoränenplatte selbst war von ehemals ausgedehnten Hochmooren bedeckt, den sogenannten ostfriesischen Zentralmooren, die heute großflächig in die landwirtschaftliche Nutzung genommen oder abgetorft sind.

Der Ort Großefehn (niederländisch veen = Morast) gilt als erste ostfriesische Fehnsiedlung, die Emdener Bürger im Jahre 1633 nach holländischem Vorbild anlegten. Damit nahmen intensive Bemühungen zur Moorkultivierung ihren Ausgang.

Diepholzer Geestplatten und Nienburger Wesertal

Geographische Abgrenzung und Gliederung: Das Gebiet grenzt im Norden an die Ostfriesische Geest, im Nordosten an die Stader Geest, im Osten an das Aller-Urstromtal und die Hannoversche Geest, im Süden mit dem Mittellandkanal an das Weserbergland und im Westen an das Emsland. Der westliche Teil, die Kreise Cloppenburg und Vechta umfassend, wird auch als Oldenburgisches Münsterland bezeichnet.

Geologie und Geomorphologie: Die Landschaft wird weitgehend von Formen der Saale-Vereisung bestimmt. Das Rehburger Stadium hinterließ im südwestlichen Teil des Gebiets einen markanten Stauchmoränenbogen der Fürstenauer Berge – als westlicher Flügel – und der Dammer Berge – als östlicher Flügel. Beide Höhenzüge sind von Wald bedeckt.

Der wallartige, 2 km breite Höhenrücken der Dammer Berge erreicht im Signalberg mit 146 m seine höchste Erhebung. Die Fürstenauer oder Bersenbrücker Höhen setzen sich aus zahlreichen Einzelkuppen zusammen, von denen die Maiburg mit 139 m die höchste Erhebung markiert. Östlich der Dammer Berge und nördlich von Diepholz sind Hoher Sühn (66 m) und Kellenberg (77 m) weitere Stauchendmoränen, die ein vom Dümmer geprägtes, 300 km^2 großes Becken nach Norden begrenzen. Der Hohe Sühn besteht aus drei Kuppen.

Bei Neuenkirchen wird der Endmoränenbogen vom Tal der Hase unterbrochen. Nach Norden tritt die Hase in eine Niederung zwischen Dammer und Fürstenauer Bergen ein, die als Artland bezeichnet wird. Diese Beckenlandschaft, vermutlich ein eiszeitliches Zungenbecken, wird heute von zahllosen Wasserläufen durchflossen: Zum einen teilt sich die Hase nach ihrem Durchbruch durch den Endmoränenbogen in mehrere Teilarme auf, zum anderen fließen ihr viele Bäche von den umgebenden Höhen zu. Das durch Überschwemmungen abgelagerte Lehm- und Lößmaterial sorgte für ein fruchtbares, agrarisch intensiv genutztes Gebiet.

Östlich der Dammer Berge verläuft in nord-südlicher Richtung das zugehörige Weser-Hase-Ems-Urstromtal. In dieser vermoorten Schmelzwasserrinne liegt der 12,4 km^2 große, im Mittel nur 1,1 m tiefe Flachsee des Dümmer, nach dem

Steinhuder Meer der zweitgrößte See des nordwestdeutschen Binnenlandes. Während die südlichen und westlichen Ufer des einst um ein Vielfaches größeren Sees stark verlanden, wandert das nördliche Ufer nach Norden vorwärts. Für die Entstehung des Sees werden mehrere Varianten diskutiert: Während der Dümmer lange als Rest eines Staubeckens im Urstromtal gesehen wurde, wird heute die Entstehung als Thermokarst-See diskutiert: Bereits in der Saaleeiszeit könnte das Dümmerbecken gemeinsam mit den Stauchendmoränen der Dammer Berge, Kellenberg und Hoher Sühn angelegt und in der Weichseleiszeit infolge des Auftretens von Dauerfrostboden in der heutigen Form gestaltet worden sein. Der feinsandige Boden im späteren Seegebiet muß damals von besonders vielen Eislinsen durchsetzt gewesen sein, so daß es hier bei Erwärmung gegen Ende der Eiszeit zu Sackungen kam.

Die Hunte durchfließt den Dümmer von Südwesten kommend und verläßt ihn mit mehreren Abflüssen.

Nachdem die Weser bei Porta Westfalica das Wiehen- und Wesergebirge durchbrochen hat, trennt sie als Nienburger Wesertal die Diepholzer oder Hoya-Cloppenburger Geest im Westen von der Hannoverschen Geest im Osten. Das Wesertal begrenzt die Diepholzer Geestplatte mit einem prallhangartigen Steilabfall. Südlich wird die Geestplatte von der Barenburger oder Großen Aue umflossen, die bei Nienburg die Weser erreicht und die großen, westlich gelegenen Moore entwässert. Die 2 bis 8 km breite Wesertalaue zeigt Ober- und Niederterrassen. Zwischen Stolzenau und Steyerberg erreicht die obere Flußterrasse 33 m Höhe, alte Weserschlingen zwischen Holzhausen und Sehnsen bezeugen den früheren Weserverlauf. Die Niederterrasse zeigt sich als Talsandfläche, die teilweise von Dünen bedeckt ist. Die heutige Talaue liegt 3 bis 5 m unter dem Niveau der Niederterrasse. Die westlich der Weser gelegene Geestplatte ist eine Grundmoräne, während jenseits des Ostufers mehrere Endmoränenzüge der Saalevereisung zu finden sind.

Lüneburger Heide, Aller-Urstromtal und Hannoversche Geest

Geographische Abgrenzung und Gliederung: Von Norden nach Süden gliedert sich die Landschaft in Lüneburger Heide, Aller-Urstromtal und Hannoversche Geest. Das Gebiet grenzt im Westen an die Stader Geest und das Nienburger Wesertal, im Norden an die Elbeniederung, im Osten an Altmark und Wendland sowie im Süden mit den Niedersächsischen Börden an das nördliche Harzvorland.

Geologie und Geomorphologie: Die Lüneburger Heide stellt den westlichen Teil der warthestadialen Eisrandlage der Saaleeiszeit dar. Geprägt wird die Landschaft von Grund- und Endmoränen mit vorgeschütteten Sandern. Die Bundesstraße 3 zwischen Soltau und Buxtehude trennt zwei Teillandschaften voneinander: Im Westen liegt die flache, moorige Wümmeniederung, eine durch Niedermoore und Talauen gestaltete saaleeiszeitliche Grundmoränenplatte im Südosten der Stader Geest. Das Niederungsgebiet wird im Südosten von einem nahezu geschlossenen Endmoränenbogen des Rehburger Stadiums begrenzt, der sich von Schneverdingen über Neuenkirchen bis Visselhövede erstreckt. Auch das Niederungsgebiet selbst wird von einem Endmoränenbogen durchzogen.

Östlich der B 3 liegt die Endmoränenlandschaft der nördlichen Lüneburger Heide, die Nord- oder Hohe Heide. Eine Staffel von Endmoränenzügen in Süd-Nord-Richtung mit dem Hauptzug Schwarze Berge – Lohberge – Brunsberg – Wilseder Berg bildet diesen warthestadialen Wilseder Endmoränenzug, dessen Vorsand das Wümmegebiet zeigt. Der Wilseder Berg mit 169 m stellt gleichzeitig die höchste Erhebung des nordwestdeutschen Tieflandes dar.

Der rundliche Talkessel des Totengrundes, dessen Wände steil in die 40 m tiefer gelegene Schlucht abfallen, wird als Toteiskessel interpretiert. Die 100 m-Höhenlinie stellt in der Regeninsel des Wilseder Bergs mit ihren durchlässigen Sandböden den Grundwasserstand und damit einen Quellhorizont dar, aus dem zahlreiche Heideflüsse entspringen. Im Nordwesten des Wilseder Berges liegt ein späteiszeitliches, heute bewaldetes Dünengebiet, im Westen fällt der Bergrücken 60 m zur Wümmeniederung ab.

Die nordwestliche Begrenzung der Lüneburger Heide bilden die Harburger Berge, eine wellige saaleeiszeitliche Stauchmoränenlandschaft, die von einer Lößdecke überzogen ist. Im Westen wird sie von der Este, im Norden von der Elbe begrenzt. Um Uelzen, südlich Lüneburgs, liegt eine nach Norden offene Mulde, die von der Ilmenau durchflossen wird. Dieses saaleeiszeitliche Zungenbecken auf 50 bis 70 m Höhe wird von Höhen bis 130 m umgeben. Zwischen Faßberg und Eschede in der südlichen Lüneburger Heide liegt ein von Rodungsinseln durchbrochenes Waldgebiet, der Lüß.

Südlich der Lüneburger Heide verläuft die breite Talniederung der mäandrierenden Aller im Breslau-Magdeburg-Bremer Urstromtal mit holozänen Auelehm-Ablagerungen in Flußnähe. Am Geestrand finden sich Moore, auf randlichen Talsandflächen aufgewehte Dünen.

Im Süden des Aller-Urstromtals liegen die Hannoversche Geest und die Niedersächsischen Börden. Die Hannoversche Geest besteht aus gewellten bis hügeligen Grund- und Endmoränenplatten der Rehburger Phase mit feuchten, teils vermoorten Niederungen. In dieser Endmoränenlandschaft befindet sich das flache Becken des Steinhuder Meeres. Das Talbecken wird durch die Rehburger Berge im Süden und drei hintereinander liegende Moränenstaffeln im Norden begrenzt. Das heute mit 30 km^2 Fläche größte Binnengewässer Niedersachsens hatte einst dreifache Ausdehnung, wie an den vermoorten Niederungen im Westen und Osten abzulesen ist.

Südlich des Geestrandes, den etwa der Mittellandkanal markiert, liegt die 20 bis 30 km breite Lößzone der Niedersächsischen Börden. Sie werden als niedersächsische Bergvorlandzone bezeichnet, da sie im Süden vom Nordrand der Mittelgebirgsschwelle begrenzt werden. An der Grenze zwischen Geest und Börde liegt Hannover. Westlich, zwischen Deister im Südwesten und Leinebogen im Nordosten, liegt das Calenberger Land. Diese lößbedeckte Altmoränenlandschaft ist von durch Salztektonik an die Oberfläche gepreßten mesozoischen Gesteinen im Benther Sattel durchbrochen.

Wendland, Altmark und Prignitz

Geographische Abgrenzung und Gliederung: Das Gebiet setzt sich aus fünf Teilbereichen zusammen: Im Norden liegt das Gebiet der Prignitz, welches im Süden an das Elbtal grenzt. Dieses teilt sich in die von Nordwest nach Südost gerichtete Untere Mittelelbe-Niederung und in die von Norden nach Süden gerichtete Märkische Elbtalniederung auf. Südlich der Unteren Mittelelbe-Niederung liegt das Wendland, weiter südlich und auf der östlichen Seite vom Märkischen Elbtal begrenzt folgt die Altmark.

Der Prignitz schließen sich im Westen die Schleswig-Holsteinische Geest und das Hügelland an, im Norden die Mecklenburgische Seenplatte; im Osten grenzt an Prignitz und Märkisches Elbtal das Brandenburgische Platten- und Tiefland, im Süden das Nördliche Harzvorland und die Börden, im Westen grenzen an Altmark und Wendland die Hannoversche Geest und die Lüneburger Heide. Zur Nordsee hin geht die Untere Mittelelbe-Niederung in die Elbmarsch über.

Geologie und Geomorphologie: Die Untere Mittelelbe-Niederung beginnt bei Geesthacht, wo sich die von den Gezeiten beeinflußten Marschen in Flußmarschen wandeln. Südlich der Einmündung der Stepnitz bei Wittenberge wird die Niederung als Märkisches Elbtal bezeichnet. Pleistozäne Sande und Kiese bilden den Untergrund dieses ehemaligen Urstromtals. Bedeckt sind sie mit 1 bis 2 m mächtigen Auelehmen.

Die ehemals stark mäandrierende Elbe ist heute eingedeicht, obwohl weiterhin über hohe Grundwasserstände in Abhängigkeit vom Elbwasserstand binnendeichs Überschwemmungen auftreten. Daher wird die Elbeniederung auch heute noch von Altarmen und Feuchtwiesen gekennzeichnet, wenngleich in wesentlich geringerer Ausdehnung und Nässe als zu Zeiten vor dem Deichbau.

Die südliche Begrenzung der Altmark wird vom Mittellandkanal gekennzeichnet, wenn der Bereich der Letzlinger Heide zur Altmark gerechnet wird. Sie stellt einen Sander des Warthestadiums der Saaleeiszeit dar. Nördlich liegt ein aus Geschiebemergeln und -sanden bestehendes Grundmoränenplateau, das durch Schmelz-

wasserrinnen in einzelne Hochflächen zerteilt ist. Diese werden heute von Milde, Biese, Uchte und Aland durchflossen.
Mit einer warthekaltzeitlichen Endmoräne grenzt die Altmark im Norden an einen Teil des Elburstromtals, der als Wische bezeichnet wird. Altarme von Elbe und Aland prägen hier das Bild. In der Wische liegt der Meseberg, ein emporgestiegener Stock aus Zechsteinsalzen. Weiter westlich entstand über einem ausgelaugten Salzstock der Arendsee. Die Arneburger Hochfläche fällt nach Osten steil zum Elbetal ab.
In der Unteren Mittelelbe-Niederung reicht das saalezeitliche Grundmoränengebiet des Wendlands nahe an den Fluß heran: der Weinberg bei Hitzacker oder der Höhbeck – ein 76 m hoher Altmoränenrest, der von Schmelzwässern des Elburstromtals inselartig umspült wurde. Im Mündungswinkel der Jeetzel in die Elbe liegt Hitzacker. Die Jeetzel ist als verschleppte Flußmündung eng an die Geest gedrückt und schneidet daher die Elbhöhen am Weinberg von Hitzacker an.
Die Diluvialscholle des Höhbecks besteht aus Geschiebelehm, zur Elbe und am östlichen Prallhang fällt der Höhbeck steil ab. Von hier überblickt man in südwestliche Richtung das gesamte Wendland. Die Jeetzel teilt es in zwei verschiedenartige Landschaften:

- ▶ Am Jeetzel-Westufer erhebt sich die 25 bis 100 m hohe Geeststufe des Drawehn. Die Grundmoränen des Drawehn sind häufig bewaldet, so in der Clenzer Schweiz, welche die westliche Grenze des Wendlands markiert.
- ▶ Östlich der Jeetzel finden sich charakteristische Elemente des Elburstromtals mit Talsanden und Dünen, Niederungen und Mooren.

Jetzel und Dumme fließen in vermoorten Niederungen der Elbe zu, wenn auch hier in den vergangenen Jahrzehnten und Jahrhunderten Entwässerungen und landwirtschaftliche Intensivierung ihren Tribut forderten.

Mecklenburgische Seenplatte

Name: nach den über 1000 Seen der Landschaft Mecklenburgs.

Geographische Abgrenzung und Gliederung: Die Mecklenburgische Seenplatte grenzt im Norden an die Küste, im Osten an Polen, im Süden an das Brandenburgische Tiefland und das Elbetal, im Westen an das Schleswig-Holsteinische Hügelland.

Geologie und Geomorphologie: Als Jungmoränengebiet, von der dritten großen Eisrandlage der Weichselkaltzeit – dem Pommerschen Stadium – geprägt, ist die Mecklenburgische Seenplatte vielfältig gegliedert und zeigt typische glaziale Oberflächenformen. Im mittleren Mecklenburg südlich des Malchiner Seenbekkens und nördlich Warens liegt die Hauptendmoräne des Pommerschen Stadiums.

Weite, flache Becken werden heute von Schweriner, Plauer und Müritzsee gefüllt. Die Stör, der Abfluß des Schweriner Sees mündet in die Elde, welche die Müritz, den Kölpin-, Fleesen-, Malchower und den Petersdorfer See sowie den Plauer See durchfließt und bei Dömitz in die Elbe mündet. Damit verbindet die Eldewasserstraße die »Oberen Seen« der Großseenplatte. Südlich des Plauer Sees und der Müritz zieht sich von Nordwesten nach Südosten die Hauptendmoräne des Frankfurter Stadiums als Südgrenze der Mecklenburgischen Seenplatte.

Nördlich der Pommerschen Endmoräne bei Güstrow bildete sich eine urstromtalartige Landschaft. Nach Abschmelzen des Eises kehrte sich die Fließrichtung um, so daß Warnow und Recknitz nach Norden entwässern und die südlich der Endmoräne entspringende Warnow ein tiefes Durchbruchstal geschnitten hat. Die Warnow nimmt die Wildenitz – den Abfluß von Goldberger und Sternberger See – und die Nebel – den Abfluß des Krakower Sees – auf und mündet bei Warnemünde in die haffartige Erweiterung des Breitling. Die Recknitz mündet in den Ribnitzer Binnensee.

Zwischen Tälern und Endmoränen wird die Landschaft von Drumlins und Seen, Wallbergen und Osern geprägt. Ein eindrucksvolles Beispiel bietet der 7 m hohe und 40 km lange, teils bewaldete, teils von Magerrasen bedeckte Wallberg bei Gatschow.

Die Feldberger Seenlandschaft wird von der

Hauptendmoräne des Pommerschen Stadiums bestimmt. Der bogenförmige Verlauf wird von Rosenberg (146 m), Reiherberg (145 m), Hullerbusch (123 m) und Hauptmannsberg (121 m) markiert. Zwischen den Endmoränenbögen liegen der Haussee, der Breite Luzin und der Carwitzer See, an deren Seeufern auf fruchtbarem Geschiebemergel Laubwälder stocken. Schmale, tiefe Schmelzwasser-Rinnensee sind Schmaler Luzin, Dolgener See und Zansen. Die zugehörigen Schmelzwasserablagerungen finden sich südlich und westlich des Schmalen Luzins als kieferbestandene Sanderflächen.

Eine Endmoräne verläuft von Friedrichswalde über Joachimsthal bis Althüttendorf. Der kleine Bugsinsee und der große Werbellinsee sind als schmale Schmelzwasserrinnenseen anzusprechen, die südlich der Endmoräne mit Kiefern bestandene Schorfheide bildet die entsprechenden Sanderflächen. Diese Sander reichen bis zum Urstromtal bei Eberswalde. Am Werbellinsee wurde vom Gletschereis tertiärer Ton emporgestaucht, der die dortige Ziegelindustrie ermöglicht.

Nördlich der Endmoräne entstand in einer Senke, aus der das Material ausgeschürft wurde, eine flache und großflächige Vertiefung: der Grimmitzsee. Eine vergleichbare Entstehungsgeschichte hat das flache Zungenbecken des Parsteiner Sees im Endmoränenbogen von Chorin – Brodowin.

Nördlich der Eisrandlage des Pommerschen Stadiums finden sich spätglaziale Gletscherzungenbecken wie der Malchiner und Kummerower See, der Tollensesee, die Lieps oder die Ükkerseen bei Prenzlau.

Nach einem Rückzug des Weichseleises rückten die Eismassen in Form von Zungen infolge von Klimaverschlechterungen mehrmals periodisch vor und zurück und schürften damit diese Bekken aus. Aus dem Tollensesee fließt die Tollense der Peene zu, die den Malchiner und Kummerower See durchströmt.

In den Niederungen bildeten sich große Niedermoore, die sich örtlich bis zum Hochmoor entwickelten. Sie werden heute nach Entwässerung und Abtorfung größtenteils landwirtschaftlich genutzt.

Brandenburgisches Platten- und Tiefland

Geographische Abgrenzung und Gliederung: Das Gebiet grenzt im Norden mit dem Nördlichen Landrücken an die Mecklenburgische Seenplatte, im Osten mit dem Oderbruch an das Polnische Becken, im Südosten an Niederlausitz, im Südwesten an den Fläming und im Westen an die Märkische Elbtalniederung und Prignitz.

Geologie und Geomorphologie: Weichseleiszeitliche Eisrandlagen prägen die Landschaftsgestalt der Mark Brandenburg. Drei deutliche Endmoränenzüge gliedern das Gebiet von Norden nach Süden. Das Pommersche Stadium bildet mit dem Nördlichen Landrücken im südlichen Mecklenburg und nördlichen Brandenburg einen zusammenhängenden Endmoränenzug. Das Frankfurter Stadium quert bei Frankfurt die Oder, im Süden schuf das Weichseleis des Brandenburger Stadiums bei seinem ersten Vorstoß in erster Linie Stauchmoränen. Die Schmelzwässer flossen über das südlich liegende Baruther Urstromtal ab. In dieser Niederung liegt heute der Spreewald. Der Hauptteil zwischen Peitz und Lübben wird mit einer Länge von 30 km als Oberspreewald bezeichnet, der Unterspreewald heißt das unterhalb Lübbens liegende 15 km lange Teilstück. Die bruchige Niederung durchfließt die Spree in zahlreichen Armen, den Spreewaldfließen.
Westlich des Unterspreewaldes liegen die Endmoränen des Brandenburger Stadiums, zu denen auch das flache Grundmoränenhügelland mit einzelnen steilen Endmoränenhügeln der Krausnicker Hügel gehören. Auf der Ostseite des Unteren Spreewaldes liegt die Leuthener Sandplatte, in die Rinnen- und Beckenseen eingeschnitten sind, zum Beispiel der Dollgensee und der Leuthener See.
Folgen der Eisrandlage des Brandenburger Stadiums sind auch die Havelseen und die Seen südöstlich von Berlin wie Templiner See, Plessower See, Großer Zernsee – die Gestalt des Havellandes also. Das Charlottenburger-Potsdamer Havelgebiet, zu dem auch der Grunewald gehört, zeigt sich als Mosaik von kiesigen Endmoränen in einer flachwelligen Grundmoränenplatte mit Sanderflächen und feuchten Talniederungen. Zwischen den Seen herrschen Wiesen-

und Ackerfluren vor, während im Westen bevorzugt Obstbau betrieben wird. Westlich schließt sich auch die Brandenburgische Havelniederung an, in deren breiter, feuchter Talniederung zahlreiche Altwässer und Seen liegen. Nördlich hiervon liegt die Nauener Grundmoränenplatte, deren Ackerland von nach Süden gerichteten Talniederungen durchzogen wird. Daran grenzt im Norden das Havelländische Luch, eine stark anmoorige Urstromtalniederung mit flachen Talsandflächen und Dünen, die vorwiegend als Dauergrünland genutzt wird.
Die Müggelberge südöstlich Berlins, die Saarmunder Berge südwestlich Berlins und die Rauener Berge liegen südlich der Frankfurter Eislage.
Das Frankfurter Stadium bildete Endmoränen und Seen bei Rheinsberg, Gransee, Oranienburg und Frankfurt/Oder. Zu ihnen gehört das westlich von Frankfurt gelegene Booßener Hügelland. Die Schmelzwässer dieser Eisrandlage flossen über das Berliner Urstromtal ab, welches heute in weiten Teilen von der Spree benutzt wird. Die Berlin-Fürstenwalder Spreetal-Niederung reicht als Talzug von Berlin bis ins Odertal. Neben den Talsandflächen des Berliner Urstromtals mit Dünen zeigen sich die feuchten Talniederungen der Spree. Diese Niederung trennt auf Berliner Stadtgebiet zwei Grundmoränenhochflächen voneinander:

- die Teltowhochfläche im Süden als ebene bis flachwellige Grundmoränenplatte mit kiesigen Endmoränenhüglen, die südlich der Großstadtbebauung von offenem Ackerland geprägt wird;
- die Barnimhochfläche im Norden, deren wellige bis flachhügelige Lehm- und Sandplatte von nach Süden ziehenden Rinnentälern zerschnitten wird.

Nach Norden Richtung Bad Freienwalde schließt sich das Waldhügelland des Oberbarnim an, das Trockentäler zum Oderbruch hin zeigt. Gegen das Oderbruch bilden die Grundmoränenplatten, die inselartig aus den Schmelzwasserablagerungen hervorragen, steile, zertalte Ränder. Die breite, von einem teilweise terrassierten Steilrand gerahmte Talniederung des Oderbruchs zeigt teils nasse Bereiche mit Altwässern, großflächig jedoch von Entwässerungsgräben durchzogene Acker- und Wiesenflächen.

Fläming, Elbe-Elster-Niederung und Dübener Heide

Name: nach flämischen Siedlern.
Geographische Abgrenzung und Gliederung: Der Landschaftsraum grenzt im Norden an das Brandenburgische Platten- und Tiefland, im Osten an die Niederlausitz, im Süden an die Leipziger Bucht und im Westen an das Nördliche Harzvorland sowie die Märkische Elbtalniederung. Es gliedert sich von Norden nach Süden in Fläming, Elbe-Elster-Niederung und Dübener Heide.
Geologie und Geomorphologie: Geprägt wird die Landschaft in der Umgebung von Wittenberg durch das Plankener und Warthestadium der Saaleeiszeit. Der Fläming gliedert sich in ein zentrales Hochland mit drei von West nach Ost reichenden Hügelländern.
Der bis auf 201 m im Hagelberg bei Belzig ansteigende Höhenrücken des Fläming wird vom warthezeitlichen Endmoränenbogen aufgebaut. Seit dem 12. Jahrhundert versuchte der Mensch, die Landschaft urbar zu gestalten, so daß heute Kiefernwälder mit landwirtschaftlich genutzten Flächen – vorwiegend Grünland – abwechseln. Das südlich gelegene Elbetal von Wittenberge bis Magdeburg stellt das zugehörige Urstromtal (Magdeburger Urstromtal) dar. Das Nordwest-Ende des Fläming, auch als Südlicher Landrükken bezeichnet, wird vom Elbdurchbruch durch die hohe Endmoräne von Hohenwarthe nördlich von Magdeburg markiert, die hier ein Steilufer bildet.
Im flachgeneigten Stauchmoränen-Gelände von Leitzkau sind tertiäre Tone aus dem Oligozän in steile Falten gelegt, die aus den eiszeitlichen Deckschichten hervorragen. In Ziegeleien werden die Tone wirtschaftlich genutzt.
Von Torgau und Elbtal nach Westen trennt eine urstromtalartige Niederung die Dahlener Heide im Süden von der Dübener Heide im Norden.
Die Dübener Heide begleitet das südliche Elbufer bis Wittenberg, von Pretsch bis Wittenberg liegt allerdings eine breite Grundmoränenfläche zwischen Heide und Elbtal. Die weitgehend mit Kiefern bewaldete Heide befindet sich auf Sandern des Plankener Stadiums der Saalevereisung.

Westfälische Bucht

Name: nach einer kreidezeitlichen Meeresbucht im heutigen Westfalen.

Geographische Abgrenzung und Gliederung: Im Nordwesten grenzt die Westfälische Bucht an der Staatsgrenze zu den Niederlanden mit der Westfriesischen Geest, im Norden an das Emsland. Im Osten geht das Gebiet mit dem Teutoburger Wald und dem Eggegebirge in das Weserbergland über, im Süden taucht unter den Kreideschichten Ruhrkarbon und damit die Randsenke des Rheinischen Schiefergebirges auf. Im Westen senkt sich das Kreidebecken unter die Niederrheinische Bucht.

Geologie und Geomorphologie: Die zwischen den Mittelgebirgen liegende Westfälische Tieflandsbucht ist eine Mulde zwischen Rheinischem Schiefergebirge im Süden und Ibbenbürener Sattel im Norden. Diese ist schüsselförmig mit Kreidesedimenten gefüllt, über denen tertiäre und quartäre Sedimente liegen. Unterteilen läßt sich das Münsterland in West-, Ost- und das Kernmünsterland. Südlich davon liegen die Hellwegbörden.

Aus dem muldenförmigen Aufbau der Westfälischen Bucht ergibt sich, daß das Alter der Schichten von außen nach innen abnimmt. Die Wechsellagerung unterschiedlich harter Gesteine resultiert in einer etwa kranzförmigen Schichtstufenbildung, deren Stufenstirn jeweils nach außen weist. Das Plateau des Kernmünsterlandes bildet den zentralen Teil dieses Schichtstufenlandes, dessen Eckpfeiler die Baumberge im Westen und die Beckumer Berge im Osten markieren. Diese von Oberkreideschichten aufgebauten Höhenzüge steigen in den Baumbergen auf 186 m und in den Beckumer Bergen auf 173 m an. Das Kernmünsterland wird aufgrund der Kleiböden aus mergelig-kalkig-tonigen Kreideschichten auch als Kleimünsterland bezeichnet.

Im Westen, Norden und Osten wird das Kernmünsterland von vorwiegend sandigen Gegenden umgeben. Saalezeitliche Schmelzwassersande mit Flugsanddünen prägen das westliche Münsterland. Auch die Niederungen und die Lippertalung sind mit Talsanden gefüllt. Die Halterner Sande lagerten sich jedoch kreidezeitlich auf Untiefen anstelle kalkiger Beckensedimente ab.

Nördlich der Lippe liegt das Gebiet der Hohen Mark aus Halterner Sandsteinen. Das bewaldete Hügelland steigt bis auf 146 m an. Ausgedehnte Niederungen durchziehen das Westmünsterland, zu denen das Schwarze und Weiße Venn sowie der Merfelder Bruch gehören.
Im Nordosten und Osten ist der Rand des Bekkens aufgebogen und teils überkippt: Osning-Sandstein bildet die Schichtkämme von Teutoburger Wald und Eggegebirge. Als 20 bis 30 km breite Ebene erstreckt sich zwischen den Schichtstufen des Kernmünsterlandes und dem Osning das Ostmünsterland, dessen Kreideuntergrund von 5 bis 25 m mächtigen, im wesentlichen weichselzeitlich abgelagerten Talsanden verdeckt ist. Am Fuße des Teutoburger Waldes zwischen Hövelhof, Bad Lippspringe und Oesterholz liegt das Gebiet der Senne, in dem die mächtigen Sande teils zu Dünen aufwehten. Vor dem Eggegebirge ist die Paderborner Hochfläche aus Oberkreide-Kalken lokalisiert. Die Karsterscheinungen dieser Hochfläche führen zu den Quellen von Pader und Lippe.
Im Zentrum des Beckens befinden sich Emscher-Mergel, die über Turon-Plänerkalken lagern. An der Schichtgrenze zwischen diesen entspringen zahlreiche Überlaufquellen (zum Beispiel die Paderquellen), die vom Hellweg, einer ehemaligen, von Osten nach Westen verlaufenden Handelsstraße, verbunden werden.
Im Süden hingegen liegt die schmale Lößzone der Hellwegbörden, zu denen auch die Soester Börde gehört. Gen Westen wurden sie von den Ruhrgebietsstädten überbaut. Nördlich der Möhne werden die gefalteten Schichten des Rheinischen Schiefergebirges von den Oberkreide-Schichten der Westfälischen Bucht überlagert. Weite Flächen der Kreideschichten bedekken pleistozäne Ablagerungen, besonders Löß. Die sehr fruchtbaren Börden erstrecken sich von der Soester Börde beiderseits des Hellweges im Osten bis zur Lippe und Duisburg im Westen. Das westliche Ruhrgebiet ist damit als überbaute Hellwegbörde anzusehen. In die Kreideschichten am Nordrand der Ruhrhöhen sind glaukonitführenden Grünsande eingelagert, die als Essener Grünsand in begrenztem Umfang als Ornamentstein genutzt wurden. Die Emscher am Nordrand des Ruhrgebietes wurde Jahrzehnte als industrieller Abwasserträger genutzt und soll nun zu einem Grüngürtel umgestaltet werden.

Niederrheinisches Tiefland

Name: nach dem Unterlauf des Flusses durch eine Niederung.

Geographische Abgrenzung und Gliederung: Das Niederrheinische Tiefland grenzt im Norden an die Westfriesische Geest, im Nordosten an die Westfälische Bucht, im Südosten an das Bergische Land, im Süden an Westerwald, Mittelrheintal und Eifel. Im Westen geht die Kölner Bucht als Bestandteil des Niederrheinischen Tieflands in die Limburger Börden und die Maasniederung auf niederländischem Staatsgebiet über. Gliedern läßt sich die Landschaft in das eigentliche Niederrheinische Tiefland im Norden und die Kölner Bucht im Süden.

Geologie und Geomorphologie: Am Ende des Oligozäns brach der Niederrheingraben zwischen Eifel und Bergischem Land infolge Zerrung an schon früher angelegten Bruchzonen ein, so daß das Meer bis Bonn vordrang. Miozäne Sümpfe führten zu den mächtigen Braunkohlelagern der Kölner Bucht. Die tertiären und quartären Sedimente erreichen stellenweise eine Mächtigkeit von 600 m.

Seit dem Pliozän steht das Gebiet unter dem Einfluß des Rheins, der an der Pforte von Rolandseck in das Tiefland eintritt. Am innersten Winkel der Bucht drangen in einer Zerüttungszone vulkanische Gesteine nahe an die Oberfläche. Sie bilden heute die Härtlingskuppen des Drachenfelser Ländchens, des Siebengebirges und des Gebietes um Siegburg. Im Großen Ölberg erreicht das aus Trachyten aufgebaute Siebengebirge mit 460 m seinen höchsten Punkt.

Die eigentliche Köln-Bonner Bucht zwischem Bergischen Land im Osten und Eifel im Westen wird westlich von Köln durch den Höhenrücken der Ville begrenzt. Etwa auf der Linie Grevenbroich – Neuss – Benrath – Hilden geht die Köln-Bonner Rheinterrassen-Ebene in das Niederrheinische Tiefland über. Das Absinken der Niederrheinischen Bucht zwischen dem Westrand des Bergischen Landes und dem Nordrand der Eifel geschah nicht en bloc, sondern in unterschiedlichen Staffeln.

Eine höher liegende Bruchscholle ist auch die Ville. Sie erstreckt sich zwischen der linksrheinischen Mittelterrasse im Osten und der Erft-Talaue im Westen. Ihre Höhe nimmt von Südosten aus mit 130 m auf 100 m im Nordwesten

ab. Da in dieser Region die Braunkohle in oberflächennäheren Schichten liegt als in der östlich anschließenden Börde, begann hier der Braunkohlentagebau, der die Landschaft nachhaltig veränderte. Der südöstliche Teil der Ville stellt ein nahezu geschlossenes Waldgebiet dar. Die Braunkohle wird von der Ville in westlicher Richtung fortschreitend abgebaut.

Während die Terrassen in der Kölner Bucht eine deutliche Treppung zeigen, nehmen sie nach Norden hin stark an Breite zu, so daß sie unterhalb der Ruhrmündung weite Ebenen bilden. Im Norden zeigen sich die Einflüsse der Eiszeiten in Form von Stauchmoränen, auf der westlichen Rheinseite der Kölner Bucht hingegen sind die Haupt- und Mittelterrasse von mächtigen Lößschichten bedeckt, welche die Jülicher und Zülpicher Börde bilden. Zwischen Bonn und Brühl wird auf der lößbedeckten Mittelterrasse intensiver Gartenbau betrieben.

Auf der östlichen Rheinseite herrschen eher Flugsanddecken mit Wäldern und Heiden vor. Zu ihnen gehört der Königsforst, die Ohligser und die Hildener Heide. Von der Sieg bis zur Wupper zieht sich die Wahner Heideterrasse.

Nördlich der Ruhrmündung zeigte der Rhein als echter Tieflandsfluß ehemals eine starke Dynamik mit Mäander- und Altarmbildung, bis der Rhein ab dem 19. Jahrhundert durch Begradigung und Eindeichung in ein künstliches Bett gezwungen wurde. Aus den breiten pleistozänen Terrassenablagerungen von Rhein und Maas ragen einzelne Stauchmoränen in der sich noch heute senkenden Niederrheinischen Tieflandsbucht hervor: Hülser Berg (56 m), Rayer Berg (64 m) und Dachsberg (56 m). Als Ostkanten der Sanderterrassen erreichen Bönninghardt, Wolfsberg, Xantener Hochwald und Reichswald bei Kleve Höhen bis 90 m. Weiden und Pappeln begleiten den Flußlauf des Niederrheins.

Nördliches Harzvorland und Magdeburger Börde

Geographische Abgrenzung und Gliederung: Im Süden grenzt das Gebiet an den Harz, im Norden an die Altmark-Niederung. Es gliedert sich von Norden nach Süden in Letzlinger Heide, Flechtinger Höhenzug, nördliches und südliches Subherzyn – getrennt durch die Höhenrücken von Asse, Dorm, Fallstein, Huy und Hakel – bis zur Harznordrand-Störung.

Geologie und Geomorphologie: Der Flechtinger Höhenzug im Bereich Magdeburg – Haldensleben – Flechtingen ist keine Endmoräne, sondern eine von Nordwesten nach Südosten gestreckte Grundgebirgsaufragung aus Grauwacken und Tonschiefern des Kulm (Unterkarbon) mit einer bis zu 600 m mächtigen Serie rotliegender Gesteine. Gegenüber dem nördlichen Vorland ist der Flechtinger Höhenzug entlang der großen Verwerfung von Haldensleben herausgehoben.

Wie der Harz neigt sich die Flechtinger Scholle nach Süden und zeigt daher eine weniger markante Südgrenze. Es handelt sich dabei um Verwerfungen um geringe Beträge im Gebiet von Emden – Nordgermersleben. Die Halden des Kupferschieferbergbaus von Bebertal – Emden markieren den Bereich, wo Kupferschiefer des Zechsteins zwischen den jüngeren Gesteinen des Subherzyns und dem Grundgebirge der Flechtinger Scholle ausstreichen. Gesteinsschichten, die im Harz 500 bis 1000 m über dem Meeresspiegel liegen, finden sich im Flechtinger Höhenzug in 140 m über NN, während sie in der nördlicher gelegenen Altmarksenke 5000 m tief im Untergrund ruhen.

Südlich des Flechtinger Höhenzugs befindet sich das landschaftlich flachwellige Bruchschollenland des Subherzyns. Dort ist das Grundgebirge von Schichten der Trias, des Jura, der Kreide und stellenweise des Tertiärs bedeckt. Die zum Teil komplizierten Lagerungsverhältnisse entstehen zum einen aus der Salztektonik der im Untergrund liegenden Zechsteinsalze, zum anderen drückt die Harzscholle gegen ihr nördliches Vorland. Der Gegendruck der Flechtinger Scholle legte die Schichten des Vorlands in Falten.

Unter der 6 km breiten, fast ebenen Niederung der Bode zwischen Staßfurt und Oschersleben liegt ein Salzsattel. Das 500 m mächtige Zechsteinsalz stieg auf. Die dabei entstandenen Randsenken wurden im Tertiär mit bis zu 400 m mächtigen Schichten aus Kiesen, Sanden und

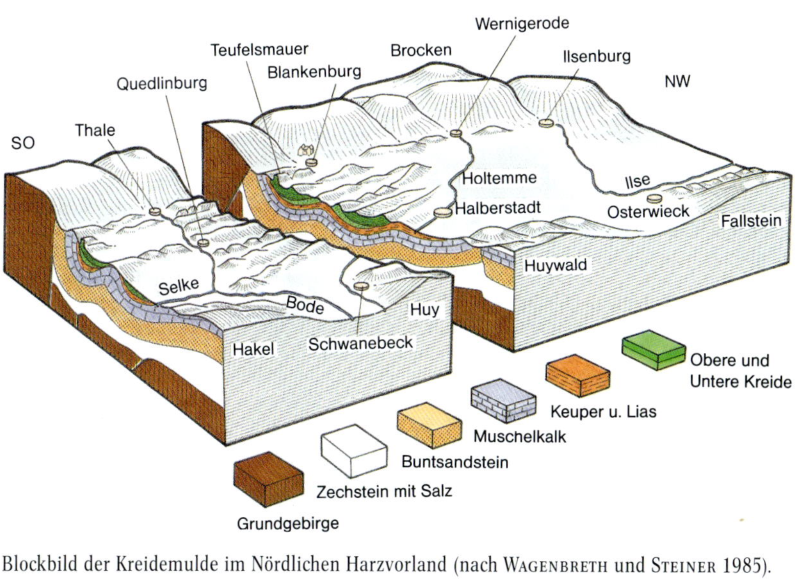

Blockbild der Kreidemulde im Nördlichen Harzvorland (nach Wagenbreth und Steiner 1985).

Tonen aufgefüllt, an einigen Stellen befinden sich mächtige Braunkohlenflöze. Während des Quartärs folgten eiszeitliche Kiese und Geschiebemergel. Auch der Sattelbereich blieb Niederungsgebiet, da das Salz im Bereich des Grundwassers ausgelaugt wurde und das Deckgebirge nachbrach. Der nicht so leicht lösliche Gips bildete mit den Auslaugungsrückständen den Gipshut. Am Gipshut von Westeregeln läßt sich erkennen, daß an einigen Stellen die Auslaugung den Salzaufstieg nicht kompensieren konnte. Erdfälle in der Nähe ehemaliger Kalischächte entstanden ebenfalls durch Auslaugung im Untergrund.

Südlich des Staßfurt-Oscherslebener Sattels finden sich drei große Muschelkalkrücken. Alle liegen parallel zum Harzrand in ostsüdöstliche-westnordwestliche Richtung und stellen durch Salzbewegungen entstandene Breitsättel dar. Der Hakel, nordwestlich von Aschersleben, zeigt sich in der Landschaft als breite uhrglasförmige, 240 m hohe Aufwölbung. Der Huywald, nordwestlich von Halberstadt, bildet einen 307 m hohen langgestreckten Breitsattel, in dessen Scheitel eine Störungszone liegt. Dort ist Buntsandstein freigelegt. Am Ostende des Sattels bildet die Störungszone einen Grabenbruch, der in der Landschaft als Senke erkennbar ist.

Gletschertöpfe am Hardelsberg beweisen eine frühere Inlandeis-Bedeckung. Der Große Fallstein, nördlich von Osterwiek, zeigt mit 288 m Höhe ebenfalls eine flache, uhrglasförmig aufgewölbte Form. Der Kleine Fallstein am Südhang des Höhenrückens aus schräggestellten Sandsteinen und Mergeln der Oberen Kreide beweist, daß die Aufwölbung erst gegen Ende der Kreidezeit stattfand.

Auf niedersächsischem Gebiet liegen die Schmalsättel Asse mit 232 m Höhe und Dorm mit 182 m Höhe. Sie bestehen aus steil aufgerichteten Buntsandstein- und Muschelkalkschichten.

Aus der von zahlreichen Höhenzügen gegliederten Tieflandsbucht des näheren Harzvorlandes ragt der Harz wie eine Mauer empor. Bei der Hebung des Harzes wurde mit den Gesteinen von Lias, Trias und Zechstein eine 750 m mächtige Schichtenfolge der Kreidezeit gefaltet. Die festeren Sandsteine mit größerem Abtragungswiderstand treten im Quedlinburger Sattel zutage. Im Sattelkern finden sich tonige Keuperschichten,

die lokal zu vermoorten, feuchten Senken führten. An den Sattelflanken wurde der Neokomsandstein herausgewittert und bildet beispielsweise den Kamelfelsen bei Westerhausen.

In der Aufrichtungszone des Harznordrandes schleppte die Harzscholle Schichten des Buntsandsteins, des Muschelkalks und Keupers sowie der Kreide mit und richtete sie steil auf. So bildeten sich durch Abtragung parallel zum Harzrand Muschelkalk-Höhenrücken wie die Hohe bei Ermsleben und Mauern aus verkieselten Sandsteinen wie die weithin sichtbare Teufelsmauer bei Neinstedt aus Heidelbergsandstein.

Die Harzflüsse Oker, Ecker und Bode schütteten am nördlichen Gebirgsrand mächtige Schotterterrassen auf.

Das gesamte Harzvorland wurde während der Saalekaltzeit von den Eismassen modelliert und erhielt in weiten Teilen eine Lößbedeckung, vorwiegend im Bereich der Magdeburger Börde. Die Letzlinger Heide, nördlich des Mittellandkanals gelegen, ist der Sander des Warthestadiums. Geologisch gesehen gehört sie zur Calvörder Scholle – sie grenzt im Süden am Abbruch von Haldensleben an die Flechtinger Scholle, im Norden mit dem Abbruch von Gardelelegen an die Altmarksenke.

Die Magdeburger Börde zeigt sich als eine weite, zum Teil leicht wellige Ebene, durch die sich – stellenweise flach eingesenkt – die Bode zieht. Im Westen ragt ein Teil der feuchten Niederung des großen Bruchs in die Börde hinein. Die Ebene liegt auf einem Niveau von durchschnittlich 100 m, einzelne Hügel reichen 20 bis 30 m höher. Auf dem Lößuntergrund entwickelten sich sehr fruchtbare Böden, vor allem Schwarzerden, die intensiv ackerbaulich nutzbar sind. Unter 540 mm Jahresniederschlag kennzeichnet das recht trockene Klima. Wald und Gehölze fehlen weitgehend, so daß der Wind starke Erosion und Austrocknung des Bodens bewirkt.

Leipziger Bucht

Name: nach der Stadt Leipzig, die in einer tertiären Meeresbucht liegt.

Geographische Abgrenzung und Gliederung: Das nordwestsächsische Gebiet läßt sich in den westlichen Teil der Leipziger Tieflandsbucht und den östlichen Teil des nordsächsischen Vulkanitkomplexes untergliedern. Begrenzt wird es im Südosten vom Schieferwall des Granulitgebirges, im Norden vom Altmoränengebiet der Dahlener Heide und der Schwarzen Berge, im Westen von der Elster- und Pleißeaue.

Geologie und Geomorphologie: Die Leipziger Tieflandsbucht im engeren Sinne ist ein weites, flaches Senkungsbecken. Es sackte gleichzeitig mit der Senkung des Weißelsterbeckens und der Hebung und Schrägstellung des Erzgebirges ein und wurde in der Folge von Süden her mit Kies, Sand und Ton gefüllt. Im tertiären Zeitalter des Eozän drang die Nordsee durch Ansteigen des Meeresspiegels in das Weißelsterbekken vor, so daß es versumpfte und vermoorte. Damit entstand die heute landschaftsbildende Braunkohle.

Im Zusammenhang mit den Eiszeiten wurde auf großen Flächen Löß eingeweht. Die ehemals großen Lößflächen durchzogen die von Süd nach Nord gerichteten Täler der Weißen Elster, der Pleiße und der Wyhra. Diese sind heute nur noch in Resten erhalten, so zwischen Altenburg und Borna, bei Groitzsch, im Gebiet Plagwitz – Lützen, die Auenlandschaften im Wyhratal bei Borna, im Pleißetal bei Windischleuba und Markkleeberg, im Elstertal bei Pegau, im Rosental bei Leutzsch, die Elster-Luppe-Aue von Leipzig nach Schkeuditz.

Die gesamte Landschaft wurde durch den Braunkohletagebau tiefgreifend umgestaltet. In der Bergbau-Folgelandschaft wurden die Flüsse in ein künstliches Bett gezwängt, Halden und Tagebau-Restlöcher bestimmen das Landschaftsbild. Kleinere Restlöcher und Halden prägen den Südrand des Reviers bei Zeitz – Meuselwitz – Rositz – Altenburg – Borna – Frohberg und dokumentieren das Abbaugebiet des 19. Jahrhunderts. Im Laufe des 20. Jahrhunderts rückte der Abbau nach Norden vor und beinhaltet heute die Großtagebaue bei Böhlen, Espenhain und Zwenkau. Der Nordrand liegt bei Markkleeberg. Die beiden Braunkohlenvor-

kommen südwestlich von Leipzig (Borna-Böhlen im Osten und Markranstädt im Westen) werden durch ein kohlefreies Gebiet voneinander getrennt: durch den Nordsächsischen Sattel, der bereits auch im Tertiär eine Schwelle darstellte. Als Seen dienen die ehemaligen Tagebaue Pahna bei Altenburg und Kulkwitz bei Markranstädt heute der Naherholung.
Der östliche Teil des Gebietes um Wurzen – Rochlitz – Oschatz wird als Nordsächsischer Vulkanitkomplex von mächtigen Deken von Vulkangesteinen des Unterperms gebildet. Im Laufe des Tertiärs verwitterten die Gesteine unter tropischem Klima teilweise zu Kaolin. Diese Porzellanerde wird heute für die Porzellanindustrie genutzt; sie läßt Rückschlüsse auf das Niveau der tertiären Landoberfläche zu, zum Beispiel in Kemmlitz. Später modellierten die Eiszeiten die gesamte Landschaft.
Viele der vulkanischen Kuppen dieser Teillandschaft wurden für die Schotter- und Splittindustrie abgebaut. Ihr fiel auch der einst markante Spitzberg bei Lüptitz nördlich Wurzen zum Opfer. Stattdessen prägen dort nun Abraumhalden und Steinbruch-Restlöcher die Landschaft. Der höchste Berg des Gebietes ist der 314 m hohe Collmberg bei Oschatz, der zum Nordsächsischen Sattel des variskischen Gebirges zu rechnen ist.
Im Westteil des Nordsächsichen Vulkanitbekkens bei Beucha wurde grobkörniger Pyroxen-Granitporphyr als Dekorationsstein abgebaut. Typisch für die Abbaugegend ist der Kirchberg von Beucha, der von Steinbrüchen umgeben ist; er ragt mit senkrechten Felswänden aus dem Wasser der Restlöcher hervor.
Die in der Saalekaltzeit über Naunhof nach Bitterfeld fließende Mulde hinterließ dort Schotter, die als Betonkies abgebaut werden. So entstand eine Kiesgruben-Seenlandschaft. Im Tal der Mulde bei Grimma steht Porphyrfelsen steilwandig als teils senkrecht geklüftetes, teils waagerecht-plattiges Gestein an. Im Tal der Freiberger Mulde bildet der technisch nicht verwendbare Leisinger Quarzporphyr steile Hänge. Im Tal der Zwickauer Mulde bei Colditz findet man Rochlitzer Quarzporphyr. Der 350 m mächtige landschaftsprägende Rochlitzer Berg besteht aus 100 m mächtigen Tufflagen und markiert den Südostrand der Leipziger Tieflandsbucht.

Weser-Leine-Bergland

Name: nach den Hauptflüssen Weser und Leine.
Geographische Abgrenzung und Gliederung: Im Norden grenzt das Weser-Leine-Bergland an die niedersächsischen Börden und die Diepholzer Geestplatten, im Osten an den Harz und sein südliches Vorland. Nach Süden geht das Gebiet in das Hessische Bergland über, im Westen in das Münstersche Kreidebecken. Der westliche Teil – das Weserbergland – läßt sich in Unteres und Oberes Weserbergland unterteilen. Das Gebiet zwischen Wesertal und Harz wird als Leinebergland bezeichnet.
Geologie und Geomorphologie: Mesozoische Sedimentgesteine vom Buntsandstein bis zur Kreide bilden die Schichtstufen und Senken des bis zu 528 m hohen Weser-Leine-Berglands. An der Linie Osnabrück – Hannover – Braunschweig taucht das niedersächsische Bergland unter die pleistozänen Sedimente des Norddeutschen Beckens ab. Durch Abtragung des wechselnd festen und weichen Gesteins entstanden die Schichtstufen; Aufstieg von Zechsteinsalzen im Untergrund sorgte für Schollenbau und die Herausbildung des heutigen Bruchfaltengebirges. Die Abraumsenken sind meist mit Löß gefüllt.
Das Untere Weserbergland reicht im Nordwesten keilförmig in das Norddeutsche Tiefland, das Weser-Wiehen-Gebirge wird aus Schichten des Dogger und Malms aufgebaut. Nach Westen begrenzt wird das Gebiet vom Teutoburger Wald, der nach Süden in das Eggegebirge aus Sandsteinen der Unterkreide übergeht.
Von Nordwest nach Südost verlaufende schmale Kämme kennzeichnen den Osning, dessen südwestliche Rücken und zentrale Hauptkämme aus dem aufgebogenen Rand der Münsterländer Kreidebucht bestehen – und damit aus Kalken der Oberen Kreide und harten Sandsteinen der Unteren Kreide.
Die nördlichen, schmalen Eggen bauen sich aus harten Kalken des Unteren und Oberen Muschelkalks auf und repräsentieren damit den Südwestrand der Herforder Lias-Mulde. Die Längstäler, meist beackerte Senken, liegen in Ausräumzonen der Mergeltone. Die Kalkrücken sind meist von Buchenmischwald, die Sandsteine dagegen von ärmeren Fichten- und Kiefernforsten bestanden.

Zwischen dem Teutoburger Wald im Süden und dem Wiehengebirge im Norden liegen die leichtwelligen Lias- und Keuperhügel des Ravensberger Hügellandes. Dieses ist mit einer weichselzeitlichen Lößlehmdecke überkleidet und wird infolge der Stauwirkung der Liastone als Feuchtbörde bezeichnet. Die Keuperzone liegt in der Else-Werre-Niederung. Durchzogen wird die Liasmulde von der Piesberg-Pyrmonter Achse, einer saxonischen Hebungsachse von Piesberg bei Osnabrück bis ins Pyrmonter Bekken. Das nördlich anschließende Wiehengebirge wird aus Sandsteinen und Kalksandsteinen des Weißen Jura gebildet. Die asymmetrischen Schichtkämme mit steilem Nordhang und noch steilerem Südhang sind größtenteils bewaldet. Bei Porta Westfalica durchbricht die Weser die Schichtkämme.

Weiter südlich durchfließt die Weser eine Verwerfungszone zwischen dem Buntsandstein des Voglers und des Sollings im Osten und der Muschelkalkstufe der Paderborner Hochfläche bzw. der Lippischen Keupermulde im Westen.

Das Gebiet von Eggegebirge bis Wesertal läßt sich als Oberes Weserbergland bezeichnen; es wird in erster Linie von Schichten aus Muschelkalk und Keuper gebildet (zwischen Detmold und Hameln auch Lippisches Bergland genannt). Die Buntsandsteingewölbe des Leineberglands werden von Oberweser, Fulda und Werra durchflossen. Solling, Vogler und Bramwald bilden den Teil des Niedersächsischen Berglands, während Reinhardwald und Kaufunger Wald hier dem Hessischen Bergland zugerechnet werden. Der bewaldete Solling zeichnet sich durch unzertalte Hochflächen und tief eingeschnittene Bachtäler aus. Die höchsten Berge, wie Große Blöße (521 m) und Moosberg (509 m), ragen nur buckelartig aus der Hochfläche hervor.

Im Zentrum liegt die Muschelkalksenke mit dem Leinetalgraben. Westlich des Göttinger Leinetalgrabens befindet sich die 300 m hohe Dransfelder Muschelkalkhochfläche mit Basaltbergen, die das Plateau um 200 m überragen. Die markanteste Erhebung bildet der miozäne Vulkan des Hohen Hagen mit 508 m Höhe als Ausläufer des tertiären Vulkanismus in der Hessischen Senke.

Harz

Name: im Mittelalter »hart« = Bergwald.
Geographische Abgrenzung und Gliederung: Das 92 km lange und bis zu 33 km breite Gebirge erstreckt sich zwischen den Flüssen Leine und Saale. Es grenzt im Norden mit der markanten Harznordrandstörung an sein nördliches Vorland. Im Süden und Osten geht der Harz weniger auffällig in das südliche und östliche Vorland über. Eingeteilt wird der Harz von West nach Ost in Oberharz, zentralen Hochharz und Unterharz. Als Grenzen gelten die am Acker-Bruchberg gelegene Hauptüberschiebung und der Ostrand des Tanner Grauwackenzugs.
Geologie und Geomorphologie: Der Harz gehört zum Rhenoherzynikum des variskischen Gebirges und zeigt in Alter und Gestalt viele Parallelen zum Rheinischen Schiefergebirge. Er ist aus ordovizischen bis karbonischen Sedimenten aufgebaut, die als Tone, Sande und Schlammströme in einem Meeresbecken abgelagert wurden. Untermeerisch traten vulkanische Laven aus, welche die sogenannten Schalsteinschwellen bildeten. Aus vulkanischen, metallreichen Lösungen entstanden Roteisenerzlager. Eisenerze wurden von 1200 bis 1965 gewonnen; einige Pingen sind als Zeugen erhalten geblieben. Auf den untermeerischen Schwellen siedelten sich im Devon Algen und Korallen an und bauten die 500 bis 600 m mächtigen Riffkalke auf, die heute im Bereich von Elbingerode – Rübeland zu finden sind.
Im Devon und Karbon wurden die Schichten des rhenoherzynischen Beckens durch Subduktion gefaltet. Gegen Ende der Gebirgsbildung fanden Intrusionen von Graniten statt. Im folgenden permischen Zeitalter begann die Abtragung des Gebirges, der Schutt des Rotliegenden gelangte in das Ilfelder und Meisdorfer Becken. Während des Zechsteins und der Trias war der Harz vollständig eingeebnet. In Jura und Kreide wurde er erneut gehoben und ebnete wiederum ein.
Die letzte Hebungsphase begann im Tertiär, wobei die Harzscholle nach Süden und Osten gekippt wurde. Während der Oberharz zur Zeit der Vereisung aus dem Inlandeis herausragte, war der Unterharz vereist.
Im Norden des Oberharzes liegt der Oberharzer Devonsattel aus devonischen Sandsteinen, Ton-

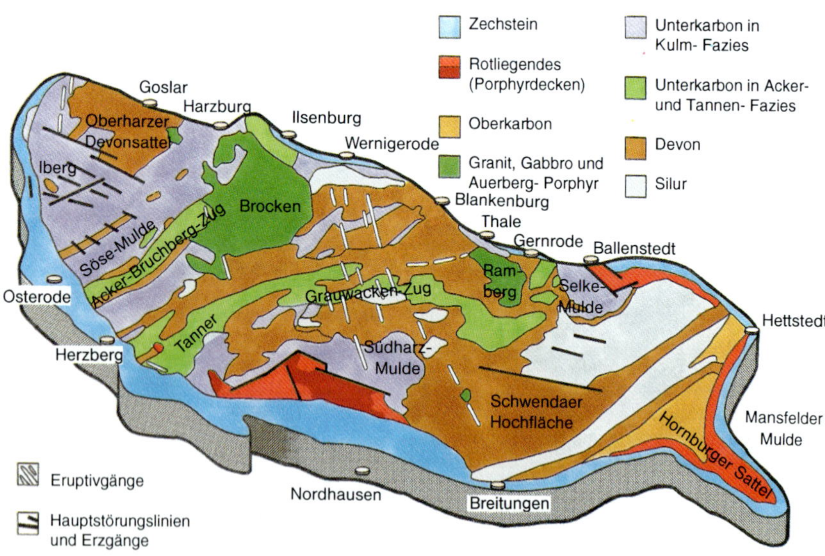

Geologische Strukturkarte des Harzes (nach SCHRADER 1970).

schiefern und Kalksteinen. Im Süden und Westen grenzt er an das devonische Korallenriff des Ibergs. In dem 561 m hohen Berg befinden sich zahlreiche Höhlen, von denen die Iberger Tropfsteinhöhle die bekannteste ist. Nach Südosten in der Mitte des Oberharz-Dreiecks schließt sich das 600 m hohe Clausthaler Plateau an, eine Kulmfaltenzone aus Kiesel- und Tonschiefern sowie Grauwacken. In seinem Nordteil liegt der Pluton des Okergranits. Nach Südosten folgen der Oberharzer Diabaszug und die Sösemulde, wiederum aus Kiesel- und Tonschiefern sowie Grauwacken.

Das zentrale Bergland des Harzes – auch als Mittelharz bezeichnet – wird von Brockenmassiv, Acker-Bruchberg und dem Höhengebiet der Sieber-Andreasberger Hochfläche gebildet. Der Acker überragt die Clausthaler Hochfläche als riesige Bergmauer um 300 m Höhe. Der Acker-Bruchberg-Zug markiert damit den Rand des Oberharzes gegen den Mittelharz. Der 2 km breite Kamm des 3 bis 4 km mal 15 km großen Härtlingszuges besteht aus unterdevonischem Bruchberg-Quarzit. Er erreicht im Großen Bruchberg mit 928 m seine größte Höhe und fällt steil zur Torfhaus-Mulde auf 765 m ab. Der Kammquarzit des Acker-Bruchbergs wird in seinem Nordteil vom Brockengranit intrudiert. Zwischen Brocken und Bruchberg liegt eine Moor- und Sumpflandschaft, die als Folge der hohen Niederschläge von bis zu 1685 mm im Jahr entstand. Der Wasserreichtum begründet die Bedeutung des Harzes mit seinen Talsperren als Trinkwasserspeicher für einen bis nach Bremen reichenden Einzugsraum.

Der Brockengranit wurde in der Oberen Kreide an der Oberfläche freigelegt. Heute bildet er mit 1142 m am Brocken den höchsten Gipfel. Er markiert den nordöstlichen Teil des Oberharzes; hier entspringen die Quellen von Ecker, Bode, Ilse und Holzemme. Während an der Heinrichshöhe (1000 m) und an den Hohneklippen (900 bis 9301 m) ebenfalls Granit zutage tritt, werden Hohenkopf, Erdbeerkopf und Winterberg von Kontaktgesteinen aufgebaut, die in der Umgebung der Intrusion des Granits entstanden. Die Feuersteinklippen und Schnarcherklippen bei Schierke und der Ottofelsen bei Wernigerode sowie die Hohneklippen zeigen die für Granit typische Wollsackverwitterung.

Der oberkarbonische Ramberggranit überragt heute die weite Hochfläche des Unterharzes. Da

der Ramberg von der Harznordrandstörung steil abgeschnitten wird, kann man von den Felsen Hexentanzplatz und Roßtrappe das nördliche Harzvorland gut überblicken.
Die Tanner Zone, die Südharz- und die Selkemulde werden von oberdevonischen und unterkarbonischen Grauwacken aufgebaut. Die Selkegrauwacke bildet die steilen Wände des Selketals bis Mägdesprung. Der im Unterrotliegenden entstandene Quarzporphyr des Auerbergs ist heute als Härtling herauspräpariert. Von der 579 m hohen Josephshöhe überblickt man den Unterharz bis zum Südharzrand.
An der Südostzone des Harzes liegt die metamorphe Zone von Wippra mit Gesteinen vom Ordovizium bis zum Oberdevon.
In den Kalkkomplexen von Elbingerode läßt sich an den Karsterscheinungen der Rübelander Tropfsteinhöhlen der periodische Aufstieg des Harzes erkennen. Stellenweise liegen mehrere Höhlen übereinander. Im System der Hermannshöhle gehören sechs Stockwerke dazu.
Der Zechsteingips markiert mit weißen Felsen sowie den Südharzer Höhlen, Erdfällen und Dolinen den südlichen Harzrand von Questenburg – Rottleberode – Niedersachswerfen – Ellrich.
Im Ilfelder Becken zeigt der rotliegende Porphyrit Felsbildungen wie der Gänseschnabel bei Ilfeld, das Felsentor bei Neustadt und den 600 m hohen Poppenberg mit lohnender Aussicht.
Zur Zeit des eingeebneten Harzes im Tertiär floß die Bode in großen Mäandern über die Harzfläche und mußte sich bei der Hebung im Tertiär tief einschneiden. Der Granit und die Kontaktgesteine bildeten steile Wände und Felsnadeln.
Die sulfidischen Blei-Zink-Erze des Rammelsbergs bei Goslar und die Erzgänge von Bad Grund lieferten die Grundlage des jahrhundertelangen Bergbaus im Harz.

Südöstliches Harzvorland und Kyffhäuser

Geographische Abgrenzung und Gliederung: Die Landschaft liegt zwischen Harz im Nordwesten, Saale im Norden und Osten sowie Thüringer Becken im Süden. Die Abgrenzung ist jedoch nicht sehr deutlich. Es gliedert sich folgendermaßen: Im Osten des Harzes befinden sich die Halle-Hettstedter Gebirgsbrücke, der Hallesche Porphyrkomplex, die Mansfelder und Sangershäuser Mulde, die in flachere Mulden im Osten übergehen. Im Süden des Harzes liegen die Goldene Aue und das Gebirge des Kyffhäusers.

Geologie und Geomorphologie: An seinem Ostrand setzt sich der Unterharz in zwei Höhenrücken weiter nach Osten fort: im Norden in der Halle-Hettstedter Gebirgsbrücke, im Südosten in dem Hornburger Sattel. Der Hornburger Sattel trennt die Mansfelder Mulde von der südlicher gelegenen Sangerhäuser Mulde. Die paläozoischen Schichten sind hier eingemuldet und mit jüngeren Sedimenten bedeckt. Die nur einen halben Meter mächtige Kupferschieferschicht an der Basis der Zechsteinfolge sorgte dafür, daß beide Mulden berühmt wurden: Seit 1200 wird hier Kupferschiefer abgebaut, um neben dem Kupfer vor allem Blei, Zink, Nickel, Gold und Silber zu gewinnen. Beide Mulden sind daher von einer charakteristischen Haldenlandschaft geprägt.

Nach Osten gehen die Sättel und Mulden in die flacheren Muschelkalkmulden über: Nietlebener, Querfurter und Naumburger Mulde. Das Geiseltal der Querfurter Mulde ist von riesigen Braunkohle-Tagebauen geprägt. Im Südosten der Mansfelder Mulde liegt der durch Salztektonik entstandene Teutschenthaler Sattel, an den ein ehemaliger salziger See gebunden ist.

Weiter östlich findet sich im Norden der Hallesche Porphyrkomplex mit dem 250 m hohen Petersberg. Der Quarzporphyr entstand im Oberkarbon und Unteren Perm. In feuchtwarmen Klimazeiten des Tertiärs wurde der Porphyr tiefgründig in Kaolin umgewandelt; der bis zu 65 m mächtige Halleschen Porphyrkaolin wird

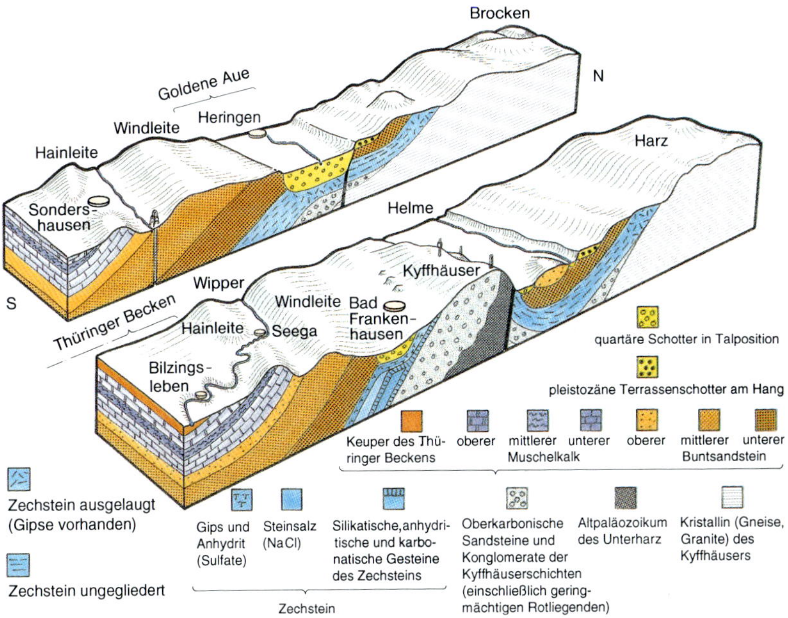

Blockbild der Landschaft von der Hainleite zum Harz (nach WAGENBRETH und STEINER 1985).

als Porzellanrohstoff genutzt. Entlang der Halleschen Marktplatzverwerfung, die auch die Halle-Hettstedter-Gebirgsbrücke nach Süden begrenzt, zirkulieren Wässer, die Salze an die Erdoberfläche transportieren. Durch das althochdeutsche Wort »hala« für Salz erhielt Halle seinen Namen nach dem hier seit der Bronzezeit üblichen Salzsotten.

Die Muschelkalkmulden setzen sich in dem tiefen und flachen Gelände der Merseburger Buntsandsteinplatte fort. Sie ist von eiszeitlichen Sedimenten und tertiären Braunkohlen bedeckt.

Südlich des Harzes liegt zwischen dem Harzsüdrand und der Nordrandverwerfung des Kyffhäuser-Gebirges ein tektonischer Grabenbruch: die Goldene Aue. Die große Auslaugungssenke ist mit bis zu 150 m mächtigen Geröllmassen des Harzes gefüllt und wird als Betonkies-Lagerstätte genutzt. 170 m über der Aue erhebt sich der ebenfalls zum variskischen Gebirge gehörende Kyffhäuser. Er zeigt Grundgebirge, das zur Mitteldeutschen Kristallinschwelle und damit zum Saxothuringikum zählt – und nicht, wie der Harz, zum Rhenoherzynikum.

Der Sockel des Kyffhäuser-Nordfußes wird aus Graniten und metamorphen Gesteinen aufgebaut, über denen rote Konglomerate und Sandsteine des Oberkarbons lagern. Sie wurden auch als Baumaterial des Kyffhäuser-Denkmals verwendet. Im Süden taucht der Kyffhäuser flach unter das Thüringer Becken ab. In der Gegend von Frankenhausen wird das Oberkarbon von Zechsteinfolgen bedeckt, dessen Gips markante Felsen und Erdfälle bildet. Die Barbarossahöhle bei Rottleben stellt eine solche Gipshöhle dar.

Die Helbe zwischen Frankenhausen und Artern durchfließt die Geländewanne der Kleinen Goldenen Aue. Südlich schließt sich der Höhenrükken der Windleite bzw. jenseits des Unstrut-Durchbruchtals (als Thüringer Pforte bekannt) der Finne an. Er besteht aus über dem Zechstein liegenden Buntsandsteinschichten.

Auf ihrem Weg zur Mündung in die Saale durchfließt die Unstrut zunächst ein enges, steilwandiges Tal im Mittleren Buntsandstein, das bei Nebra in ein weites Tal auf Schieferton des Oberen Buntsandstein übergeht. Zwischen Karsdorf und Freyburg schließt sich ein von Muschelkalkhängen begrenztes Tal an. Auch das Saaletal schließt besonders an seinen Prallhängen Muschelkalkfelsen auf.

Bergisches, Sauer- und Siegerland

Name: Bergisches Land nach dem Eigennamen der Grafen von Berg. Sauerland von Süderland (südlicher Teil der ehemaligen Provinz Westfalen). Siegerland nach dem Fluß Sieg bzw. dem Fürstentum Siegen.
Geographische Abgrenzung und Gliederung: Das Gebiet grenzt im Norden an die Westfälische Bucht, im Osten an das Westhessische Bergland, im Süden an den Westerwald und im Westen an die Niederrheinische und Kölner Bucht. Der westliche, zum Rhein hin gerichtete Teil heißt Bergisches Land, der östliche Sauerland bis zum Waldecker Upland. Im Südosten wird das Gebiet als Siegerland bezeichnet.
Geologie und Geomorphologie: Bergisches, Sauer- und Siegerland gehören zum Rumpfschollengebirge des Rheinischen Schiefergebirges und damit zum rhenoherzynischen Teil des variskischen Gebirges. Tonschiefer, Sandsteine, Grauwacken, Quarzite und Massenkalke sind in Sättel und Mulden verfaltet. In einem Meeresbecken des Devon und Karbon lagerten sich diese Sedimente und Riffkalke ab. Durch die folgende Subduktion des rhenoherzynischen Ozeans wurden sie verfaltet, bei der mächtige Flyschsedimente (Grauwacken) abgelagert und als Decken verfrachtet wurden. Die ältesten Gesteine des rechtsrheinischen Schiefergebirges treten im Ebbesattel bei Plettenberg und im Remscheider Sattel mit den Schiefern des Unteren Ordoviziums auf.
Die Rumpfflächen wurden im Jungtertiär gehoben und seitdem zertalt. Das Bergische Land wird im Süden von der Sieg, im Norden von der Ruhr und im Osten von der Wasserscheide zwischen Ennepe und Volme begrenzt. Die südöstliche Grenzziehung ist recht unsicher. Es stellt eine große Treppe dar, die vom Rhein nach Osten ansteigt. Im nordwestlichen, dichtbesiedelten Teil – dem Nieder- und Mittelbergischen – liegen die Städte (Remscheid, Solingen) im Unterschied zu der Wuppertaler Senke auf der Hochfläche. Wuppertal befindet sich in der langgestreckten Massenkalksenke des mittleren Wuppertals.
Die engen Täler des Bergischen Landes sind dicht bewaldet, die Flächen des sanften Westabfalls dagegen weniger stark. Die Flußtäler von

Dhünn, Sülz, Agger, Wahnbach sind von Nordosten nach Südwesten gerichtet. Die dazwischenliegenden Hochflächen sind landwirtschaftlich genutzt. Das Oberbergische südlich der Wupper ist vom Menschen vergleichsweise dünn besiedelt.

Der nordöstliche Teil des Rheinischen Schiefergebirges, das Sauerland, geht im Osten in das Waldeckische Upland über, dessen wellige Hochfläche im Hegekopf oder Langenberg mit 843 m seine größte Höhe erreicht. Das Sauerland läßt sich im Westen umgrenzen durch die Wasserscheiden zwischen Ennepe und Volme sowie Agger und Bigge, im Norden durch Ruhr, Möhne und Westfälischen Bucht, im Osten das Westhessische Bergland. Nach Nordwesten fließen in tiefeingeschnittenen Tälern Volme, Lenne, Hönne und Ruhr. Stauseen – der Biggesee ist der größte – prägen die waldreiche Landschaft.

Im Kahlen Asten (841 m) des Astengebirges liegen Reste der ehemaligen Rumpffläche vor. In südwestlicher Richtung fällt es sanft als Rothaar-Höhenzug ab. Vom Astengebirge über die Winterberger Hochfläche bis ins Waldecker Tafelland zählt man elf verschiedene Rumpfflächenreste, die im Zuge der stufenweisen Heraushebung des Gebirges entstanden sind. Das Hochland liegt im Bereich des Ostsauerländer Sattels, in dem Grauwacken und Quarzite Härtlinge bilden. Schwereanomalien im Untergrund lassen unter dieser und anderen Hauptschwellen Plutone vermuten. Hochheiden sind für den Kahlen Asten und den Neuen Hagen typisch.

Historisch umgrenzt anhand des ehemaligen nassauischen Fürstentums Siegen ist das Siegerland. Zwischen dem Rothaargebirge im Nordosten, dem Wittgensteiner Bergland und dem Ederbergland im Osten, den Kalteich-Höhen im Südosten und dem Westerwald im Süden liegt die Quellmulde der Sieg. Die Eisenstraße bildet die Wasserscheide zwischen Sieg einerseits – und damit dem Siegerland – und den Flüssen Lahn und Eder andererseits, dem Wittgensteiner Land also. Unterdevonische Schiefer und Quarzite, als Höhenrücken herauspräpariert, bilden den Untergrund. Vererzungen in Form von Eisenspatgängen lassen auch hier Plutone im Tieferen vermuten. Typisch für das wasserreiche Gebiet sind die Siegerländer Rieselwiesen. Ehemals wurde ausgedehnt niederwaldartige Haubergswirtschaft betrieben, in Walpersdorf besteht heute die letzte Köhlerei.

Eifel und Moseltal

Geographische Abgrenzung und Gliederung: Die Eifel grenzt im Norden an die Börden der Kölner Bucht, im Osten an das Mittelrheintal, im Süden mit dem Moseltal an den Hunsrück. Nach Westen hin setzt sie sich auf luxemburgischem und belgischem Staatsgebiet fort. Im Nordwesten liegt das Hohe Venn, im Einzugsbereich der Rur die Rureifel. Im Osten wird die Hohe Eifel von der Voreifel getrennt, im Westen die Schneifel vom Kyllwald. Nach Südwesten schließt sich der Islek an, weiter südlich das Bitburger Land.

Geologie und Geomorphologie: Die Eifel gehört zum Rheinischen Schiefergebirge und damit zum rhenoherzynischen Teil des variskischen Gebirges. Weite Rumpfflächen prägen das linksrheinische Mittelgebirge. Im Nordosten stellt das Hohe Venn einen von Südwest nach Nordost verlaufenden geologischen Sattel dar, in dessen Sattelkern die ältesten Gesteine des Rheinischen Schiefergebirges zutage treten: Schiefer und Quarzite aus Kambrium und Silur. Während die Quarzite als Härtlinge der Abtragung widerstanden und Höhenzüge bilden, finden sich im Bereich der Schiefer Ausraumzonen. Auf staunassen, schweren Böden der Phyllite entwickelten sich ausgedehnte Hochmoore, von denen nur noch Restflächen vorhanden sind.

Nach Südosten geht das Vennplateau in die stark zertalten Hochflächen der Rureifel über. Rur, Urft, Olef und Zuflüsse schnitten tief mit bewaldeten Talhängen in die Hochflächen ein. Westlich des Rurstausees liegt das Monschauer Land, eine leicht wellige Abtragungsfläche über unterdevonischen Grauwacken, Sandsteinen und Tonschiefern.

In der Hocheifel konzentrieren sich tertiäre vulkanische Gesteine mit mehr als 100 Einzelstielen aus Trachyt, Andesit und Basalt. Der höchste Gipfel der Eifel, der Hohe Acht (746 m), gehört ebenfalls zu den tertiären Vulkaniten wie der Nürburg bei Adenau. In der Osteifel im Gebiet des Laacher Sees haben die quartären vulkanischen Gesteine ihr Hauptverbreitungsgebiet. Ebenso wie die trachytischen Bimstuffe des Laacher Sees entstanden auch die Dauner Maare, die zu den 26 Maaren der Westeifel gehören, vor etwa 11 000 Jahren. Während das Gemünder

Maar kesselförmig im Wald liegt, sind die Innenwände des Weinfelder Maares waldfrei. Einige dieser durch Gasexplosionen entstandenen Hohlformen mit umgebenden Tuffwällen sind verlandet, andere noch immer mit Wasser gefüllt.

Südlich der Hohen Eifel liegt die flachwellige, tief zertalte Hochfläche der Voreifel auf 400 m Höhe zwischen dem Üßbach im Westen und dem Elzbach im Osten. Sie ist im Bereich devonischer Schiefer lokalisiert. Der Kondelwald, südlich der Voreifel, erstreckt sich als bewaldeter Höhenrücken auf einem Quarzitriegel. Im Westen als Übergang zum Schichtstufenland des Bitburger Landes liegt der Kyllwald als großes Waldgebiet auf devonischen Tonschiefern, Buntsandsteinen und tertiären Basaltkuppen. Er erstreckt sich zwischen Gerolstein und Landscheid beiderseits der Kyll.

Als Quarzitriegel ragt zwischen Brandscheid und Ormont in der Westeifel die Schneifel als bewaldeter und unbesiedelter Höhenrücken bis auf 697 m auf.

Nahe der Saarmündung tritt die Mosel aus dem Schichtstufenland in das Rheinische Schiefergebirge ein und trennt hier die Eifel im Norden vom Hunsrück im Süden. Mit zahlreichen Windungen und ständigem Abweichen von der nordostwärts gerichteten Hauptrichtung umfaßt die Flußstrecke die doppelte Länge wie die Luftlinie bis zur Mündung bei Koblenz in den Rhein. Das 400 bis 500 m breite Tal hat sich bis zu 300 m tief in die Schiefer, Grauwacken und Quarzite des variskischen Gebirges eingeschnitten.

Südlich der Wittlicher Senke, einer flachwelligen Ausraumzone in Rotliegendsedimenten und Buntsandstein, liegen die Moselberge zwischen Schweich und Ürzig. Der Talboden spiegelt den Wechsel von Einschneidungs- und Aufschotterungsphasen wider, alteiszeitliche Terrassen sind teils lößbedeckt. Die Klimagunst des Engtals läßt an den Sonnenhängen Weinbau zu, an den nordexponierten Steilhängen stocken artenarme Eichen-Hainbuchen-Wälder.

Hunsrück

Name: von Hunsrücken = hoher Rücken.
Geographische Abgrenzung und Gliederung: Der Hunsrück wird im Norden durch das Moseltal von der Eifel getrennt, im Osten durch das Mittelrheintal vom Taunus, im Süden grenzt es an das Saar-Nahe-Bergland, im Westen an den Saargau.
Geologie und Geomorphologie: Als südwestlicher Teil des Rheinischen Schiefergebirges gehört der Hunsrück zum rhenoherzynischen Abschnitt des variskischen Gebirges. Sein Südteil mit den Quarziten des Soonwaldes zählt zur nördlichen Phyllitzone, welche die Mitteldeutsche Kristallinschwelle flankiert und damit zur saxothuringischen Zone zu rechnen ist.
Auf etwa 120 km Länge erstreckt sich der Hunsrück in Südwest-Nordost-Richtung bis zum Mittelrheintal. Er ist landschaftlich weniger abwechslungsreich als die Eifel. Die überwiegend geringe Erträge liefernden Böden sind auf großen Flächen von Wald (früher vielfach als Eichenschälwälder genutzt) bedeckt. Die welligen Hochflächen werden hauptsächlich von unterdevonischen Schiefern gebildet. Die höchsten Erhebungen liegen auf den als Härtlingen herausgewitterten Quarzitrücken: Erbeskopf mit 816 m und Idarkopf mit 795 m. Die Hochfläche um 200 bis 300 m überragen die Quarzitrücken des Osburger und Schwarzwälder Hochwaldes, die nahezu völlig bewaldet sind, der Idarwald, der 766 m erreicht, und der Soonwald, welcher zwischen Simmerbach und dem Rhein auf drei parallelen Quarzitrücken liegt.
Der Rheinhunsrück fällt auch im Bereich des Binger Waldes unvermittelt zum Rheintal hin ab, besonders bei der Fleckertshöhe bei Boppard. Der Moselhunsrück bildet einen Übergangsraum zum Moseltal, in dem die Hochfläche durch steile Kerbtäler zerfranst ist.
Nördlich des Soonwaldes liegt die Simmerner Hochmulde, die im Unterschied zu den waldreichen, siedlungsleeren Hochwäldern landwirtschaftlich genutzt wird. Auf dem Westabfall zum Saargau hin sind auf den devonischen Rumpfflächen Rotliegend und Buntsandstein erhalten. Am Südrand des Hunsrück sanken die unterdevonischen Gesteine entlang einer Südrandstörung ab, wo sie heute Rotliegendschichten des Saar-Nahe-Beckens bedecken.

Mittelrheintal

Geographische Abgrenzung und Gliederung: Das Mittelrheintal liegt zwischen dem Oberrheintal im Süden und der Kölner Bucht im Norden. Die Aue begrenzen im Osten Westerwald, Lahntal und Taunus, im Westen Eifel, Moseltal und Hunsrück. Der südliche Teil wird als Oberes Mittelrheintal bezeichnet, nach Norden gefolgt vom Mittelrheinischen Becken und dem Unteren Mittelrheintal.

Geologie und Geomorphologie: Das Mittelrheintal ist das Durchbruchstal des Rheins durch das Rheinische Schiefergebirge. Der Flußlauf schnitt damit variskisch verfaltete Gesteine des Rhenoherzynikums und der Mitteldeutschen Kristallinschwelle an.

Das Obere Mittelrheintal stellt ein gewundenes Engtal dar, deren alteiszeitliche Hauptterrassen das obere Talstockwerk, den Breittalboden, bilden. Das Tal ist teilweise so eng eingeschnitten, daß die Niederterrassen nur schmal ausgebildet sind oder ganz fehlen. Aus dem Flußbett zwischen Bingen und Koblenz ragen teilweise Felsen und Riffe empor, die Talwände sind steil und tragen viele Felsbildungen. Auf Schwemmfächern von Seitentälern liegen im Untertal alte Siedlungsanlagen. Zwischen Andernach und Rolandseck hat sich im gestreckten Lauf ein 1,5 bis 2,5 km breiter Talboden gebildet.

Das Mittelrheinische Becken offenbart sich als Einbruchsbecken im Schiefergebirge. Das tektonische Senkungsfeld zwischen Koblenz und Andernach wird im Kern vom Neuwieder Becken gebildet. Eine Bimstuffdecke des Laacher-See-Vulkanismus bedeckt diese Teillandschaft. Mächtige Lößdecken werden teilweise von Bims überlagert.

An der Andernacher Pforte tritt der Rhein wieder ins Schiefergebirge ein. Engere und weitere Talabschnitte wechseln in nahezu geradem Verlauf ab, nach Norden verbreitern sich die alteiszeitlichen Hauptterrassen und gehen in die Niederrheinische Tieflandsbucht über.

Sonnenseitige Hänge des Mittelrheintals werden von ausgedehnten Rebkulturen bekleidet, Niederterrassen von Obstkulturen. Die übrigen Hänge des Mittelrheintals sind weitgehend bewaldet.

Westerwald, Lahn und Taunus

Geographische Abgrenzung und Gliederung: Als rechtsrheinischer Bestandteil des Rheinischen Schiefergebirges liegt der Westerwald südlich des Siegtals und damit jenseits von Sauer-, Sieger- und Bergischem Land. Im Süden wird er vom Lahntal begrenzt, das den Westerwald vom südlich liegenden Taunus trennt. Dieser grenzt im Süden und Südosten an die Oberrhein-Untermain-Senke. Das Gesamtgebiet berührt im Osten das Westhessische Bergland und im Westen das Mittelrheintal. Die Idsteiner Senke trennt den westlichen vom östlichen Taunus.

Geologie und Geomorphologie: Während Westerwald und Lahntal zum rhenoherzynischen Teil des variskischen Gebirges gehören, wird der Taunus der Mitteldeutschen Kristallinschwelle zugeordnet.

Die wellige Hochfläche des Westerwaldes in Höhenlagen von 250 bis 450 m besteht aus unterdevonischen Tonschiefern und Grauwacken, untergeordnet auch Quarziten. Im hohen Westerwald sind den variskisch gefalteten Schichten tertiäre Basaltdecken aufgelagert. Sie bilden mit 657 m am Fuchskauten die höchsten Erhebungen. Zum Rhein hin erstreckt sich der Niedere Westerwald, der stärker durch Rheinnebenflüsse wie die Wied zertalt ist. Im südwestlichen Westerwald nördlich von Montabaur liegt ein an Tonlagerstätten reiches Gebiet in einer geologischen Mulde, welches infolge der Keramikproduktion als Kannenbäcker Land bekannt wurde. Nach Osten hin nimmt das Gebiet zum Westhessischen Bergland an Höhe ab.

Der Ostrand des Rheinischen Schiefergebirges aus Grauwacken und Tonschiefern westlich Marburgs wird als Hinterland bezeichnet. Bedeutung erlangte das Gebiet durch die Deutung der Gießener Grauwacke als Decke, die ihre Wurzelzone zwischen Phyllitzone und Mitteldeutscher Kristallinschwelle haben könnte. Auch die Quarzite der Lindener Mark bei Gießen könnten Teil dieser Decke sein. Die Gesteine der Hörre-Zone zwischen Dill-Mulde im Norden und Lahn-Mulde im Süden wären als tektonische Schuppen zu interpretieren.

Das Lahntal verläuft im Streichen des Rheinischen Schiefergebirges einer geologischen Mulde. Auf vulkanischen Schwellen des rheno-

herzynischen Ozeans bildeten sich devonische Massenkalke und die Eisenerze vom Lahn-Dill-Typ.
Zur Mündung hin lassen sich drei Abschnitte des Lahntals unterscheiden: das Weilburger Lahntal, das Limburger Becken und das Untere Lahntal. Während in den ersten beiden Teilbereichen der Fluß in der Aue pendelt und im Limburger Becken, einer Einsenkung, von Nieder- und Mittelterrassen begleitet wird, ist es im Unteren Lahntal 150 bis 200 m tief und eng eingetalt; die dortigen Talhänge sind von Rebanlagen geprägt. Im Limburger Becken reichen devonische Massenkalke als Steilhang teils bis an die Lahn heran. Sowohl der Limburger Dom als auch das Münster von Dietkirchen überragen das Lahntal auf Massenkalken. Der teils lößbedeckte Beckenboden wird ackerbaulich genutzt.
Der Hintertaunus liegt auf einer vorwiegend aus devonischen Tonschiefern, Grauwacken, Diabasen und Massenkalken gebildeten Rumpffläche, die durch die Idsteiner Senke und den Goldenen Grund zweigeteilt ist. Diese Senke ist mit tertiären und quartären Sedimenten gefüllt und von Löß bedeckt. Der Hintertaunus ist ein von zahlreichen Bächen zerschnittene Rumpffläche mit flachgründigen, nährstoffarmen Böden. Ihr hoher Anteil an Quarzit bewirkt eine starke Wasserdurchlässigkeit, die landwirtschaftliche Nutzung kaum lohnen läßt. Bis auf kleinere Rodungsinseln sind Forsten daher die vorherrschende Nutzungsform im Hintertaunus.
Im Süden erhebt sich der Hohe Taunus als kammartiger, überwiegend von Fichten bestandener Höhenrücken und Quarzithärtling mit der größten Erhebung des Rheinischen Schiefergebirges, dem Großen Feldberg (878 m). Die Eschbacher Klippen (Buchstein) zeigen eine stark herauspräparierte Quarzwand; der Kletterfelsen erlaubt einen guten Überblick über die Taunus-Landschaft. Der selten reine Quarzgang (96 bis 98 % Kieselsäure) zieht sich als Spaltenfüllung von Wormstein durch das Usatal bis zum Saienstein.
Die Quarzit-Spalte entstand im Zuge der variskischen Gebirgsbildung, die bei Druckentlastung zu Zerrungsspalten führte. Zum Untermain hin fällt der Taunus mit einer Südrandstörung und großer Sprunghöhe ab. Auch der Hohe Taunus wird vorwiegend forstwirtschaftlich genutzt.

West- und Osthessisches Bergland

Geographische Abgrenzung und Gliederung: Das zum Hessischen Berg- und Senkenland gehörende Gebiet grenzt im Norden an das Weser-Leine-Bergland, im Nordosten an das Thüringer Becken, im Südosten und Süden an Rhön und Vogelsberg, im Südwesten an Taunus, Lahntal und Westerwald und im Westen an das Rothaargebirge. Der westliche Teil wird von Waldecker Bergland und Burgwald gebildet, der östliche gliedert sich von Norden nach Süden in Reinhards-, Habichts- und Kaufunger Wald, Meißner, Kasseler und Waberner Becken, Knüll und Schwalm.

Geologie und Geomorphologie: Das Hessische Bergland ist Teil der südlichen Hessischen Senke, die zwischen Rheinischen Schiefergebirge im Westen und der Mittelgebirgsschwelle im Osten liegt. Sie gehört zu einer in rheinischer Richtung streichenden Störungszone. Im Unterschied zum Oberrheingraben zeigt sich die Hessische Senke nicht als Grabenbruch, sondern in Form komplizierter Störungen.

Das Westhessische Bergland wird größtenteils von Buntsandstein gebildet. Der Kellerwald als Fortsatz des Rheinischen Schiefergebirges trennt das Waldecker Bergland im Norden vom Burgwald im Süden. Im Nordwesten auf der Linie Volkmarsen – Wolfhagen ragt der Muschelkalk als Schichtstufe über das Buntsandstein-Bergland auf. Im Habichtswald als Westgrenze des Kasseler Beckens werden die Muschelkalkschichten von Basaltdecken überlagert.

Der Knüll bildet als Basaltplateau den Ostrand des Waberner Beckens. Dieses ist mit tertiären Sedimenten gefüllt, zu denen auch die bei Borken abgebaute Braunkohle gehört. Zwischen der Schwalm bei Schwalmstadt im Westen und der Fulda bei Bad Hersfeld im Osten erstreckt sich das 55 mal 45 km große Gebiet des Knüllgebirges und Knüllwaldes. Während der südliche Teil – der Knüllwald – aus Buntsandstein-Schichten besteht, sind diese im nördlicheren Knüllgebirge von tertiären Basaltdecken überlagert. Der 636 m hohe Eisenberg bildet als langgestreckter Basaltberg die höchste Erhebung des Knüllgebirges, 2 m niedriger ist die Kuppe des Knüllköpfchens, das zum Hauptbasaltblock des zentralen Knülls gehört.

Die Buntsandsteinhöhen des Osthessischen Berglands werden von mehreren Gräben durchzogen, so dem Hessisch-Lichtenauer Becken und dem Witzenhausen-Altmorschener Graben. Im Osten finden sich im Unterwerrasattel und im Richelsdorfer Gebirge nordöstlich Bebra Schichten des Zechsteins an der Oberfläche. Der Hirschberg mit 643 m und der Hohe Meißner mit 750 m bilden als Basaltdecken die höchsten Berge des Osthessischen Berglands. Knüllgebirge und Hoher Meißner markieren die westliche Hebungsachse der Hessischen Senke. Die tertiäre flachwellige Landschaft wurde bei subtropischem Klima und Braunkohlenbildung von Basalten bedeckt. Während der Basalt des Hohen Meißners in den Randzonen feinkörnig auskristallisierte, zeigt sich auf der um 300 m das Umland überragenden Hochfläche langsam abgekühlter, großkörniger Dolerit. Die höchste Erhebung des Hohen Meißners bildet die Kasseler Kuppe (754 m) mit gut ausgebildeten Säulenbasalten und Blockmeeren. Im Gebiet um Kalbe wurde im Tagebau Braunkohle abgebaut, Abraum wurde zu Halden aufgeschüttet.

Entlang der Weser zieht sich von Nordnordwest nach Südsüdost zwischen Münden und Bad Karlshafen das Buntsandstein-Bergland des Reinhardswaldes mit einzelnen Basaltkuppen. Nur wenige Rodungsflächen unterbrechen das 21 000 ha große Waldgebiet, welches früher intensiv als Waldweide genutzt wurde. Nordwestlich des Meißners zwischen Fulda, Werra, Gelster und Losse liegt das Buntsandsteingebirge des Kaufunger Waldes, das von einigen Basaltkuppen durchbrochen wird. Die höchsten Punkte markieren Bielstein (642 m) und Hirschberg (643 m) bei Großalmerode.

Nur teilweise bewaldet sind die bis 615 m (Hohes Gras) hohen Berge des Habichtswaldes westlich von Kassel. Der Buntsandsteinsockel mit Muschelkalk-Schichten bildet im Osten eine 150 m hohe Stufe; zahlreiche isolierte bewaldete Basaltkegel überragen das kuppenreiche im Mittel 520 bis 560 m hohe Bergland.

Das Waldecker Bergland besteht überwiegend aus Buntsandstein. Durch ein 1250 erstmals erwähntes Goldbergwerk wurde der Eisenberg bei Korbach bekannt. Der zwischen Frankenberg und Kirchhain liegende Burgwald bildet mit seiner bis zu 421 m hohen Buntsandstein-Hochfläche einen deutlichen Steilabfall nach Westen.

Vogelsberg und Rhön

Name: Vogelsberg möglicherweise nach einer Sage.
Geographische Abgrenzung und Gliederung: Vogelsberg im Nordwesten und Rhön im Südosten sind durch die Fulda voneinander getrennt. Sie stoßen im Norden an das Hessische Bergland, im Osten an Thüringer Becken und Wald, im Süden an Mainfranken und Haßberge. Im Westen geht das Gebiet in die Wetterau und dann das Lahntal über und wird vom Taunus, weiter südlich vom Spessart begrenzt. Der zentrale Teil des Vogelsbergs – der Hohe Vogelsberg – wird vom Unteren Vogelsberg umgeben, der nach Westen und Süden in den Vorderen Vogelsberg und die Wetterau übergeht. Der westliche und südliche Teil der Rhön wird als Kuppenrhön bezeichnet, der östliche als Hohe Rhön.
Geologie und Geomorphologie: Über Ton- und Sandsteinen des Buntsandsteins und weiter östlich über Muschelkalkschichten sowie im westlichen Teil über tertiären Sedimenten der Hessischen Senke ergossen sich im Jungtertiär vulkanische Laven.
Im Vogelsberg – mit 2500 km^2 Fläche das größte Vulkanmassiv Europas – liegen bis zu 500 m mächtige Basaltdecken übereinander.
Die seit dem Tertiär andauernde Erosion schuf das flachkuppige Plateau des Oberwaldes mit einem durchschnittlichen Niveau um 600 m, welches von den höchsten Bergen des Hohen Vogelsberges überragt wird: Taufstein (773 m) und Hoherodskopf (764 m). Im Unterschied zu anderen Vulkangebieten Deutschlands herrschen im Vogelsberg bei weitem basaltische Gesteine vor, Trachyt und Phonolit sind nur in kleinen Vorkommen zu finden, zum Beispiel bei Salzhausen.
Frostsprengung sorgte für die Entstehung von Blockmeeren, hohe Niederschlagsraten in Senken für die Hochmoor-Bildung der Breungeshainer Heide. Konzentrisch umgeben den Oberwald mehrere Verebnungsflächen. Der Untere Vogelsberg bildet einen 5 bis 20 km breiten und 300 bis 350 m hohen Ring. Die tertiären Sedimente der südwestlich liegenden Wetterau werden von Löß bedeckt und ackerbaulich genutzt. Die Wetterau wird von Wetter, Horloff, Nidda und Nidder durchflossen, die alle dem Hohen Vogelsberg entspringen.

Die heutige Gestalt des Vogelsberg-Massivs in Form eines einzelnen Zentralvulkans entstand erst durch die Abtragung und die vom Oberwald ausstrahlenden Fließgewässer.
Im Bereich Hungen – Lich – Garbenteich des Vorderen Vogelsberges sind rote Böden verbreitet, die als fossile Verwitterungsböden interpretiert werden. Im Rahmen der Basaltverwitterung unter tropischen Klimabedingungen wurden Tonerde und Eisen angereichert. Stellenweise wurde auch Bauxit abgebaut, zum Beispiel an der Eisernen Hose bei Lich.
Während im östlichen Teil der Rhön ebenfalls vorwiegend basaltische Vulkanberge auf Muschelkalkschichten aufsitzen, schützen die Vulkanite der Kuppenrhön den Buntsandstein vor Abtragung. Bei den Gesteinen dieser Berge – wie der Wasserkuppe (950 m) und der Milseburg (835 m) – handelt es sich um Phonolithe und andere Alkalibasalte.
Im Altpliozän ergossen sich große Basaltdecken über die tertiäre Rumpffläche der Rhön, gleichzeitig wurde das Gebirge gehoben. Südöstlich der Sinn ist der rund 100 m mächtige Muschelkalksockel unterhalb des Basaltplateaus noch erhalten, während er nordwestlich des Tals, beispielsweise am Kleinen und Großen Auersberg, völlig fehlt.
Gegenüber den Vorland-Flächen ragt das Basaltplateau der Rhön entlang einer Rumpfstufe 200 bis 300 m empor. Vermutlich als Zone geringerer Hebung und vulkanischer Aktivität reicht eine Rumpfbucht entlang des Sinntals in das Gebirge hinein.
Im südlichen Rhönvorland wurden sowohl der Muschelkalk als auch die Schichten des Röt ausgeräumt, so daß heute Schichten des Buntsandstein anstehen. Mettermich, Schildeck, Lindenstumpf und Kreßberg überragen die Vorlandfläche als herauspräparierte kegelförmige Eruptionsschlote des tertiären Vulkanismus. Über dem Röthangfuß sind entlang des steilen Muschelkalk- und Basaltanstiegs der Hohen Rhön pleistozäne Blockmeere verteilt. Jährliche Niederschlagsmengen von über 1100 mm in der Hohen Rhön waren eine Voraussetzung für die Entstehung des Schwarzen und des Roten Moores, zwei in Resten erhaltenen Hochmooren.

Thüringer Becken und Randplatten

Geographische Abgrenzung und Gliederung: Die Mulde des Thüringer Beckens grenzt im Norden an die Hermundurische Scholle mit dem Kyffhäuser, im Nordosten an die Finnestörung und im Nordwesten an die Eichsfeldschwelle und damit die Hessische Senke. Im Südwesten bildet die Nordrandstörung des Thüringer Waldes, im Südosten das Thüringische Schiefergebirge die Grenze. Gliedern läßt sich das Becken in einen zentralen, flachen Teil mit den Erhebungen Fahner Höhe, Ettersberg und Tannrodaer Gewölbe und in die Randbereiche wie Hainleite, Ohmgebirge, Dün und Hainich im Norden und Westen sowie die Jenaer Zeugenberge und Muschelkalkrücken im Saaletal.
Geologie und Geomorphologie: Im Untergrund der von Nordwest nach Südost gestreckten Mulde des Thüringer Beckens befinden sich gefaltete Sedimente des Erdaltertums, die nach ihrer Abtragung mit Schichten des Zechsteins und der Trias bedeckt wurden. Seit der Kreide war das Gebiet Festland. In der Kreide- und Tertiärzeit gelangte das Becken unter Spannungen der alpidischen Orogenese, und der Atlantik öffnete sich, so daß es einsank und von Störungen und Grabenbrüchen geprägt wurde. Zu diesen gehören auch die Finnestörung im Norden und die Nordrandstörung des Thüringer Waldes im Süden.
Die Abtragung im Tertiär legte einen Ring von Muschelkalkgesteinen und Schichten des Buntsandsteins frei, während das Zentrum von Keuperschichten bedeckt blieb. Die Eismassen der Elsterkaltzeit reichten zwar bis ins Thüringer Becken, Spuren ließen sie jedoch nur in Form einiger Endmoränen bei Gotha sowie Travertine aus den Warmzeiten zurück.
Der Buntsandstein bildet in der Regel weitgeschwungene Täler im Bereich des Holzlands und der Heide bei Triptis. Der Muschelkalkring

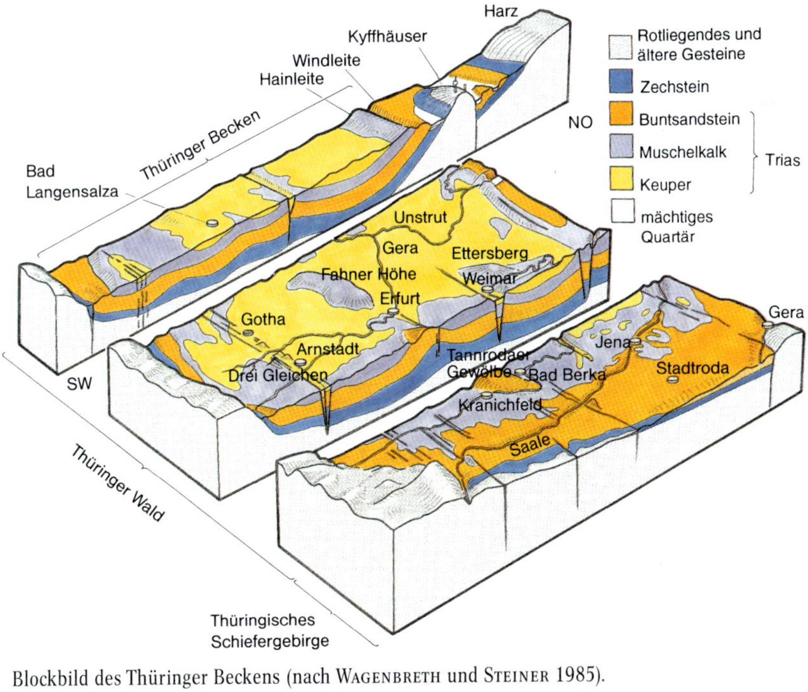

Blockbild des Thüringer Beckens (nach Wagenbreth und Steiner 1985).

verursacht eine hochgelegene und tief zertalte Landschaft. Angeschnitten werden die Schichten von Saale, Ilm, Gera, Jonastal, Unstrut und Wippertal. Im Bereich Jena, östlich der Saale, finden sich auf Buntsandstein-Umgebung liegende Muschelkalkberge als Zeugenberge. Das mittlere Saaletal zeigt besonders bei Jena ein typisches Profil mit einer ebenen, breitsohligen Talaue, einem mäßig geböschten Rötsockel und darauf aufsitzenden, steilen Muschelkalkhängen (um 35° geneigt) mit Bergstürzen.
Im Leuchtenburggraben bei Kahla blieben durch den Grabenbruch Muschelkalkschichten erhalten, die heute infolge Reliefumkehr aus der Buntsandsteingegend herauspräpariert sind. Der Dohlenstein bei Kahla ist für seine zahlreichen Bergstürze von Muschelkalkschichten auf tonig-rutschigen Schichten des Oberen Buntsandstein bekannt. Eine analoge Genese hat der Saalfelder Kulm, heute 481 m hoch, der Muschelkalk des Grabenbruchs der Remdaer Störungszone repräsentiert.
Im Nordwesten grenzt das Thüringer Becken im Wippertal an die Windleite. Dort bildete sich entlang von Störungen im Muschelkalk Karstquellen, die zu mächtigen Travertinschichten führten. Die Steinrinne von Bilzingsleben stellt heute einen Bergrücken dar, das Tal der Wipper liegt 30 bis 40 m tiefer.
Weiter nordwestlich befinden sich als Muschelkalk-Zeugenberge das Ohmgebirge und die Bleicheröder Berge. Die Buntsandstein-Niederung von Leinefelde im Süden trennt das Ohmgebirge von Dün und Hainleite, den Muschelkalk-Steilstufen über Buntsandstein des äußeren Rings. Rutschmassen prägen auch den Dün-Steilhang. Die südliche Fortsetzung des Düns im Hainich grenzt an das Eichsfeld und bildet damit den westlichen Teil des Muschelkalkrings. Auch hier finden sich bei Mühlhausen und Langensalza Travertinschichten.
Hainich, Dün und Hainleite grenzen das Thüringer Becken im Nordwesten als Randplatten zwischen Mühlhausen, Heiligenstadt und Sondershausen ab. Diese Muschelkalkplatten steigen vom Keuperbecken her sanft an, um mit einer bis 35° geneigten Steilstufe nach außen markant abzufallen. Die größten Plattenhöhen erreichen Hainich (452 bis 467 m), Obereichsfeld (490 bis 510 m), Dün (500 bis 520 m) und Hainleite (435 bis 463 m). Felsenbiotope entstanden durch die starke Zertalung mit steilen Hängen.

Typisch sind verschiedene Karsterscheinungen. Nordöstlich von Gotha liegt in der Keuperniederung ein 200 m hoher Muschelkalkrücken: Die Fahner Höhe bildete sich als Breitsattel über einer Salzaufwölbung. Die gleiche Entstehung kennzeichnet den 478 m hohen Ettersberg nordwestlich von Weimar. Er reicht 250 m über die Keuperniederung hinauf und zeigt als ovaler Breitsattel seine eigentliche Form. Die Auslaugung von Gipsen des Mittleren Muschelkalks sorgte für zahlreiche Erdfälle. Südlich des Ettersbergs schließt sich der Ilmtalgraben an. In der 20 km nach Südosten reichende Störungszone ist eine 1 km breite Scholle eingesunken, an deren Randverwerfungen Karstquellen mit Travertinbildung vorkommen.

Zwischen Bad Berka, Kranichfeld und Blankenhain im Ostteil des Thüringer Beckens liegt das Tannrodaer Gewölbe. Die Schichten des Muschelkalks sind abgetragen, so daß heute im Innern ein Höhenrücken aus Mittlerem Buntsandstein die Landschaft prägt.

Die größte Störungszone des Thüringer Beckens verläuft im südlichen Teil von Saalfeld über Stadtilm und Arnstadt nach Gotha. Sie beginnt an der Nordrandstörung des Thüringer Schiefergebirges in der Muschelkalk- und Buntsandstein-Landschaft von Stadtilm. Im Gebiet von Drei Gleichen liegt die Wachsenburg-Mulde, gefüllt mit Gesteinen des Mittleren Keuper. Die graugrünen und roten Steinmergel bilden fast vegetationslose Südhänge, sogenannte Badlands. An ihrer Nordgrenze finden sich eine Reihe salztektonischer Muschelkalkhorste. Die Mühlburg und Schloß Gleichen liegen auf dem Rhätsandstein über Mittlerem Keuper, ebenso wie der 406 m hohe Große Seeberg.

Im Zentrum des Beckens hat die Unstrut im leicht abtragbaren Keupermaterial eine weite Auenlandschaft geschaffen. Die flachwellige Landschaft ist teilweise von Löß bedeckt. Das Kerngebiet des Thüringer Beckens um Stotternheim liegt etwa 160 m hoch. Die tischebenen Auen mit breiten Talsohlen gehen kaum merklich in das Hügelland mit den langgestreckten, flachen Keuperhügeln über. Die guten Böden erlauben intensiven Ackerbau, wenngleich die Landschaft infolge der Leewirkung der angrenzenden Gebirge mit unter 550, teils sogar weniger als 500 mm Jahresniederschlag sehr trocken ist. Starke Bodenerosion, vor allem durch Wind, prägt die ausgeräumte Agrarlandschaft.

Thüringer Wald und Schiefergebirge

Geographische Abgrenzung und Gliederung: Der Thüringer Wald grenzt im Westen und Süden an die Werra und reicht etwa von Eisenach im Nordwesten bis zur Linie Rudolfstadt – Sonneberg. Das Nordwest-Südost-gestreckte Horstgebirge mit maximal 35 km Breite wird nach Nordwesten hin immer schmaler. Das Thüringisch-Vogtländische Schiefergebirge bildet eine Südost-Fortsetzung des Thüringer Waldes und geht nach Süden in Frankenwald und Fichtelgebirge über, gen Osten in das Erzgebirge. Im Nordosten taucht das Thüringische Schiefergebirge unter das Erzgebirgische Becken, im Nordwesten unter das Thüringer Becken.

Geologie und Geomorphologie: Der Thüringer Wald, im Oberkarbon gefaltet, wurde im Perm eingeebnet und anschließend von Vulkanismus geprägt. In Kreide und Tertiär hob sich das Gebirge zwischen zwei Verwerfungen, um dann in hohe Bergrücken und tiefe Täler zerschnitten zu werden. An seiner schmalsten Stelle im Nordwesten bei Eisenach ist es am stärksten gehoben und fällt nach Süden zum Werra-Vorland ab. Im Westen zwischen Eisenach und Bad Salzungen stellt sich der Abfall zum Werratal sehr allmählich dar, während er auf der Linie Bad Liebenstein – Schmalkalden – Suhl – Sonneberg durch Verwerfungen deutlich hervortritt.

Am Nordrand des Thüringer Waldes bei Ilmenau kennzeichnen der Granit von Ehrenberg sowie Auslaugungen von tiefer liegenden Zechsteinsalzen mit Senkungen und Teichen die Ehrenberg-Verwerfung. Die nördlichen, mit Nadelwald bestandenen Vorberge bestehen aus Buntsandsteinschichten. In der Hochscholle des Thüringer Waldes bildeten sich in den leicht erodierbaren Rotliegend-Schichten des Elgersburger Sandsteins ein Hohlweg sowie die Moorwiesen im Nordwesten. Weiter westlich verläßt das Apfelstädt-Tal den Thüringer Wald nach Norden. Konglomerate, Sandsteine und Schiefertone bilden die Tambacher Schichten, die durch Saurierfährten berühmt wurden. Das Untere Konglomerat und stellenweise Quarzporphyre zeigen in Schmal- und Mittelwassergrund, Apfelstädt- und Spittergrund senkrechte Felswände. Weiter westlich fand gegen Ende der Rotliegendzeit

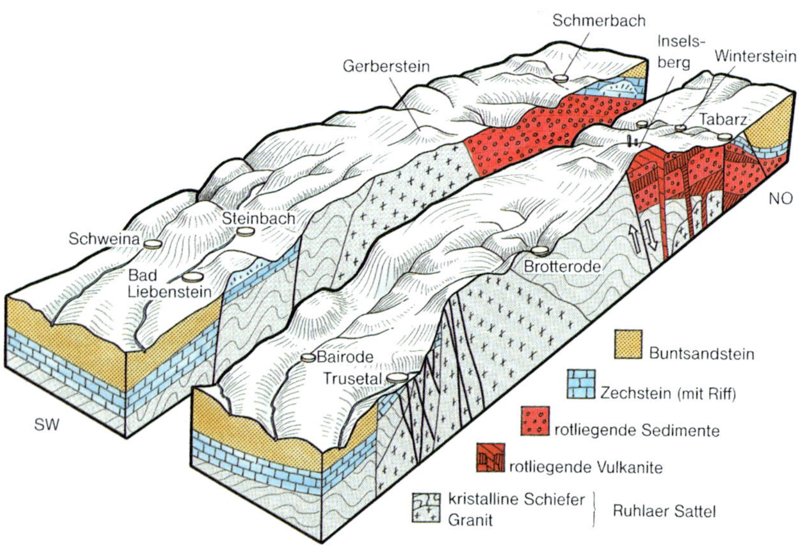

Blockbild des Thüringer Waldes im Raum Bad Liebenstein – Brotterode – Inselsberg (nach Wagenberth und Steiner 1985).

eine Dolerit-Intrusion statt, die heute den herausgewitterten Höhenrücken der Hühnberge (835 m) markiert.
Höhere und steilere Berge bilden im Nordwesten die Gesteine des Unterrotliegenden. Der mit 916 m höchste Berg, der Inselsberg, stellt eine Quarzporphyrkuppe dar. Westlich der Schauenburg bei Friedrichroda bilden die Weißlebersteine als spaltenförmige Wurzel einer Quarzporphyreruption mauerartige Felsen. Beim Kupferschieferbergbau wurde ein mit wasserklaren Gipskristallen gefüllter Auslaugungshohlraum entdeckt, die Marienglashöhle bei Friedrichsroda.
Im Bereich von Farnroda – Wutha ist das Grundgebirge von Buntsandstein bedeckt und bildet weitgeschwungene Höhenrücken, darüber liegt die Schichtrippe des Muschelkalks mit den Hörselbergen. Mädelstein und Wartburg im Nordwesten bestehen aus Schiefertonen, Sandsteinen und Konglomeraten des Oberen Rotliegenden. Am steilen Nordabfall wurde das Gebirge entlang einer Störung um mehr als 1200 m gehoben. Nach Süden schließt sich der Kupferschiefer an, der weiter südlich von Buntsandstein überlagert wird.

Die Truse fließt zwischen Brotterode und Trusetal durch Gneise und Granite des Ruhlaer Kristallins. Die steilen Hänge des Werra- und Schwarzatals werden von Unterem Muschelkalk gebildet. Entlang des Mariesfelder Grabenbruchs, in dem Keuper eingesunken ist, drang nordöstlich von Meinigen Basaltlava des Dolmar auf, nach Norden bilden mit Nadelwald bestandene Buntsandstein-Berge das südliche Gebirgsvorland. Nördlich der Verwerfung bei Suhl fällt der Rotliegendporphyrit des Dombergs auf. Der 5 km breite Granitkessel von Suhl wird vom Beerbergmassiv überragt.
Das Schiefergebirge besteht aus sandig-tonigen Sedimenten des Präkambriums, Kambriums, Ordoviziums, Silurs, Devons und Unterkarbons und enthält devonische Kalksteine und Diabase. Von Ost nach West ist es variskisch in Schwarzenburger Sattel, Ziegenrücker Mulde, Ostthüringer Sattel und Vogtländische Mulde gefaltet, die Gesteine sind zum großen Teil geschiefert. Im Rotliegend wurde das Gebiet eingeebnet; nach Hebung in Kreide und Tertiär wurden die Sedimente von Zechstein, Buntsandstein, Muschelkalk und teilweise auch Keuper wieder abgetragen.

Im Schwarzatal bei Bad Blankenburg überschreitet man die Nordrandstörung und findet ein enges Tal mit Tonschieferfelsen, die als Dachschiefer genutzt wurden. Goldquarzgänge bei Goldisthal wurden seit dem Mittelalter abgebaut.

Oberhalb des Tals liegt eine flachwellige, weite Hochfläche, die von quarzitischen Bergen und Höhenrücken überragt wird. Die Quarzitklippen bildeten im Zechsteinmeer die Grundlage der Riffbildung. Bei Königsee und Allendorf-Leutnitz blieben solche Riffe erhalten. Nordwestlich des Kerns des Schwarzenburger Sattels liegt der Quarzitrücken des Langen Berges von Gehren, der einen guten Aussichtspunkt darstellt: nach Norden auf das Thüringer Becken mit der geneigten Muschelkalkplatte der Singer Berge, nach Westen zum kuppigen Gebiet der Rotliegend-Vulkanite von Ilmenau und nach Südosten zur Schiefergebirgs-Hochfläche.

Südlich von Saalfeld sind die Schichten an einer Verwerfungsspalte hochgebogen. In silurischen Alaunschiefern entstanden durch Abbau Höhlen mit farbigen Tropfsteinen: die Femgrotten. Nach Osten folgen jüngere Schichten auf der Westflanke der Ziegenrücker Mulde. Oberhalb Saalfeld finden wir eine 100 m hohe und 700 m lange Felswand des Obernitzer Bohlens aus devonischen Knotenkalken. In der Frankenwälder Querzone von Probstzella und Lobenstein liegen entlang einer Verwerfungszone ältere Dachschiefer in Kulm-Umgebung. Steinbrüche und Halden prägen die Dachschieferreviere von Unterloquitz und Lehesten.

Bei Könitz, Krölpa, Ranis und Pößneck bildeten sich auf Grauwackenschwellen im Zechsteinmeer Korallenriffe, die heute von Burgen und Schlössern bekrönt sind. Die flachwellige Kulmhochfläche der Plothener Seenplatte ließ durch tiefgründige Verlehmung der Kulmtonschiefer die 1000 Seen entstehen. Bei Öttersdorf liegt die Grenze des Kulmgebietes. Weiter südöstlich schließt sich Devon der Nordwest-Flanke des Bergaer Sattels an. Eine wellige Devondepression wird von einem parallelen Höhenzug ordovizischer und silurischer Schichten begleitet. Östlich schließen sich Kulm und Devon der Vogtländischen Mulde um Oelsnitz – Plauen – Reichenbach an. Das Tal der Weißen Elster durchschneidet die großen Faltenstrukturen des östlichen Schiefergebirges in engen Profilen mit Diabasen, Tuffen und Knotenkalken.

Erzgebirge

Name: nach dem Erzreichtum.

Geographische Abgrenzung und Gliederung: Das Erzgebirge grenzt im Westen an das Thüringisch-Vogtländische Schiefergebirge und im Osten an das Elbsandsteingebirge. Im Süden reicht es bis auf das Staatsgebiet der CSFR. Das Erzgebirgische Becken trennt im Raum Zwickau – Chemnitz das Erzgebirge von dem nördlicheren Granulitgebirge. Dieses geht im Norden in die sächsischen Lößplatten über. Das Tal der Flöha trennt den westlichen Teil vom Osterzgebirge. Der Raum Marienberg – Annaberg – Unter- und Oberwiesenthal wird auch als Oberes Erzgebirge bezeichnet.

Geologie und Geomorphologie: Während der variskischen Gebirgsbildung wurde das Erzgebirge gefaltet und anschließend bis in Kreidezeit und Tertiär eingeebnet. Im Tertiär wurde die Erzgebirgsscholle um 1000 m gehoben und nach Nordwesten schräggestellt. Daher hat es am Südhang eine scharfe Begrenzung und dacht nach Norden bis in den Leipziger Raum langsam ab.

Die ältesten präkambrischen Gesteine treten als Freiberger Gneis zutage, der heute eine kreidezeitlich-tertiäre Hochfläche bildet. In der südlichen Umgebung sind mehrere auf oberkarbonischen und unterpermischen Vulkanismus zurückzuführende Quarzporphyr-Berge und -Felsklippen aus der Umgebung herauspräpariert, so der Turmberg bei Frauenstein, der Büttnersberg bei Hartmannsdorf und die Kahle Höhe bei Sadisdorf.

Bei Ober- und Unterwiesenthal südlich von Marienberg und Annaberg prägen die Glimmerschiefermassive des Fichtelbergs mit 1214 m auf deutschen und gegenüber der Klinovec mit 1244 m auf tschechischem Gebiet das Obere Erzgebirge.

Von diesen breiten Kegelbergen lassen sich deutlich die tafelförmigen Basaltberge Scheibenberg, Pöhlberg und Bärenstein unterscheiden, die Erosionsreste plattenförmiger Talergüsse des mittleren Tertiär darstellen. Östlich von Marienberg im Gebiet von Zöblitz – Ansprung tritt in Gneisen und Glimmerschiefern ein Serpentinitvorkommen auf, welches als kunstgewerbliches Material erhebliche Bedeutung gewann. Die Ballustraden der Dresdener Semperoper sowie Krüge und Schalen des Grünen Gewölbes wurden hieraus gefertigt.

Bei Flöha und Falkenau treten die Flüsse Zschopau und Flöha aus dem Erzgebirge, an dessen Nordrand sie tief in Phyllite und Glimmerschiefer eingeschnitten sind, in das Erzgebirgische Becken ein. Der Quarzporphyrfelsen des Augustusbergs am Nordrand des Erzgebirges ist ein oberkarbonischer Vulkanschlot.

Das Erzgebirge wurde durch den Bergbau der berühmten Silber-, Blei-, Kobalt-, Nickel- und Wismuterze bekannt. Im wesentlichen handelt es sich dabei um variskische, in einigen Fällen auch kreidezeitliche und tertiäre Gangerze. Die wichtigsten Erzreviere liegen bei den Bergstädten Freiberg, Schneeberg, Annaberg, Marienberg und Johanngeorgenstadt. Rings um diese Städte ist die Landschaft von Halden der alten Bergreviere geprägt. Der Erzbergbau begann 1168 und wurde 1968 eingestellt.

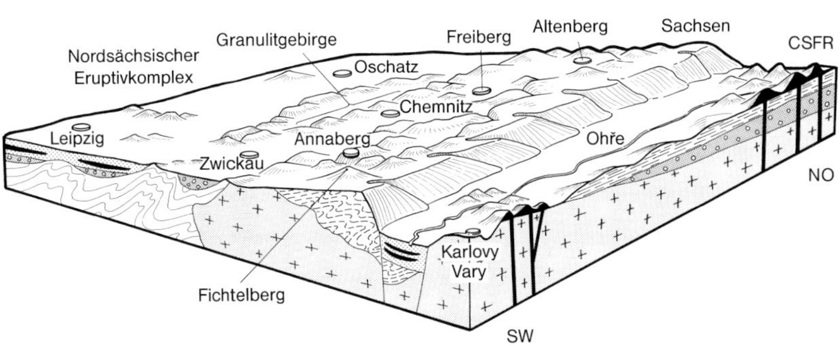

Blockbild des Erzgebirges (nach WAGENBRETH und STEINER 1985).

Im Osterzgebirge unweit der höchsten Erhebung – dem 905 m hohen Kahleberg bei Altenberg – liegt die Altenberger Pinge. In Verbindung mit einem spätvariskischen Granit entstand ein bedeutendes Zinnerzvorkommen, welches 1140 entdeckt und zunächst in Höhlungen abgebaut wurde, bis der ausgehöhlte Granit schließlich zusammenbrach. Die Bruchmassen wurden weiter genutzt, es blieb ein mehr als 100 m tiefes und mehrere hundert Meter im Durchmesser großes Abbauloch. Die Galgenteiche oberhalb Altenbergs, heute landschaftsprägend, wurden zum Betrieb der Wasserkünste und zum Zinnwaschen angelegt. Auch der 1 km nordöstlich gelegene 824 m hohe Geisingberg zeigt die typische Form der erzgebirgischen Basaltberge mit steilen Flanken und flachen Oberflächen.

Die mit Sedimenten des Oberkarbon und Rotliegendem gefüllte Muldenzone im Norden des Erzgebirges wird durch die Halden und Fördertürme des ehemaligen Zwickau – Oelsnitzer Steinkohlereviers geprägt, der Raum Ronneburg durch die riesigen radioaktiven Halden des erzgebirgischen Uranerzbergbaus. Oberkarbonische Sümpfe in diesem Becken ließen die Kohle entstehen. Die im Rotliegenden geförderten Tuffe und Quarzporphyre sorgten für die Versteinerung von Pflanzen (Versteinerter Wald von Chemnitz). Das Granulitgebirge zeigt flachwellige Höhen und tiefe, steilwandige Täler.

Elbsandsteingebirge

Name: nach dem landschaftsbildenden Fluß und Gestein.
Geographische Abgrenzung und Gliederung: Das Gebiet des Elbtals von Bad Schandau im Südosten über Dresden – Meißen bis Riesa im Nordwesten trennt das Granitgebiet der Lausitz im Osten vom Erzgebirge und Nordsächsischen Vulkanitkomplex im Westen. Es läßt sich in das südliche Elbsandsteingebirge im Süden und das Meißener Granitgebiet im Norden untergliedern.
Geologie und Geomorphologie: Das Elbelineament stellt eine von Nordwesten nach Südosten verlaufende Störungszone kontinentalen Ausmaßes dar, die schon im Präkambrium aktiv war. Der bis zum Unterkarbon existierende Senkungstrog wurde variskisch zusammengepreßt und verfaltet. Im Unterperm drang ein granitischer Pluton ein, der als von Nordwest nach Südost gestreckter Meißener Tiefengesteinskörper in der Elbtalzone liegt. Dieser wird von außen nach innen von einem Syenodiorit (im Triebischtal und bei Dresden-Plauen), Hornblende-Granit und Biotit-Granit (im Elbtal bei Meißen) und im Zentrum vom quarzreichen Riesensteingranit aufgebaut.
Noch im Unterperm wurde der Pluton durch Abtragung freigelegt und von vulkanischen Lavaergüssen bedeckt. Zeugen hiervon sind der Quarzporphyr und Pechstein von Garsebach, Dobritz und Zehren. Diese wurden in Kreide und Tertiär zu Kaolin verwittert und liefern mit dem Abbaugebiet bei Seilitz die Grundlage für die Meißener Porzellanmanufaktur. Auf der Südost-Flanke des Meißener Plutons bildete sich im Unterperm ein Trog, der steinkohleführend und mit Vulkaniten gefüllt ist. So befindet man sich im Tal der Wilden Weißeritz bei Tharandt und im Rabenauer Grund bei Hainsberg geologisch gesehen im Gneis des Erzgebirges.
In Freital zwischen Hainsberg und Potschappel sank ein 20 km langes und 5 km breites Becken ein, das Döhlener Becken. Es füllte sich mit dem Abtragungsschutt des variskischen Gebirges und bildete rote Konglomerate, Sandsteine und Schiefertone. Permische Laven und Aschen bilden heute den Porphyrit von Potschappel und die Quarzporphyre des Grillenburger Waldes bei Tharandt. Zusammen mit Gneisen finden

sich diese Vulkanite in den Geröllen der Rotliegenden Konglomerate, die den Backofenfelsen bei Hainsberg bilden. In dem sumpfigen Bekken entstanden Steinkohlen, die bis 1966 abgebaut wurden und von Halden und Schachtgebäuden bezeugt werden. Die Weißritz konnte einen breiten Talkessel ausräumen, der von den weiten Höhen rotliegender Gesteine umgeben wird.

Die Elbtalzone sank in Jura und Kreide erneut ein und bildete einen Meeresarm zwischen Erzgebirge und Lausitz. Aus den kreidezeitlichen Ablagerungen entstand im Raum Dresden – Meißen ein tonig-kalkiges Sediment, der Pläner, der leicht abgetragen wurde. Im Südosten lagerten sich bis zu 400 m mächtige Quadersandsteine ab, die das 17 km breite und 35 km lange Elbsandsteingebirge bilden. Am Ende der Kreidezeit wurde die nordöstliche Scholle entlang der Lausitzer Überschiebung auf die Elbtalzone überschoben. Das Lausitzer Granitmassiv bildet deshalb bei Radebeul, am Weißen Hirsch bis Pillnitz, einen steilen Granithang. Das Polenztal kreuzt die Lausitzer Überschiebung, so daß man vom Quadersandstein aufwärts ins ältere Granitgebiet gelangt.

Gegen Ende des Tertiärs und im Pleistozän sank der Elbtalgraben ab – ein Prozeß, der auch heute noch mit 0,2 mm pro Jahr fortschreitet. Dies hat eine starke Sedimentation zur Folge, die der Schiffahrt Probleme bereitet. Durch Flüsse und Bäche wurden große Teile des Quadersandsteins abgetragen, so daß die Sächsische Schweiz von Schöna bis Pirna von einer Ebenheit geprägt wird, die 100 bis 120 m über der Elbe liegt und wiederum von 120 m hohen, steilwandigen Zeugenbergen überragt wird. Dieses sind nordöstlich der Elbe Lilienstein (415 m), Falkenstein und Schrammsteine; im Südwesten Großer und Kleiner Bärenstein, Königstein (360 m), Pfaffenstein (427 m), Papststein (451 m), Kleiner und Großer Zschirnstein (563 m). Die Felswände im Elbtal entstanden teils durch Abbau des beliebten goldgelben Bausteins. Die zu Quadern verwitternden Sandsteine bilden markante Felsen. Die Schichten tauchen nach Pirna hin allmählich ab und sind zur Elbtalzone hin gekippt.

Ober- und Niederlausitz

Name: Lusiz, nach dem sorbischen Stamm der Lusizer, die in Niederlausitz siedelten.
Geographische Abgrenzung und Gliederung: Das Gebiet grenzt im Südosten an die Böhmische Schweiz auf dem Staatsgebiet der CSFR, im Südwesten an die Elbtalzone, im Nordwesten an die Leipziger Bucht und im Norden an das Brandenburgische Platten- und Tiefland. Gliedern läßt es sich in das Zittauer Gebirge im Südosten, von der eigentlichen Oberlausitz durch die Lausitzer Überschiebung getrennt, welche in die Niederlausitz im Norden durch Abtauchen der granitischen Gesteine unter die jüngeren Tieflandsedimente übergeht.
Geologie und Geomorphologie: Während der Kreidezeit ragte die Oberlausitzer Granitinsel aus meerischer Umgebung hervor, während sich in den übrigen Gebieten mächtige Sedimente ablagerten. Zu ihnen gehören auch die heutigen Quadersandsteine des Zittauer Gebirges, die – wie am Oybinfelsen deutlich sichtbar – durch horizontale Schichtung und vertikale Klüftung gekennzeichnet sind. Am Ende der Kreidezeit wurde der Lausitzer Granit mehrere hundert Meter auf den Sandstein überschoben und tertiär eingeebnet.
Im Miozän setzte besonders in der Böhmischen Schweiz ein intensiver Vulkanismus ein, der Basaltberge und Phonolithkuppen schuf, die heute als Lausche (793 m) und Hochwald (749 m) die Sandsteinberge Töpfer, Ameisenberg und Jonsberg überragen. Im Zusammenhang mit dem tertiären Vulkanismus sank das Granitgebiet des Zittauer Beckens an vielen kleinen Verwerfungen schüsselförmig ein und füllte sich mit Tonen. Aus großen Sümpfen entstanden mächtige Braunkohlenflöze, die von Olbersdorf im Süden bis Hirschfelde nördlich von Zittau sowie im Becken von Berzdorf abgebaut werden. Das Quadersandstein-Gebirge verkittete durch vulkanische Intrusionen und Lösungen stark und ragt heute mauerartig über das Vorland empor. So sind auch die Orgeln bei Jonsdorf eine Kontakterscheinung mit Magma und eine Folge der Zertalung, da die Sandsteinklüftung schroffe Felsformen verursachte.
Die sich nach Norden anschließende wellige Landschaft wird von weitschwingenden Höhenzügen geprägt: Czorneboh (554 m) und Biele-

boh (499 m) südöstlich Bautzens und Valtenberg (587 m) und Picho (499 m) südwestlich der Stadt. Hierbei handelt es sich um das größte Granitgebiet Mitteleuropas. Der älteste Granit intrudierte im Präkambrium als Ostlausitzer Granodiorit in die noch ältere Grauwacke des Görlitzer Schiefergebirges. Zahlreiche weitere Intrusionen folgten: Der Lausitzer Zweiglimmergranit bildet den Untergrund der höchsten Berge, bei der kaledonischen Gebirgsbildung folgte der Westlausitzer Granodiorit und variskisch die Granite von Arnsdorf und Königshain sowie zahlreiche Lamprophyr-Gänge. In Kreide und Tertiär wurde die Oberlausitz wie das Erzgebirge schräggestellt, so daß die höchsten Erhebungen heute im Süden liegen. Als Ausläufer des tertiären Vulkanismus im Böhmischen Mittelgebirge prägen der Burgberg von Stolpen in der westlichen Oberlausitz und Löbauer Berg und Landeskrone bei Görlitz in der östlichen Oberlausitz die Landschaft als vulkanische Basaltschlote.

Nach Norden tauchen die Granite unter jüngere Bedeckung ab. Bei Kamenz und Oßling-Wittichau schließen sich Höhenzüge aus kontaktmetamorpher Grauwacke an mit dem Schwarzen Berg (413 m), Hennersdorfer Berg (388 m), Wallberg (356 m), Hutberg (293 m) und dem Koschenberg südlich Senftenberg. Bei Großradisch im Osten liegt der Quarzitrücken der Hohen Dubrau mit 307 m. Bei Caminau wurde der Granit tiefgründig zu Kaolin umgewandelt. Nach Norden folgt das Magdeburger Urstromtal, welches wie das gesamte Lausitzer Revier von 200 m mächtigen Sedimenten gefüllt ist, in dem miozäne Braunkohlenflöze abgebaut werden. Da die Flöze nach Norden geneigt sind, begann der Bergbau bei geringen Abraummächtigkeiten im Süden. Restlöcher und Kippen bei Senftenberg hinterließen den 12 km^2 großen Senftenberger See und den Tagebau der Schwarzen Pumpe.

Der Knappensee bei Hoyerswerda als riesiges Restloch des Tagebaus wurde zum Naherholungsgebiet. Der Abbau rückte nach Norden über das End- und Grundmoränengebiet in das Baruther Urstromtal vor. Seit 1959 liefert der Tagebau Schlabendorf Kohle an das Kraftwerk Vetschau. Am Muskauer Faltenbogen faltete das Inlandeis die Braunkohle bis an die Oberfläche, so daß bei Weißwasser Restlöcher von älterem Bergbau zeugen.

Frankenwald

Geographische Abgrenzung und Gliederung: Der Frankenwald geht nach Nordwesten und Nordosten in das Thüringisch-Vogtländische Schiefergebirge über, nach Süden wird dem Gebiet die Münchberger Gneishochfläche zugerechnet, mit welcher die Landschaft das Fichtelgebirge berührt. Südwestlich grenzt der Frankenwald scharf mit der Fränkischen Linie an das Obermainische Schollenland, welches zum Oberfränkischen Hügelland gehört.

Geologie und Geomorphologie: Der Frankenwald zählt zur saxothuringischen Zone des variskischen Gebirges. In seinem Nordwest-Teil besteht er aus stark gefalteten und geschieferten karbonischen Gesteinen. Typisch für dieses Rumpfschollenland sind oberkarbonische Grauwacken, Tonschiefer, Sandsteine und Konglomerate des Kulm.

Die 600 m hohe, nahezu unbewaldete Rumpfhochfläche wird von steilwandigen, dicht bewaldeten Tälern zergliedert. Da die Flüsse (Steinach, Schindelbach, Zettlitz) nahezu parallel angeordnet sind, verlaufen die Riedelflächen von Nordosten nach Südwesten streichend. Härtere Kieselschiefer des Devons erheben sich als Härtlingszüge, so der 795 m hohe Döbraberg bei Schwarzenbach a. W. An der Fränkischen Linie erhebt sich der Frankenwald als eindrucksvolles, bewaldetes Gebirge 150 m über dem Obermainischen Bruchschollenland. Die eigentliche Sprunghöhe der Störungslinie beträgt rund 1000 m.

Im Süden umgibt die Münchberger Gneismasse eine Schuppenzone aus kambrischen, silurischen und devonischen Schichten. Die wechselnden Gesteine erscheinen als schmale Streifen an der Oberfläche. Harte Schichten sind herausgewittert, so der 690 m hohe Pressecker Knock. Der Münchberger Hochfläche fehlen tiefeingeschnittene Täler, die Rumpffläche ist kuppiger als im Bereich der Schiefer. Die Gneismasse wird als eine Decke interpretiert, die im Unterkarbon als Folge der Kollision von Moldanubikum und Saxothuringikum im Zuge des Moldanubischen Fernschubs hierhergelangte. Nach Norden dacht der Frankenwald langsam zum sächsichen Vogtland hin ab.

Fichtelgebirge

Name: nach der einst dichten Fichtenbewaldung des Gebirges.

Geographische Abgrenzung und Gliederung: Das Fichtelgebirge grenzt im Nordosten mit der Münchberger Hochfläche an den Frankenwald, im Osten an Erzgebirge und Egergraben; im Süden zählt die Naab-Wondreb-Senke zum Gebiet, bevor diese Landschaft an den Oberpfälzer Wald grenzt. Im Westen und Südwesten trennt die Fränkische Linie das Fichtelgebirge vom Oberfränkisch-Oberpfälzischen Hügelland ab.

Geologie und Geomorphologie: Das kristalline Fichtelgebirge wird der Mitteldeutschen Kristallinschwelle und damit der saxothuringischen Region des variskischen Gebirges zugerechnet. Deutlich hebt sich das Fichtelgebirge vom nordwestlich gelegenen Frankenwald ab.

Die Bergzüge des Fichtelgebirges zeigen eine nahezu geschlossene Bewaldung, sie erreichen in den Granitmassiven des Schneebergs und des Ochsenkopfs Höhen von 1051 und 1024 m. Als Folgen der Vereisung tragen sie Felsklippen und Blockmeere. Umgeben sind sie von einem Phyllit- und Gneismantel. Sie bilden einen hufeisenförmig nach Nordosten geöffneten Rahmen um den flachwelligen Kern der Selb-Wunsiedeler Hochfläche. Östlich schließt sich das Granitgebiet des Steinwalds an. Als westlichster Teil der inneren Fichtelgebirgshochfläche ist den Granitkämmen das Weißenstädter Becken vorgelagert.

Das Fichtelgebirge stellt die zentrale europäische Wasserscheide zwischen den Systemen von Rhein, Elbe und Donau dar: Der Weiße Main ist dem Rhein tributär, die Saale und Eger der Elbe, während die Naab zur Donau fließt.

Zwischen Fichtelgebirge, dem Steinwald mit steilwandigen Tälern und Oberpfälzer Wald liegt die nach Südosten ausgeweitete Senke von Naab und Wondreb. Durch sie verläuft die europäische Wasserscheide zwischen Wondreb, der als Nebenfluß der Eger der Elbe zufließt, und der Waldnaab, die zur Donau strömt. Während die höheren Teile der Senke noch in Bereichen von Phylliten, Gneisen und Graniten liegt, füllen die tieferen zentralen Teile tertiäre Ablagerungen: Kaolintone und Braunkohlen. Tertiäre Basaltvorkommen sind an die Egergraben-Tektonik gebunden.

Oberpfälzer Wald

Geographische Abgrenzung und Gliederung: Im Norden grenzt der Oberpfälzer Wald an die Wondreb-Senke, die zum Fichtelgebirge gerechnet wird; im Osten geht er in tschechoslowakisches Staatsgebiet über. Im Südosten stößt er mit der Cham-Further-Senke an den Bayerischen Wald, im Südwesten an die Bodenwöhrer Bucht und im Westen an das Oberpfälzische Hügelland.

Geologie und Geomorphologie: Der Oberpfälzer Wald liegt am Westrand der Böhmischen Masse und gehört als kristallines Rumpfschollengebirge nur im Nordteil der saxothuringischen, im wesentlichen aber der moldanubischen Region des variskischen Gebirges an. Im Norden reicht der Oberpfälzer Wald bis zur Zone von Erbendorf-Vohenstrauß bei Erbendorf und Weiden sowie bis nach Tirschenreuth. Während der Vordere Oberpfälzer Wald das kristalline Rumpfflächen- und Hügelland zwischen Weiden und der Bodenwöhrer Bucht umfaßt, besteht der Hintere Oberpfälzer Wald aus präkambrischen Gneisen, Metabasiten, Anatexiten und variskischen Graniten, die in der Schwarzkoppe mit 1039 m die größte Höhe erreichen.

Im Norden bei Tirschenreuth verwitterte der Granit tiefgründig zu Kaolin und verursachte weite versumpfte Talstrecken, die für die Anlage der Oberpfälzer Karpfenweiher genutzt werden. Im Südwesten markiert die Pfahl-Verwerfung die deutliche Landschaftsgrenze zwischen mesozoischer Bodenwöhrer Bucht und kristallinem Niederen Oberpfälzer Wald. Die Teichkette am Nordrand der Bodenwöhrer Bucht markiert diese Grenze.

Im Oberpfälzer Wald liegen die Höhen über 400 m. Östlich der Pfahl-Verwerfung befindet sich die flachwellige und leicht eingemuldete Hochfläche des südöstlichen Niederen Oberpfälzer Waldes. Sie reicht bis an den Rand des hauptsächlich granitischen Neunburger Massivs mit Küh-, War-, Stokinger-, Schwarzwöhr- und Brunstberg. Der Neunburger Talkessel wird entlang von Störungslinien von Schwarzach, Murach und Rötzer Bach durchflossen. Nördlich des von Schwarzach und Aschach durchsägten Granitmassivs liegt eine flußlose, versumpfte Senke, das Kulzer Moos, östlich liegt die Wiesen- und Ackerlandschaft des Rötzer Beckens.

Bayerischer Wald

Geographische Abgrenzung und Gliederung: Der Bayerische Wald grenzt im Norden an die Cham-Further-Senke, im Osten geht er auf tschechoslowakisches Gebiet über, im Süden grenzt er an östereichisches Territorium. Im Südwesten berührt der Bayerische Wald mit der Donau das Niederbayerische Hügelland, im Westen die Fränkische Alb.

Geologie und Geomorphologie: Der Bayerische Wald gehört zu dem kristallinen Rumpfschollengebirge der Böhmischen Masse und damit zum moldanubischen Teil des variskischen Gebirges. Das Kristallin reicht im Westen bis an die Keilbergspalte bei Regensburg, an der sie an die Kreide- und Juraschichten der Fränkischen Alb stößt. Der Südwesten wird vom Donaurandbruch markiert, an der das Gebirge staffelbruchartig abgesunken und von Molasse und jungen Donausedimenten überlagert ist.

Die Hauptaufwölbung des Bayerischen Waldes wird als Hinterer oder Innerer Bayerische Wald bezeichnet und durch Täler in mehrere Kämme gegliedert. Die höchsten Erhebungen sind der Große Arber mit 1457 m und der Große Rachel mit 1452 m. Der Grenzkamm des Bayerischen und Böhmerwaldes steigt von Süden bei Freyung von 650 m auf 1300 m am Lusen auf, der ein in Blockmeere zerfallener Granitzug ist. Deutliche Spuren der Vereisung zeigen sich dort in nordöstlich ausgerichteten Karen. Die Gesteine sind neben den variskischen Graniten Gneise, Metabasite und Anatexite.

Eine variskisch oder bereits früher angelegte Scherzone, der Bayerische Pfahl, begrenzt den Hinteren Bayerischen Wald nach Südwesten. Auf etwa 150 km Länge in Nordwest-Südost-Richtung durchzieht ein als Härtlingszug herausgewitterter Quarzgang die tektonische Linie. Gemeinsam mit der Regensenke wird der Bayerische Pfahl als Mittlerer Bayerischer Wald bezeichnet.

Südwestlich schließt sich der Vordere Bayerische Wald an, der im Einödriegel (1121 m) die 1000 m-Linie überschreitet. Als Vorwald werden die zur Donau abfallenden Verebnungen bezeichnet, die durch Flüsse in Riedel zerlegt sind.

Saargau und Bliesgau

Geographische Abgrenzung und Gliederung: Der Saargau liegt im Winkel zwischen dem Oberen Mosel- und Saartal und gehört zum Luxemburgisch-Saarländisch-Pfälzischen Schichtstufenland. Im Westen grenzt er an Lothringen (Frankreich) und Luxemburg. Im Norden geht er jenseits der Mosel in das Bitburger Land über, im Osten in das Nordpfälzer Bergland. Der Bliesgau, ebenfalls an Frankreich grenzend, liegt an der Südwest-Spitze des Nordpfälzer Berglandes. Nach Osten geht er über den Westrich in den Pfälzer Wald über.

Geologie und Geomorphologie: Beide Teillandschaften gehören zum Saarländisch-Pfälzischen Muschelkalkgebiet. Das südlich und westlich des Saar-Nahe-Berglands liegende Schichtstufenland aus Gesteinen des Buntsandstein, Muschelkalk und auf Lothringer Gebiet auch des Keuper und Dogger ist leicht nach Süden oder Westen geneigt, durch Abtragung präparierten sich unterschiedlich harte Schichten heraus. Der Obere Muschelkalk bildet im Saarländisch-Pfälzischen Schichtstufenland eine markante Schichtstufe. Beide Teilgebiete zeigen eine auffällige, nach Osten blickende Stufenstirn und eine Hochfläche um 400 m Höhe, die ackerbaulich genutzt wird. Während der Saargau im wesentlichen von Mosel und Saar begrenzt wird (zwischen Merzig und Beckingen überspringt er die Saar), grenzt der Bliesgau im Westen an die Saar und wird im Osten von der Unteren Blies durchflossen.

Der Saargau läßt sich in den bei Merzig gelegenen Saar-Nied-Gau und den nördlicher lokalisierten Saar-Mosel-Gau unterteilen. Während das Merziger Becken mit Buntsandstein gefüllt ist, grenzt der Muschelkalk an der Saarschleife ohne Höhenunterschied an den Taunusquarzit. Erkennbar ist der Gesteinswechsel zum einen an den Wäldern, die auf den armen Böden des Taunusquarzits stocken, während die Muschelkalkflächen ackerbaulich genutzt werden. Zum anderen fehlt im harten Taunusquarzit eine Aue entlang der Saar völlig, der steile Anstieg der Talflanken in dem Engtal beginnt daher fast direkt an beiden Ufern.

Bei Mettlach hat sich jedoch ein kleiner Ausraumkessel in Gesteinen des Buntsandstein und Oberrotliegend gebildet.

Pfälzer Wald und Westrich

Name: Pfalz von lateinisch palatium, mittelhochdeutsch palas = Herrenhaus einer Burg, kaiserlicher Palast, dann auch das dem Pfalzgrafen unterstellte Gebiet.

Geographische Abgrenzung und Gliederung: Im Norden grenzt das Gebiet mit der Westpfälzischen Niederung an das Saar-Nahe-Bergland, im Osten an den Rheintalgraben, im Süden an die französische Grenze. Der östliche Teil – der Pfälzer Wald – geht nach Westen in den Westrich über. Dieser wird von der Schichtstufe des Oberen Muschelkalks nach Westen hin vom Bliesgau begrenzt.

Geologie und Geomorphologie: Dem Odenwald auf der rechten Seite entsprechend, liegt linksrheinisch das Schichtstufenland des Pfälzer Waldes und des Westrichs. Wie an den Grabenschultern des Rheintals üblich, sind die Schichten vom Graben fort – also hier nach Westen – geneigt, sie werden daher von Osten nach Westen hin immer jünger.

Der Pfälzer Wald wird hauptsächlich aus Schichten des Buntsandstein aufgebaut. Der südöstliche Teil, der als Dahner Felsenland oder Wasgau bezeichnet wird, schließt neben Unterem Buntsandstein auch tonige Sande, Gerölle und vulkanische Melaphyre des Rotliegend auf. Bei Albersweiler im Queichtal tritt mit Granit sogar das Grundgebirge zutage. Die Bergrücken des nördlichen und westlichen Pfälzer Waldes sind – im Unterschied zum tief zertalten Dahner Felsenland – im Dreieck zwischen Dahn, Bundenthal und Annweiler abgeflacht und zeigen zwischen Kastentälern sargdeckelähnliche Formen. Im Eschkopf erreicht der Pfälzer Wald mit 609 m seine höchste Erhebung.

Westlich des Pfälzer Waldes liegen mit jünger werdenden Schichten toniger Oberer Buntsandstein und Unterer Muschelkalk an der Erdoberfläche. Während der Pfälzer Wald aufgrund seiner weniger guten Böden weitgehend bewaldet ist, werden die hier besseren Böden ackerbaulich genutzt. Im Zweibrücker Westrich geht an der Sickinger Höhe Oberer Buntsandstein ohne markante Stufe in die ebene Platte des Unteren und Mittleren Muschelkalks über. Mit einer markanten Schichtstufe wird der Westrich westwärts vom Oberen Muschelkalk des Bliesgaus überragt.

Saar-Nahe-Bergland

Name: nach den zwei Hauptflüssen Nahe und Saar.
Geographische Abgrenzung und Gliederung: Das Saar-Nahe-Bergland grenzt im Norden an den Hunsrück, im Osten an den Rheingraben, im Süden an Pfälzer Wald, Westrich und Bliesgau, im Westen an den Saargau. Der südwestliche Teil wird auch als Saarkohlenwald, der südöstliche Teil als Nordpfälzer Bergland bezeichnet. An der Nahtstelle zum Westrich liegt die Westpfälzische Moorniederung, die auch Kaiserslauterner Senke genannt wird.
Geologie und Geomorphologie: Der Bereich des heutigen Saar-Nahe-Berglands bildete zu Zeiten des Perm ein großes Sedimentbecken, in dem gleichzeitig intensive vulkanische Aktivität zu verzeichnen war. So finden wir hier das größte zusammenhängende Verbreitungsgebiet permischer Sediment- und Ergußgesteine in Deutschland.
Insgesamt zeigt sich die Landschaft als ein welliges Bergland in Höhenlagen überwiegend zwischen 350 und 600 m mit weiten, nur stellenweise durch enge Abschnitte geprägten Tälern. Charakteristisch sind die zahlreichen Melaphyrkuppen.
Nach Norden zum Rheinischen Schiefergebirge ist das Saar-Nahe-Bergland durch eine scharfe tektonische Störung begrenzt. Den Hauptteil der Landschaft nimmt das Glan-Alsenz-Hügelland ein, welches aufgrund seiner unruhigen Morphologie auch als »Buckeliges Land« bezeichnet wird.
Es wird im wesentlichen aus Gesteinen des Unteren Rotliegend aufgebaut, in der bedeutende Reste vulkanischen Gesteins auftreten. Hierzu gehören das Rhyolithbergland bei Münster am Stein, das Kuseler Bergland mit 500 bis 600 m hohen Kuppen und schließlich das Porphyrmassiv des Donnersbergs, der mit 687 m die höchste Erhebung der Landschaft darstellt. Der vulkanische Intrusionsstock in Sedimenten des Unter-Rotliegenden blieb nahe unter der Landoberfläche stecken, so daß er in porphyrischer Form auskristallisierte. Heute ist er durch die Abtragung der umliegenden Gesteine als Härtling herauspräpariert. Seine Hänge werden überwiegend von einem geschlossenen Laub-Mischwald bestanden.

Westlich schließt sich das Obere Nahebergland an, das einen großen Anteil vulkanischen Gesteins aufweist. Geologisch handelt es sich um zwei Mulden:

- die Primsmulde mit einem kleinen Vulkanit-Vorkommen eines Melaphyrs, der sich als Dekkenerguß bildete und von Sedimenten des Oberen Rotliegend zugedeckt wurde.
- die Nahemulde mit großen Vulkandurchbrüchen, zu denen die Andesitmassen von Baumholder gehören, die sich als sanft gewellte Hochfläche zeigen, und die Rhyolithe bei Nohfelden, die mehr als zehn Kegel um 500 m Höhe umfassen.

Als 569 m hoher, markanter Aussichtsberg aus schwach basischem Tholeiit zeigt sich im Westen der Schaumberg bei Tholey. Die Vulkanite des Naheberglands werden auch als Straßenschotter abgebaut, beispielsweise bei Kirn. Die in Hohlräumen der Melaphyre gebildeten Achate und Amethyste begründeten die Ansiedlung der edelstein-verarbeitenden Industrie in Idar-Oberstein.

Das südlich liegende Prims-Blies-Hügelland – im wesentlichen aus Rotliegend-Sedimenten und punktförmigen Vulkaniten aufgebaut – erreicht kaum Höhen von 400 m. Südlich schließt sich daran der Saarkohlenwald an, der sich von Warndt bei Völklingen bis an die Blies bei Neunkirchen erstreckt. In seinem Ostteil sind die gefalteten oberkarbonischen Schichten von Kohleflözen durchsetzt, während sie nach Südwesten unter den Buntsandstein des Warndt abtauchen.

Als Übergang zum Saarländisch-Pfälzischen Schichtstufenland wird die Westpfälzische Niederung eingestuft, die an der Nahtstelle zum südlich gelegenen Westrich liegt. Die 2 bis 4 km breite und 38 km lange Ausraumzone in Schichten des Buntsandstein wird von Blies, Glan und Moorbach entwässert und zeigte einst ausgedehnte Vermoorungen, vereinzelt auch pleistozäne Flugsandfelder und Dünen.

Oberrhein-Untermain-Senke

Name: nach den Flüssen, die diesen Graben durchfließen.

Geographische Abgrenzung und Gliederung: Der 300 km lange und 35 km breite Oberrheingraben grenzt im Norden mit der Untermainsenke an Mittelrhein und Taunus, im Osten an Pfälzer Bergland und Vogesen, im Westen an Kraichgau, Odenwald und Schwarzwald und im Süden an den Hochrhein. Unterteilt wird er in Mainzer Becken im Norden sowie Nördliche, Mittlere und Südliche Rheinniederung.

Geologie und Geomorphologie: Der Oberrheingraben ist eine Tertiärsenke, die zu einem tiefreichenden Grabensystem gehört. Als Staffelbruch angelegt, bilden die randlichen Schollentreppen die Vorbergzonen der Randgebirge. An der Odenwälder Bergstraße drangen permische Vulkanite entlang der parallel zum Graben verlaufenden Spalten auf. Nordpfälzer Bergland, Pfälzer Wald und Vogesen als westliche Randgebirge sind nach Westen gekippt, Odenwald und Schwarzwald als östliche Randgebirge fallen nach Osten hin ein.

Der noch heute aktive Graben stellt eine mitteleuropäische Dehnungszone dar, unter der der Erdmantel bis auf 20 bis 25 km Tiefe aufgewölbt ist. Der Graben ist mit bis zu 4000 m mächtigen tertiären Sedimenten der Grabenschultern, mit quartären fluviatilen Sanden und Kiesen sowie Löß und Auelehm gefüllt. Die Rheinniederung ist 4 bis 8 m tief in die Niederterrasse eingeschnitten und wird von Wiesen und Auwaldresten geprägt. In der Niederung und auf der Niederterrasse wird großflächig Kies abgebaut. Etwa in der Mitte zwischen Flußlauf und Vorbergzone begleitet ein Waldstreifen den Oberrheingraben. Zwischen Rastatt und Weinheim besteht er vorwiegend aus Kiefern. Die vom Gebirgsrand mündenden Nebenflüsse schütteten große Schwemmkegel in die Ebene. Während der Rhein nahezu stets das Zentrum des Grabenbruchs durchströmt, biegt er nördlich der Neckar-Mündung westwärts um und legt im Rheinhessischen Tafel- und Hügelland bei Oppenheim und Nierstein tertiäre Schichten und den Horst des Rotliegenden frei. Die hier bis zu 20 km breite Niederterrasse hebt sich von der tiefer liegenden Rheinebene durch das markante, teils bis zu 12 m hohe Hochgestade

ab. Die Terrassenfelder sind teils lößbedeckt, teils sandig und dann mit Kiefernwald bestockt. An der Randverwerfung vor dem Pfälzer Wald erstreckt sich in Nord-Süd-Richtung die 3 km breite und 60 km lange Vorhügelzone der Haardt. Durch Weinbau-Monokulturen führt die Deutsche Weinstraße. Weiter nördlich geht diese Zone mit dem Rheinhessischen Tafel- und Hügelland in das Mainzer Becken über. Da die tertiären Schichten hier gehoben und zerschnitten sind, bilden sie Plateaus und Stufen, die von einer teilweise mächtigen Lößdecke bekleidet sind. Das trocken-warme Klima dieser Region bedingte die Entstehung von Schwarzerden und damit eine intensive Landwirtschaft. Auf der gegenüber liegenden Rheinseite erstreckt sich die fluviatile Aufschüttungsebene des Hessischen Riedes zwischen Groß-Rohrheim und Groß-Gerau. Diese Landschaft mit ehemaligen Neckarmäandern und Niedermoor-Resten wurde durch starke Grundwasser-Absenkungen infolge der Trinkwasser-Gewinnung für das Rhein-Main-Gebiet bekannt.
Die über der Niederterrasse liegende Hügelzone wird auf der Ostseite des Rheins durch langgestreckte Niederungen eingeengt, die in früheren Zeiten von Murg, Kinzig und Neckar durchflossen wurden.
Zwischen Aßmannshausen und Niederwalluf erstreckt sich nördlich des Rheins als waldfreies Vorland des Rheingaugebirges der Rheingau. Die nach Süden exponierten, 100 bis 250 m hohen Hänge werden weinbaulich genutzt. Zwischen Mainz/Wiesbaden und Hanau erstreckt sich der Ballungs- und Wirtschaftsraum des Rhein-Main-Gebietes, in dessen Mittelpunkt Frankfurt am Main liegt. Südöstlich der Mainmetropole befinden sich fluviale Sande und Kiese mit Flugsanddecken, der Rodgau.
Die Oberrheinebene fällt von 250 m bei Basel bis auf 80 m bei Mainz ab. Die nacheiszeitliche Stromaue des Rheins wird von Altwässern und Auenwäldern auf Schwemmfächern (wie am Taubergießen) und in alten Rheinschlingen (wie am Kühkopf bei Darmstadt) geprägt. Nachhaltig wurde der Flußlauf durch die Tullasche Rheinkorrektion seit der Mitte des 19. Jahrhunderts verändert. Infolge der Eindeichung wurden viele Wiesen in Ackerflächen umgewandelt, die sich gemäß dem milden Klima des Oberrheingrabens für Sonderkulturen wie Tabak, Spargel und andere Gemüsearten eignen.

Kaiserstuhl

Name: nach der Gerichtsstätte des Karolinger Kaisers Otto III. nahe Leiselheim.

Geographische Abgrenzung und Gliederung: Das Inselgebirge liegt im Oberrheingraben zwischen Vogesen und Schwarzwald im Breisgau. Als von Südwest nach Nordost gestreckte Raute von 15,8 km Länge und 12,5 km Breite erhebt es sich um 350 m über die Rheintalebene. Im Nordwesten liegen als Anhängsel Limberg und Lützelberg bei Sasbach.

Geologie und Geomorphologie: Der Oberrheingraben gehört zu einem von Südsüdwest nach Nordnordost ziehenden Bruchsystem. Der tief eingesunkene Graben ist mit mächtigen Sedimenten der Grabenschultern gefüllt. Diese Schwächezone der Erdkruste wird von einer Aufwölbung des Erdmantels und Ausdünnung der Kruste begleitet. Im Jungteriär brachen Magmen aus dem Erdmantel durch die Kruste bis zur Oberfläche durch, so daß der Kaiserstuhl heute quasi die Ruine eines Vulkangebirges ist. Während der östliche Kaiserstuhl von Sedimenten des Oligozäns und des Doggers gebildet wird, finden sich vom Hauptkamm nach Norden, Westen und Süden Lavaströme und Tuffe in vielfacher Wechsellagerung. Die ebenfalls magmatischen Gesteine des Zentrums sind subvulkanisch, sie wurden erst durch Abtragung freigelegt. Bei den durch fraktionierte Kristallisation entstandenen Gesteinen des Erdmantels handelt es sich um kieselsäureuntersättigte Gesteine wie Leucittephrite, Olivin-Nephelinite und Phonolithe sowie Limburgite, die am Kaiserstuhl ihre Typlokalität (Ort ihrer ersten Beschreibung) haben. Der Badberg wird von einem im wesentlichen aus Kalkspat bestehenden, aber magmatischen Gestein – dem Karbonatit – aufgebaut.

85 % des 92,5 km^2 großen Gebirges werden von Löß bedeckt, der Mächtigkeiten von mehr als 30 m erreicht. Hohlwege sind daher landschaftsprägende Elemente des Kaiserstuhls, so die Eichgasse von Bickensohl. Während das Landschaftsbild früher von Kleinterrassen des Weinbaus geprägt wurde, sorgten Flurbereinigungen in den 70 er Jahren für einen intensiven Umbau mit Großterrassen, der zahlreiche Kleinbiotope und damit Lebensstätten seltener, vielfach wärmeliebender Pflanzen und Tiere zerstörte.

Odenwald

Name: althochdeutsch odowaldt = öder Wald.
Geographische Abgrenzung und Gliederung: Im Norden und Westen wird der Odenwald von der Oberrhein-Untermain-Senke begrenzt, im Osten durch das Maintal von Spessart getrennt. Im Südosten und Süden geht er in Bauland und Kraichgau über. Von Westen nach Osten unterscheidet man Vorderen, Mittleren und Hinteren Odenwald, südlich des Neckars liegt der Kleine Odenwald.
Geologie und Geomorphologie: Der westliche Teil – auch als Kristalliner Odenwald bezeichnet – ragt an einer großen Verwerfung aus dem Oberrheintal auf. Dieser Abschnitt der Mitteldeutschen Kristallinschwelle wurde im Tertiär stark gehoben und als Flanke des Oberrheingrabens schräggestellt, so daß die Buntsandstein-Bedeckung im Westen bis auf das Grundgebirge abgetragen wurde, während im Mittleren Odenwald Schichten des Unteren und Mittleren Buntsandstein und im Hinteren des Oberen Buntsandstein erhalten blieben.
Das kuppige, stark zertalte Relief wird von magmatischen und metamorphen Gesteinen gebildet, die durch die von Nord nach Süd verlaufende Otzberg-Störung in den westlichen Bergsträßer und den östlichen Böllsteiner Odenwald unterteilt werden. Der Melibokus bei Bensheim mit 517 m und der Felsberg bei Reichenbach mit einem Felsenmeer geben Einblick in die Quarzdiorite des Odenwaldes. Die Porphyre von Dossenheim, Schriesheim und Weinheim – in großen Steinbrüchen aufgeschlossen – entstanden als vulkanische Gesteine des Rotliegenden.
Der 577 m hohe Bergrücken des Tromm markiert die Grenze zwischen Kristallinem und Buntsandstein-Odenwald. Tiefe, schluchtartige Täler durchschneiden die bewaldeten Hochflächen des Zentralen und Hinteren Odenwaldes, zum Beispiel Wolfs- und Margarethenschlucht, Höll- und Reisenbacher Grund. Die klimatisch nicht sehr begünstigte, auf 500 m liegende Hochfläche des Winterhauchs wird vom tertiären Vulkanschlot des Katzenbuckels überragt, der mit 626 m die höchste Erhebung des Odenwaldes bildet.

Spessart

Name: Spechtshart von Wald der Spechte.
Geographische Abgrenzung und Gliederung: Im Westen, Süden und Osten wird der Spessart vom Main und seinem tief in den Buntsandstein eingeschnittenen Tal begrenzt und geht damit im Westen in Odenwald und Untermainebene, im Süden und Osten in die Mainfränkischen Gäuplatten über, während er im Nordwesten durch die Kinzig vom Vogelsberg und im Nordosten durch die Sinn von der Rhön getrennt wird. An einer Verwerfung im Nordosten beginnt der kristalline Vorspessart, der nach Osten in den Buntsandstein- oder Hochspessart übergeht. Die plateauartige Absenkung zum oberen Kinzig- und Sinntal hin wird als Orber Reisig oder Hinterspessart bezeichnet.
Geologie und Geomorphologie: Der Spessart gehört zur Mitteldeutschen Kristallinschwelle, er baut sich daher aus kristallinem Grundgebirge auf, besonders aus präkambrischen Metamorphiten (Glimmerschiefern und Gneisen). Im Westen witterte der Quarzitrücken des Hahnenkamms heraus, der mit 436 m die höchste Erhebung des Vorspessarts darstellt. Der von vielen Kerbtälern zerschnittene Höhenrücken trennt den Spessart von der Mainebene. Der kuppige und vielfach gegliederte Vorspessart wird mehr von Ackerbau als von Wald geprägt. Anders im Hochspessart, der nach der Hebung des gesamten Gebirges im Tertiär die mesozoische Bedeckung des Buntsandstein behielt – durch die stärkere Hebung im Westen wurde dort das Deckgebirge bis zum Grundgebirgssockel abgetragen: Die zertalten Buntsandstein-Hochflächen sind durch dichte Wälder bestockt, so auch die höchste Erhebung, der Geiersberg (586 m). Die tief eingeschnittenen Täler von Elsava, Hafenlohr, Lohr, Sinn, Jossa und Kinzig streben dem Main zu und sind von Wiesen geprägt. Im Maintal ragen die roten Buntsandsteinwände als Steinbruchreste an den Flanken empor, während die Mainschleife bei Urphar ein Beispiel eines Umlaufberges liefert. Im Norden sind Reste des Muschelkalks übriggeblieben, so am Bellinger Berg und an den Weinbergen von Neuengronau und Steinau. Tertiäre Basaltfelsen prägen als herausgewitterte Vulkanschlote die Landschaft: der Beilstein bei Lettgenbrunn und der Hohe Stein bei Steinau.

Schwarzwald

Geographische Abgrenzung und Gliederung: Der Schwarzwald grenzt im Westen an den Oberrheingraben, im Norden an den Kraichgau, im Osten an das Hecken- und Schlehengäu und den Baar – alle drei zum Süddeutschen Gäuland zu zählen -, im Süden an den Hochrhein mit dem Dinkelberg. Der südliche Teil des Schwarzwaldes wird als Hochschwarzwald bezeichnet. An seiner Südostecke liegt der Hotzenwald, die Vorberge im Südwesten werden als Markgräfler Land bezeichnet.

Geologie und Geomorphologie: Als östliches Randgebirge des Oberrheingrabens gehört der Schwarzwald zum Süddeutschen Schichtstufenland. Gneise und Granite bauen den Kern des zum variskischen Faltengebirge zählenden Waldgebietes auf. Im Tertiär wurde es als Grabenschulter des einsinkenden Oberrheingrabens gehoben und schräggestellt, so daß seine Deckgebirgs-Schichten nach Osten vom Graben hinweg einfallen. Die Abtragung schritt so weit fort, daß im Süden und Westen das kristalline Grundgebirge freigelegt wurde, während im Norden und Osten die Buntsandsteinbedeckung erhalten blieb. Die Schichtstufe des Buntsandstein ist durch die Flüsse Kinzig, Enz und Murg in Sporne zerlegt.

Die höchste Erhebung des Nordschwarzwaldes, der aufgrund seiner als Waldweide genutzten, heute weitgehend waldfreien Areale (Grinden) als Grindenschwarzwald bezeichnet wird, ist die Hornisgrinde mit 1164 m. Meereshöhen von über 1000 m und sehr hohe Niederschlagsmengen (auf der Hornisgrinde 2100 mm pro Jahr) mit lange andauernder winterlicher Schneebedeckung bewirkten eine Vermoorung der durch Rodung und Überweidung baumarmen Hochflächen.

Die variskisch aufgedrungenen Granite des Nordschwarzwaldes zeigen eine typische Wollsackverwitterung, so der Bühlertalgranit am Falkenfelsen im Bühlertal oder am Brocken-, Wieden- und Lanzenfelsen. An der Grenze zwischen Kristallin und Buntsandstein liegen bedeutende Quellhorizonte, in denen zum Beispiel der Gertelbach und die Bühlot entspringen. Porphyre des Perm kommen im Schwarzwald in der Gegend von Baden-Baden, östlich von Offenburg und südlich des Feldbergs vor.

Tertiär verkieseltes Porphyr-Konglomerat des Oberen Rotliegenden baut auch die bekannten Kletterfelsen des Batterts (568 m) bei Baden-Baden auf.
Der kristalline mittlere und südliche Schwarzwald ist durch tiefe Täler zerschnitten, die zum Ober- oder Hochrhein entwässern. Von Offenburg bis zum Feldberg herrschen Gneise und Anatexite vor. Die höchsten Erhebungen bilden Feldberg (1493 m) und Belchen (1414 m). Sowohl der Nordschwarzwald mit Mummelsee, Wildsee und Ellbachsee als auch der Südschwarzwald mit dem Feldbergsee zeigen Kare und Moränen als Folgen der würmeiszeitlichen Lokalvergletscherung. Typische Geländeformen eines Karsees demonstriert zum Beispiel der kreisrunde Feldsee, dessen Hohlform durch den Druck und die Bewegung des Gletschereises geschaffen wurde.
Der Präger Kessel, der allseits um bis zu 600 m von Bergen umrahmt wird, entstand durch das Zusammentreffen von sechs Gletschern während der Würmeiszeit mit einer vermuteten Eismächtigkeit von 520 m infolge eines Staus der fließenden Gletschermassen. Das Grundgebirge wurde in schmale Kämme aufgelöst. Unterscheiden lassen sich Weg und Umfang der einzelnen Gletscher anhand ihrer jeweils typischen Moränengeschiebe. Talwärts in Richtung Gschwend stießen zwei weitere Gletscher hinzu.
Der nach Süden steil zum Hochrhein abfallende, durchschnittlich 700 bis 800 m hoch gelegene Hotzenwald besteht aus Schollentreppen, die im Süden noch von Muschelkalk und Buntsandstein bedeckt sind, gen Norden zum Hochschwarzwald dann aus präkambrischen Gneisen und variskischen Graniten bestehen. Steilwandige, oft schluchtartige Täler zerschneiden den Hotzenwald: Wehra, Murg Schwarzenbach, Alb, Schwarza, Schlücht und Steina sind erosionskräftige Fließgewässer. Als Eiszeitrelikte finden sich hier Gletschermühlen – zum Beispiel die Woog-Gumpen im Schwarzenbachtal – und Hangmoore.
Zwischen Lörrach und Bad Säckingen liegt die abgesunkene, verkarstete Muschelkalkscholle des Dinkelbergs, die am Südwestrand des Schwarzwaldes durch die Täler von Wiese und Wehra begrenzt wird. Hier finden sich die Dinkelberger Karsthöhlen, beispielsweise die Erdmannshöhle in Hasel und die Tschamberhöhle bei Riedmatt.

Mainfranken und Süddeutsches Gäuland

Name: Gäu ist die oberdeutsche Form von Gau, mittelhochdeutsch gou oder geu = Teilbereich eines Landes; als Gäu Bezeichnung für flache, meist hoch gelegene Landschaften.

Geographische Abgrenzung und Gliederung: Mainfranken grenzt im Norden mit dem Grabfeld an den Thüringer Wald, im Nordosten an die Haßberge des Fränkischen Keuperlandes, im Osten an den Steigerwald. Nach Süden schließt sich das Süddeutsche Gäuland mit Bauland, Taubergrund sowie Hohenloher und Haller Ebene an. Diese grenzen im Osten an die Frankenhöhe, im Süden an das Schwäbische Keuperland.

Westlich von Mainfranken und nordöstlich des Gäulands liegen Rhön, Spessart und Odenwald. Im Südwesten setzt sich das Süddeutsche Gäuland fort: Südlich des Odenwalds liegt der Kraichgau, der gemeinsam mit dem Pfinzgau an den Oberrheingraben grenzt.

Als Keil schiebt sich das Gäuland zwischen Schwarzwald im Westen und Schwäbischer Alb im Osten bis an den Hochrhein. Südlich des Kraichgaus folgen der Zabergäu zwischen Heuchelberg und Stromberg, Hagenschieß und Platte, Strohgäu, Hecken- und Schlehengäu, Korngäu, Baar und am Hochrhein der Klettgau.

Geologie und Geomorphologie: Mainfranken und Süddeutsches Gäuland sind Bestandteile des Schwäbisch-Fränkischen und damit des Süddeutschen Schichtstufenlandes. Die Randgebirge des Oberrheingrabens sind als Grabenschultern so gekippt, daß die Schichten rechtsrheinisch nach Osten einfallen. Die Abtragung hat daher nach Osten fortschreitend immer jüngere Gesteine freigelegt, die je nach Widerstand als Schichtrippen unterschiedlich stark herausgewittert sind.

Da im Südwesten an der Südost-Abdachung des Schwarzwaldes – im Klettgau – die Neigung der Schichten wesentlich stärker ist, folgen die Schichtstufen von Buntsandstein bis Malm zwischen Südschwarzwald und Hegau auf einem 15 km langen Profil aufeinander. Nach Nordosten nehmen die Stufenflächen an Ausdehnung zu, da sie dort wesentlich flacher einfallen.

Im Kraichgau reicht das Gäuland in einer Schichtmulde zwischen Odenwald im Norden und Schwarzwald im Süden bis an den Oberrheingraben heran. Die flachwellige Landschaft auf Muschelkalk oder Lettenkeuper wird von Löß überdeckt und vorwiegend ackerbaulich genutzt. Der ebenso von Löß überwehte Buntsandstein zwischen Karlsruhe und Pforzheim – der Pfinzgau – wird als Teil des Kraichgaus betrachtet. Nach Osten setzt sich die Kraichgau-Mulde in der Fränkischen Mulde fort. An den östlichen Teil des Kraichgaus – den Elsenzgau – schließt sich das waldreiche Bergland des Heuchelbergs an, weiter südlich der Stromberg. Der flache Anstieg des Heuchelbergs wird aus Gipskeuper gebildet, der 40 m hohe Steilanstieg aus Schilfsandstein des Keupers. Die Hoch-

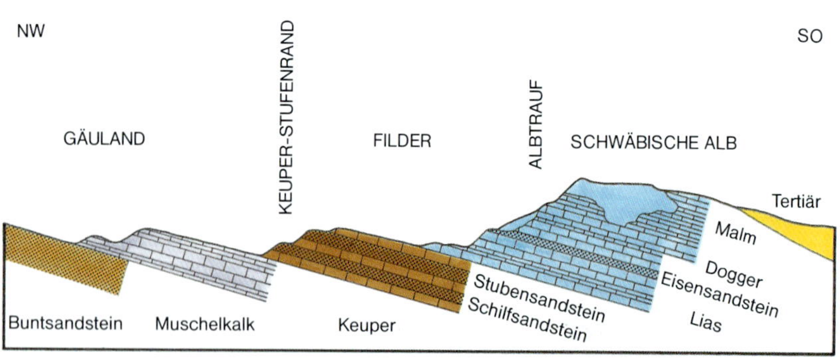

Schematischer Schnitt durch das Süddeutsche Schichtstufenland mit Gäuland, Filder und Schwäbischer Alb, stark überhöht (nach HENNINGSEN 1981).

fläche des Strombergs wird von Stubensandstein aufgebaut.
Zwischen diesen Zeugenbergen des Keuperlandes liegt eine von der Zaber durchflossene, akkerbaulich genutzte Platte, der Zabergäu. Er wird im Osten vom Neckar begrenzt, der auffällige Schleifen und Umlaufberge bildet, zum Beispiel bei Lauffen. Der Weinbau beschränkt sich hier nicht nur auf die Südhänge, sondern wird umlaufend und auch auf den Hochflächen betrieben.
Das bewaldete Buntsandstein- und Unterer Muschelkalk-Gebiet im Dreieck zwischen Nagold und Enz wird als Hagenschieß bezeichnet, östlich anschließend die teils lößbedeckte Muschelkalkhochfläche als Platte. Südöstlich in Richtung Stuttgart erstreckt sich die lößbedeckte, wellige Hochfläche des Strohgäus auf Oberem Muschelkalk.
An der Südabdachung des Nordschwarzwaldes liegt ein 5 km breiter und 45 km langer Streifen auf Unterem und Mittlerem Muschelkalk, der als Hecken- und Schlehengäu bezeichnet wird. Diese Landschaft ist teils bewaldet, teils agrarisch genutzt und dort durch Hecken reich gegliedert. Nach Osten schließt sich mit der schwach ausgebildeten Schichtstufe des Oberen Muschelkalks der Obere oder Korngäu an, der bis in den Lettenkeuper an den Neckar heranreicht. Neckaraufwärts liegt als ovales, lößbedecktes Lettenkeupergebiet das Mühlbach bei Oberndorf, das vom Neckar im Westen und der Keuperstufe im Osten begrenzt wird. Der Nekkar selbst entspringt im Schwenninger Moos, einem Moorgebiet südlich der Stadt Schwenningen.
In der Hochmulde der Baar liegen zwischen den Schichtstufen von Muschelkalk und Keuper-Lias entlang eines Streifen Seen, Moore und feuchte Niederungen, die durch Salzauslaugungen im Mittleren Muschelkalk entstanden sind. Die Baar befindet sich zwischen Südschwarzwald und Schwäbischer Alb auf einer Höhe von 650 bis 800 m.
An seiner Südost-Abdachung geht der Odenwald in das von Muschelkalk und Keuper aufgebaute Bauland über, das von Tauber, Jagst und Neckar begrenzt wird. Jagst und Kocher fließen auf großen Strecken parallel nebeneinander dem Neckar zu, in den sie in 2 km Entfernung voneinander münden. Das Gewässernetz der Muschelkalk-Gäuplatten ist ansonsten weitma-

schig, da das Oberflächenwasser infolge der Verkarstung des Untergrundes in der Regel rasch versickert.

Auf der Hohenloher Ebene ist der Muschelkalk von Lettenkeuper bedeckt. Diese Landschaft steigt im Osten bis auf 500 m an. Stellenweise ist der Lettenkeuper von Löß bedeckt. Der stauende Lettenkeuper verbessert die ansonsten knappe Wasserversorgung der Böden und sorgt für eine typische Ackerbau-Offenlandschaft. Nach Südosten geht die Hohenloher in die Haller Ebene über.

Im Tauber- und Maintal wird an sonnenseitigen Muschelkalkhängen der Kastentäler Wein angebaut. Nach Osten überragt die Keuper-Schichtstufe des Steigerwaldes den mainfränkischen Raum.

An der oberen Fränkischen Saale zwischen der Rhön und den Haßbergen liegt die teilweise bewaldete, flachgewellte Landschaft des Grabfeldes, in der kleine Basaltkuppen über die flach geneigten Muschelkalk- und Keuperschichten hinausragen.

Alle Gäulandschaften zeigen ein trockenes, sonnenreiches Klima im Lee von Spessart, Odenwald und Schwarzwald. Sie sind als ackerbaulich geprägte Landschaften das wichtigste Altsiedelgebiet ganz Süddeutschlands, wurden also schon früh gerodet und besiedelt; von hier drang der Mensch mit seinen Siedlungen und Nutzflächen in die angrenzenden Gebirge vor. Besonders fruchtbar sind die Teile der Landschaft auf gekappten Muschelkalk-Schichten, denen Lettenkeuper auflagert: Dessen leicht wasserstauende Wirkung hemmt das Niederschlagswasser am sofortigen Versickern in tiefe, für Pflanzenwurzeln nicht mehr erreichbare Gesteinsschichten.

Schwäbisch-Fränkisches Keuperbergland und Albvorland

Geographische Abgrenzung und Gliederung: Nach Westen überragt das Keuperbergland die Gäuplatten mit der Keupersandsteinstufe, nach Norden grenzt es an das Coburger Land, im Osten und Süden wird es vom Albtrauf der Fränkischen und Schwäbischen Alb überragt. Die Keuperberge gliedern sich von Norden nach Südwesten in Haßberge, Steigerwald, Frankenhöhe, Ellwanger Berge, Waldenburger und Löwensteiner Berge, Mainhardter, Murrhardter und Welzheimer Wald, Schurwald, Filder, Glemswald und Schönbuch. Das Albvorland gliedert sich in das Fränkische und das Schwäbische Albvorland.

Geologie und Geomorphologie: Die Keupersandsteine, die als markante Schichtstufe die Gäuplatten nach Osten überragen, sind im Norden nur durch einige Flüsse in geschlossene Höhenrücken unterteilt. Zwischen Bad Königshofen und dem Main erstrecken sich auf 35 km Länge die Haßberge, die Höhen um 400 m erreichen und nach Westen eine 100 m hohe Schichtstufe bilden. Zwischen dem Main bei Haßfurt und der oberen Aisch folgt nach Süden der Steigerwald. Dieses wellige Keuperbergland erreicht 480 m und dacht nach Osten zur Rednitzsenke langsam ab. Seine steile, bewaldete Stufenstirn ragt 200 m hoch empor und wird im Norden von Stubensandstein, im Süden von Schilfsandstein aufgebaut. Gleichzeitig nimmt nach Süden die landwirtschaftliche Nutzung zu.

Von der Windsheimer Bucht getrennt, folgt in südliche Richtung die Frankenhöhe, die ebenfalls eine 100 m hohe, westblickende Keuperstufe und eine Erniedrigung um 500 m nach Osten zeigt.

Zwischen Hohenloher und Haller Ebene im Norden, Frankenhöhe im Nordosten und Neckar im Westen folgt nun ein Gebiet der Keuperberge, welches durch zahlreiche, zum Neckar hinfließende Gewässer in einzelne Berge aufgelöst ist: Löwensteiner Berge, Mainhardter Wald und Waldenburger Berge umfassen die bewaldeten Keuperberge auf Stubensandstein und Bunten Mergeln, die nördlich der Murr liegen. Der zum Teil lößbedeckte Gipskeuper am Fuße der Berge wird großflächig von Ackerbau genutzt.

Während auch der Murrhardter Wald entlang und südlich der Murr von Stubensandsteinen gebildet ist, haben Welzheimer Wald und Schurwald teilweise eine Liasdecke, auf welcher der Wald der Ackernutzung weicht. Felsenmeere, Klingen und Grotten prägen die Waldgebiete im Murrhardter und Welzheimer Wald; schöne Beispiele sind die Brunnen- und Hägelesklinge bei Kaiserbach, die Gallengrotten zwischen Ebni und Höfenäckerle, die Felsenkanzel bei Gschwend-Rotenhar und die Teufelsküche südlich von Gschwend. Gerade im Raum um Gschwend läßt sich Knollenmergel beobachten – toniges Material, das durch Kalk gebunden ist. Die Tonminerale nehmen bei Durchfeuchtung große Mengen an Wasser auf und quellen so um ein Vielfaches ihres ursprünglichen Volumens. Bodenfließen, Rutschungen und Bodenwellen auf den Straßen (»Wellblechstraßen«) sind die Folge.
Auch der am Westrand Stuttgarts gelegene Glemswald zeigt ein geschlossenes Waldgebiet auf Keupersandstein. Südlich von Stuttgart und südwestlich des Neckars liegt die gewellte, teils lößbedeckte Hochfläche der Filder, die auf kalkhaltigen Liasschichten meist ackerbaulich genutzt wird. Nördlich von Tübingen gehört das Waldgebiet des Schönbuchs zu den Keupersandstein-Bergen.
Die Rednitzsenke liegt in einer Einmuldung der Schichten, sie wird auch als Nürnberger Becken bezeichnet. Aus den benachbarten Keupersandstein-Bergen sind hier mächtige Sandmassen eingeschwemmt. Auf den armen, teilweise podsolierten Böden haben sich ausgedehnte Kiefernwälder (zum Beispiel der Nürnberger Reichswald) entwickelt.
Die Jura-Schichtstufe der Alb überragt ihr Vorland um 250 bis 300 m. Im Norden wird das Albvorland im Westen von der Grenze zwischen Rhät und unterstem Lias markiert. Während für den Rhät magere Kiefernwaldungen charakteristisch sind, zieht sich das Albvorland als 5 bis 10 km breiter fruchtbarer Saum an der Alb entlang, bevor es von dem bewaldeten Steilanstieg des Eisensandsteins von der Alb begrenzt wird. Der Albtrauf ist meistenteils von zahlreichen Stirnflüssen zerschnitten.

Schwäbisch-Fränkische Alb

Name: von Alba, Alpes, Alben.
Geographische Abgrenzung und Gliederung: Die Schwäbische Alb grenzt im Süden an die oberschwäbische Hochebene, im Norden an das Schwäbische Keuper- und Albvorland, im Südwesten an Hochrhein und Hegau, im Nordwesten an den Schwarzwald. Im Osten geht sie in die Fränkische Alb über und wird von ihr durch das Nördlinger Ries getrennt. Eingeteilt wird sie in West-, Mittlere und Ostalb oder in die nördlichere Kuppenalb und die südlichere Flächenalb. Die Fränkische Alb grenzt im Westen an das fränkische Keuper- und Albvorland, im Norden an das Obermaintal, im Osten an das Oberfränkisch-Oberpfälzische Hügelland und im Süden an die Donauniederung.
Geologie und Geomorphologie: Im wesentlichen baut die Schichtenfolge des Jura das Schwäbisch-Fränkische Schichtstufenland auf, welches durch eine Verkippung der Erdkruste zwischen Oberrheingraben und Molassebecken schräggestellt wurde. Durch die 140 Millionen Jahre andauernde Abtragung bildete sich das Schichtstufenrelief heraus. Während das nördliche Albvorland vornehmlich aus Schichten des Schwarzen Jura bestehen, sind die Vorberge aus Braunem Jura aufgebaut. Der Schwarze Jura bildet eine weite, ebene Fläche, so die Filder und Abtragungsrelikte auf den Keuperbergen wie Schurwald, Welzheimer Wald, Frickenhofer Höhe, Ellwanger und Löwensteiner Berge (siehe S. 109f.).
Die Albvorberge aus Braunem Jura sind meist bewaldet, so das Rehgebirge um die drei Kaiserberge Hohenstaufen, Stuifen und Reckberg. Weithin sichtbar erhebt sich darüber der Albtrauf, die mehr als 400 m mächtigen Schichten des Weißen Jura. Mergelige Gesteine bilden den Steilanstieg; die jüngsten Gesteine liegen im Süden, da das Gebirge nach Südosten einfällt und schließlich unter die von Eiszeiten geprägte Landschaft Oberschwabens abtaucht. Am höchsten erheben sich Lemberg (1015 m) und Plettenberg (1005 m) im Westen.
Während in Schwaben der Albtrauf das Vorland um 250 bis 350 m überragt, liegt er in Franken aufgrund geringmächtigerer Schichten des Oberen Jura niedriger. Frankenhöhe und Steigerwald werden von der Fränkischen Alb um etwa

150 m überragt. Auch die absoluten Höhen betragen in der Fränkischen Alb nur 600 bis 657 m.

Während die Schwäbische Alb hauptsächlich am Stufenrand von Bächen zertalt ist, wird die Fränkische Alb weithin von der Altmühl durchbrochen. Im Süden der Schwäbischen Alb bildet die Donau zwischen Geisingen und Sigmaringen ein imposantes Durchbruchstal. Auch finden sich in der Alb noch alte Donautäler, die als Folge der Eiszeiten verlassen wurden.

Auf Massenkalken bildete sich im schwäbischen Teil die unruhige, kuppige Oberfläche der Kuppenalb, zu der Teile des großen Heubergs, die Hardt um Meßstetten, die Zollernalb, Reutlinger und Münsinger Alb, die Hohe Alb zwischen Fils- und Lonetal sowie der Albuch von Geislingen bis Heidenheim gehören. Geschichtete Gesteine bilden ebene Flächen in der südlichen Flächenalb und im Härtsfeld (Ostalb), südlich der Klifflinie des miozänen Molassemeeres, wo festländische und marine Abtragung eine flächenhafte Einebnung bewirkte. Obermiozäne Tuffschlote des Urach-Kirchheimer Vulkangebietes durchschlugen die Jurakalke. Infolge der Verkarstung der Kalke findet sich auf der Hochfläche nur ein geringes Gewässernetz, Bachschwinden sind typisch. So versickern Teile der Donau im Bereich von Immendingen und Fridingen und fließen über den Aachtopf dem Rhein zu.

Die nördliche Frankenalb, zu der auch die Weismain-Albhochfläche gehört, wird durch von Nordwesten nach Südosten gerichtete, reihenförmig angeordnete bewaldete Knocks (kuppige Vollformen) mit dazwischen liegenden Dellen geprägt. Zu den Kernräumen der kuppigen Hochflächen-Landschaft gehört die Wiesentalb, die weiter östlich liegende Pegnitzalb und die Oberpfälzer Kuppenalb. Im Bereich des Quellgebietes der Schwarzen Laaber, der mittleren Fränkischen Alb also, geht die Flächenalb aus geschichteten Kalken und Massenkalken im Norden und Osten des Flusses in die Kuppenalb über. Große Teile dieses Gebietes sind von Sanden und Tonen geprägt, der lehmigen Albüberdeckung aus kreidezeitlichen bis rezenten Verwitterungsprodukten.

Nördlinger Ries

Geographische Abgrenzung und Gliederung: Das Nördlinger Ries liegt am Rand der Mittleren Alb und trennt die Schwäbische Alb im Westen von der Fränkischen Alb im Osten. Nach Norden grenzt das Ries an das Albvorland.

Geologie und Geomorphologie: Das fast kreisrunde Becken von über 20 km Durchmesser ist zum oberen Albrand rund 100 m tief eingeschnitten. Sein Boden liegt in 430 m Höhe. Vor etwa 15 Millionen Jahren schlug hier ein Großmeteorit ein, der durch hohe Drücke und Temperaturen die Alblandschaft nachhaltig veränderte. Riesige Gesteinsmassen wurden zertrümmert und bilden als Traß den mächtigen Untergrund des Rieskraters. Das einmalige Gestein des Suevits entstand als Folge der Hitzeeinwirkung. Gleichzeitig zeugen Coesit und Stishovit – als Hochdruckäquivalente des Quarz – von einer starken Druckeinwirkung.

Nach dem Meteoriteneinschlag füllte sich das Becken mit Wasser und war über 250 000 Jahre ein riesiger Binnensee. Unter einer 2 m mächtigen Lößdecke am Beckenboden finden sich jungtertiäre Süßwassersedimente mit stark schwefelhaltiger Braunkohle. Freistehende Berge, wie der Schloßberg, bestehen aus Sprengschollen.

Rund 40 km in südwestliche Richtung vom Nördlinger Ries entfernt liegt das Steinheimer Becken bei Heidenheim – ebenfalls ein Meteoritenkrater, der vor 14,7 Millionen Jahren entstand. Der Meteorit mit einem geschätzten Durchmesser von 80 bis 100 m verursachte ein kreisrundes Becken von 3400 m Durchmesser und einer Tiefe von 120 m in den Jurakalken der Ostalb. Strahlenkalke als Folgen der Stoßwellen und Rückfallbrekzien in Form des Zentralhügels sind Beweise für den Meteoriteneinschlag.

Auch im Steinheimer Becken entstand im Spättertiär ein See, dessen Fossilien berühmt wurden. Der Schneckensand der Pharionschen Sandgrube mit der Schnecke *Gyraulus* erlaubte eine klare stratigraphische Einordnung der Seeablagerungen. Durch Lößeinwehungen entstand in den Kratern eine fruchtbare und heute waldfreie Ackerbaulandschaft.

Coburger Land

Geographische Abgrenzung und Gliederung: Im Norden grenzt das Coburger Land an das Thüringische Schiefergebirge, im Osten an das Oberpfälzer Hügelland, im Südosten geht es jenseits des Obermaintals in das Fränkische Albvorland über und grenzt im Westen an die Haßberge des Schwäbisch-Fränkische Keuperberglandes.

Geologie und Geomorphologie: Das Schollenmosaik des Coburger Landes wird im Norden durch die Fränkische Linie begrenzt, einer Hauptstörungszone am Südrand des Thüringischen Schiefergebirges und des Frankenwaldes. Der Südrand des Thüringer Waldes dokumentiert sich als 200 m mächtiger Steilabfall.

Durch das Aufsteigen der nördlichen Gebirgszüge bilden die Keuperschichten des Coburger Landes eine schiefe Ebene, die nach Süden zum Obermaintal geneigt ist und sich von Baunach, Itz und Steinach riedelförmig gliedert. An der Grenze von Buntsandstein im Norden und Keuper/Lias im Süden liegt das Sonnefelder Hügelland, dessen Nordrand aus einem Muschelkalk-Schollenmosaik aufgebaut ist. Dieses überragt das im Mittel 380 m hohe, flachwellige Hügelland mit Höhen zwischen 416 und 484 m. Westlich und östlich der Oberen Itz ziehen in Nord-Süd-Richtung Buntsandsteinplateaus. Die mäßigen Böden sind nur bedingt ackerbaulich nutzbar. Das Neustadt-Sonneberger Becken als Ausraumzone der Steinach wird vom Muppberg (515 m) aus oberen Hauptbuntsandstein in zwei ungleiche Hälften getrennt.

Die von Sandsteinen gebildeten Hochflächenreste des Coburger Landes sind meist bewaldet, während die Sohlentäler der Flüsse Grünlandwirtschaft erlauben. Die ackerbaulich genutzten Lias-Inseln des Gebietes werden von Rhätsandstein gesäumt. An das Obermaintal grenzen die südlichen Keuperrandhöhen des Coburger Landes im Norden und die Nordstirn der Fränkischen Alb im Süden. Die mächtigen Kiesaufschotterungen des Mains werden abgebaut, etwa im Bereich der heutigen Baggerseen westlich von Lichtenfels. Zahlreiche Altarme und markante Terrassenflächen mit gut ausgebildeten Prallhängen begleiten den Obermain.

Oberpfälzisches Hügelland

Geographische Abgrenzung und Gliederung: Das Oberpfälzisch-Oberfränkische Hügelland liegt zwischen der Fränkischen Alb im Westen und den kristallinen Mittelgebirgen Frankenwald, Fichtelgebirge und Oberpfälzer Wald im Osten und grenzt im Süden mit der Bodenwöhrer Bucht an den Bayerischen Wald, im Norden an das Coburger Land und das Thüringische Schiefergebirge. Auf der Linie von Voita nach Kirmsee liegt die Europäische Wasserscheide zwischen Main/Rhein und Naab/Donau und die Naturraum-Grenze zwischen Obermainischem und Oberpfälzischem Hügelland.

Geologie und Geomorphologie: An der Fränkischen Linie im Osten sind die Ostbayerischen Grenzgebirge Frankenwald, Fichtelgebirge und Oberpfälzer Wald gegenüber dem Vorland um bis zu 2000 m gehoben. Das Vorland ist nicht nur tektonisch vom Grundgebirge getrennt, sondern auch in zahlreiche Bruchschollen gegliedert, die aus mesozoischen Gesteinen bestehen. Häufig liegen unterschiedlich alte Gesteine direkt nebeneinander. Im Norden hat der Weiße Main entlang der Trebgaster Verwerfung die Muschelkalkstufe herauspräpariert. Stark gehoben ist westwärts der Buntsandsteinblock vom Laitschwald bis zum rechtsmainischen Teil Kulmbachs. Bei Tennach erreicht er Höhen von 528 m. An der Kulmbach-Wiedersbacher Verwerfung sind Schrotberg und Hergottsberg als senkrecht stehende Muschelkalkschichten zwischen Buntsandsteinberge und hügeliges Keuperland eingeklemmt. Weiter südwestlich dominiert bis zur Albrandverwerfung Keuper. Am Albtrauf steigt die Jurastufe entlang von Verwerfungen steil auf. Während die Verebnungen in den Mergeln des Mittleren Muschelkalks als reines Ackerland genutzt werden, sind die Steilhänge des Unteren Muschelkalks bewaldet. Die höchsten Erhebungen des Gebietes liefern herauspräparierte Vulkanruinen des Tertiärs im Vorland der Fränkischen Linie: der Nephelin-Basalt des 682 m hohen Rauhen Kulm und die Schlotbrekzie des 563 m hohen Kleinen Kulm. Im Süden liegt die Hahnbacher Mulde, die von der verkarsteten Jura der Oberpfälzer Alb begrenzt wird. Kreideerze bei Amberg ließen die Max- und Luipoldshütte als Zentrum der oberpfälzischen Eisenindustrie entstehen.

Donauniederung

Name: Donau im Altertum Danubius genannt.
Geographische Abgrenzung und Gliederung: Zwischen Schwäbisch-Fränkischer Alb im Norden und Iller-Lech-Riedelland und Isar-Inn-Hügelland im Süden liegt die Donauniederung. Von Gundelfingen bis Donauwörth erstreckt sich das Donauried, südlich Neuburg das Donaumoos.
Geologie und Geomorphologie: Das 5 bis 7 km breite Donautal zeigt Niederterrassen-Schotterflächen, der Rißeiszeit zugehörig, und junge, holozäne Ablagerungen von Auelehm der Donau. Große Flachmoore bildeten sich in gewissem Abstand zum Flußlauf infolge stauenden Grundwassers. Sowohl Donaumoos als auch Donauried sind heute weitgehend entwässert und landwirtschaftlich genutzt. Das Donauried erstreckt sich zwischen der Mündung der Mindel bei Lauingen und der Schmutter bei Donauwörth. Bei Neuburg durchbricht die Donau eine Aufwölbung von Juragesteinen.
Die Donauniederung wurde einst von edellaubholzreichen Auwäldern begleitet mit Ulme, Esche und Bergahorn, die heute nur noch in Resten erhalten geblieben sind.
Eine Ausnahme bildet ein 7 km breiter Abschnitt des Donaurieds, wo die Auenwälder trotz starker Eindämmung der Überschwemmungen durch Eindeichung und Bau eines Staubeckens als Speichersee für das Kernkraftwerk Gundremmingen einen recht naturnahem Zustand zeigen.
Das Flachmoorgebiet des Donaumooses entstand nach der Rißeiszeit; seitdem durchfließt die Donau dieses Becken. Der zuvor mündende Lech führte große Schottermassen mit, die hier abgelagert wurden und damit die südlichen Zuflüsse zurückstauten, so daß in deren Mündungsbereich Schwemmfächerablagerungen den Wasserabfluß hemmten. Seit 1790 begann die Entwässerung des Donaumooses zur Kultivierung.
Nordöstlich des Donaumooses liegt das Ingolstädter Becken, ein pleistozänes Ausräumungsgebiet der Donau und ihrer südlichen Zuflüsse. Die Aufschüttungen der aus südliche Richtungen kommenden Flüsse sind im Ingolstädter Becken sandig, so zeigen die Niederterrassen der Ilm Dünenbildung.

Hegau

Geographische Abgrenzung und Gliederung: Als westlichster Teil des Oberschwäbischen Alpenvorlands grenzt der Hegau im Nordwesten an die Schwäbische Alb, im Süden an Hochrhein und Bodenseegebiet und im Osten an die Oberschwäbische Hochebene.

Geologie und Geomorphologie: Der Weiße Jura der Schwäbischen Alb taucht südlich der Donau unter das Molassebecken ab. Dieses enthält in Meeresbecken abgelagerte Schuttmassen von Alb und Alpen, die mehrere hundert Meter mächtig sind. Weit verbreitet ist Jurانagelfluh, der wieder verfestigte Abtragungsschutt von Juragesteinen. Das heutige Niveau der Geländeoberfläche liegt zwischen 500 und 600 m.

Landschaftsprägend sind im Hegau aber die Kegelberge, die dieses Niveau um über 250 m überragen: Im Jungtertiär drangen stark explosiv geförderte Magmen an die Erdoberfläche, die den Gebirgsschutt durchschlugen. Sie entstammten möglicherweise einem im Zuge der Alpenfaltung nach Norden abgepreßtem Magma. Schlote aus Melilith-Nepheliniten bilden im Kern die Berge Hohenstoffeln, Hohenhewen, Neuhewen und Höwenegg, aus Phonolithen bestehen Hohentwiel, Hohenkrähen und Mägdeberg. Die umgebenden Deckentuffe sind noch im abgetragenen Zustand 100 m mächtig, sie bilden im Dreieck Hohenstoffeln – Hohenkrähen – Hohentwiel ein mehrfaches Übereinander von Tuffdecken.

Im Pleistozän traf der rißeiszeitliche Rheingletscher die Phonolithberge und zerstörte im Osten und Südosten deren Tuffmäntel, die nur im Eisschatten erhalten blieben. So erreichte das Eis am 848 m hohen Hohenhewen die 700 m-Marke, sein Gipfel ragte als sogenannter Nunatak über die Gletscherfläche hinaus. Die Abrutschungen an der Ostflanke sind auf würmeiszeitliche Schmelzwässer zurückzuführen. Die Sinterkalke am Hohenhewen entstanden durch warme Quellen in Mulden. Südöstlich des Hewenegg wurden die obermiozänen Seesedimente einer Kraterfüllung an der Mauenheimer Mühle berühmt durch bedeutende Skelette der Säugetierfauna aus dem Obermiozän – zum Beispiel einer Hipparion-Stute, eines Vorfahren unseres Pferdes, mit Fohlen im Bauch.

Iller-Lech-Riedelland

Geographische Abgrenzung und Gliederung: Im Norden grenzt das Riedelland an die Schwäbische Alb und die Donauniederung, im Westen an das Isar-Inn-Hügelland und die Isar-Inn-Schotterplatten, im Süden an das Oberschwäbische Alpenvorland und den Hegau.

Geologie und Geomorphologie: Auf einem tertiären Molasse-Untergrund entstanden Moränen als glaziale Ablagerungen und Schotter als fluvioglaziale Aufschüttungen, die im Rhythmus der Eiszeiten wieder zerschnitten wurden. Heute sind die Platten durch ein von Nord nach Süd ziehendes Gewässersystem gegliedert: Parallel zueinander liegen die Täler von Mindel und Kammlach sowie weiter westlich von Günz, Roth und Iller. Die Sohlentäler zerlegen die hochgelegene Schotterebene in langgezogene Riedel. Die Flüsse entspringen den Endmoränen des Iller-Lech-Gletschers und fließen nach Norden der Donau zu. Der Höhenunterschied zwischen den Hochflächen und den Tälern beträgt 50 bis 70 m. Bedeckt sind die Plateauflächen von einer 8 bis 15 m mächtigen Schotterdecke, die ehemalige Talböden (durch eiszeitliche Schmelzwässer aufgeschüttete Schottermassen) darstellen. Schon in der Zwischeneiszeit wurden die Platten von Schmelzwässern zerschnitten, um dann in der Mindeleiszeit erneut aufgefüllt zu werden.

Die rißzeitlichen Hochterrassen, die zum Beispiel die Kammlach auf ihrer Westseite begleiten, sind meist von einer 1 bis 3 m starken Lößschicht bedeckt. Die Talgründe der Flüsse, deren nacheiszeitliche Schottermassen stärker aufgehöht sind als die würmeiszeitlichen Niederterrassen, zeigen Grundwasseraustritte und Vermoorungen. Die Talböden werden als Wiesen genutzt, teilweise sind noch Riede und Auenwälder erhalten.

Das Federseeried ist ein Restsee der Mindel- und der Rißeiszeit, während der er etwa 140 m stärker eingetieft war; in der Würmeiszeit wurde er aufgefüllt.

Die hochliegenden Deckenschotterplatten – sie entsprechen der Günz- und Mindelvereisung – sind vorwiegend von Wald bedeckt, teils auch von Löß und dann ackerbaulich genutzt.

Niederbayerisches Hügelland und Oberbayerische Schotterplatten

Geographische Abgrenzung und Gliederung: Der nördliche Teil des Gebietes, das Niederbayerische Tertiär-Hügelland, wird auch Isar-Inn-Hügelland genannt; die südlicher liegenden Isar-Inn-Schotterplatten hingegen werden als Oberbayerische Schotterplatten bezeichnet. Im Nordwesten grenzt das Gebiet an die Donauniederung, im Nordosten trennt die Donau das Hügelland vom Bayerischen Wald. Im Osten grenzt das Gebiet an die tschechoslowakische Staatsgrenze, im Süden an das Oberbayerische Alpenvorland. Im Westen geht das Gebiet in die Iller-Lech-Platte über.

Geologie und Geomorphologie: Das tertiäre Unterbayerische Hügelland zeigt sich als flachwelliges, lößbedecktes Hügelland. Nach Süden wird es zum Inntal von einem Erosionshang begrenzt, nach Norden dacht es allmählich zum Ingolstädter Becken und zum Dungau ab. Das flache, 80 km lange und 15 km breite Becken des Dungaus im Nordosten beinhaltet die Talaue der Donau und bildet mit lößbedeckten Hochterrassen eine fruchtbare Ackerbaugegend.

Isar und Inn durchfließen das Hügelland in Kastentälern, die randlich vermoort sind. Die Molasse wird von den Seitenbächen in langgestreckte Riedel zerlegt.

Zwischen Isar und Amper im Süden und Donau im Norden erstreckt sich die Hallertau (mundartlich Holledau). Auf den mittelschweren, sandig-lehmigen Böden über teils lößbedeckter Oberer Süßwassermolasse werden die Äcker intensiv genutzt. Wald ist auf Kuppen und Riedel zurückgedrängt, Wiesen finden sich nur in feuchten Talniederungen. Beherrscht wird die Landschaft von der Hopfenkultur: Die Hallertau gehört zu den bedeutendsten Hopfen-Produktionsgebieten der Welt.

Nördlich des Jungmoränen-Alpenvorlands liegen Schotterplatten der Ammer-, Würm-, Isar- und Loisach-Gletscher. Die älteren Schotter werden von Schmelzwasserablagerungen der letzten Eiszeit überdeckt. Die flache Aufschotterungsebene von Isar- und Inngletscher, die Münchener Ebene, wird randlich an Grundwasseraustritten von Mooren begleitet (Dachauer Moos, Erdinger Moos).

Jungmoränen-Alpenvorland

Geographische Abgrenzung und Gliederung: Das voralpine Hügel- und Moorland grenzt im Südwesten mit dem Bodensee an das schweizerische Staatsgebiet – die bayerische Molasse geht in die Schweizer Molasse über –, im Westen an den Hegau, im Norden an das Iller-Lech-Riedelland und die Oberbayrischen Schotterplatten. Im Osten setzt sich das Gebiet auf östereichischem Territorium am Südrand der Böhmischen Masse im Wiener Becken fort. Im Süden leitet es zu den Allgäuer und Bayerischen Alpen über.

Der westliche Teil wird als Oberschwäbisches, der östliche Teil als Oberbayerisches Alpenvorland bezeichnet. Größere Teileinheiten stellen der Linzgau nördlich des Bodensees, der Allgäu und der Chiemgau dar.

Geologie und Geomorphologie: Nach der alpidischen Gebirgsbildung entstand im nördlichen Randbereich des Faltengebirges ein Trog, der mit Schuttmassen der Alpen gefüllt wurde. Seit dem Oligozän wechselten die Ablagerungsbedingungen mehrmals, so daß man die geologischen Schichten in Untere Meeres-Molasse (UMM), Untere Süßwasser-Molasse (USM), Obere Meeres-Molasse (OMM) und Obere Süßwasser-Molasse (OSM) gliedert – je nachdem, ob marine oder limnisch-brackische Bedingungen vorherrschten.

Die tertiären Schichten nehmen an Mächtigkeit von Norden (mehrere 100 m) nach Süden bis auf 5000 m am Alpenrand zu. 10 bis 20 km vor dem Alpenrand gehen sie in die gefaltete subalpine Molasse über und tauchen weiter südlich unter die deckenartigen Flyschgesteine der Alpen unter.

Ehemalige Flußschotter der Flüsse aus Jura und Alpen wurden durch Karbonat betonartig verbacken und sind als Nagelfluh verbreitet als Rippen und Höhen aus den Schichten herauspräpariert. Im Allgäu bilden sie die Faltenmolassekämme beispielsweise des Adeleggmassivs (1118 m) nahe Isny.

Im südlichen Bereich des Alpenvorlands erreichen die pleistozänen Ablagerungen eine Mächtigkeit von 150 m. Die Gletscher der Alpen transportierten Schuttmassen in das Molassebecken, die als Moränen zu finden sind; Vorlandgletscher schürften Becken aus. Die Schot-

termassen wurden den verschiedenen Kaltzeiten zugerechnet, die nach den Alpenflüssen benannt wurden. Der Günz- und Mindelvereisung werden die sogenannten Deckenschotter zugeordnet, die Rißvereisung verursachte die Hochterrassenschotter, während die Würmvereisung für die Niederterrassenschotter verantwortlich gemacht wird. Obwohl die Rißeiszeit-Gletscher wohl die größte Ausdehnung hatten, sind deren Moränen – ebenso wie die der Mindelvereisung – größtenteils eingeebnet, sie bilden die flachwellige Altmoränenlandschaft. Die Formen der letzten Eiszeit (Würmvereisung) prägen besonders im südlichen Alpenvorland die Jungmoränen-Landschaft. Drumlins und Endmoränenwälle auf der einen Seite sowie Toteis- und Gletscherzungenbecken auf der anderen Seite charakterisieren die eiszeitlichen Formen.
Ammersee, Starnberger See und Chiemsee verdanken ihre Entstehung der schürfenden Bewegung von Gletscherzungen. Flüsse aus den Alpen transportierten in der Folgezeit riesige Schuttmengen in die Seen, so daß rasch eine Verlandung sowie Niedermoor- und schließlich Hochmoorbildung einsetzte. Diese Entwicklung zeigen in unterschiedlichen Stadien zum Beispiel die Eggstädter Seen und die Kendelmühlfilzen im Bereich des Chiemsees sowie das Pfrunger Ried und das Murnauer Moos im Jungmoränenland, aber auch das Federseeried und das Wurzacher Ried im Altmoränenland.
Die Entstehung des Bodensees ist komplizierter als die der Toteis- oder Gletscherzungenseen. Zu der Schürfung durch den riß- und würmzeitlichen Rheingletschers gesellt sich das tiefe Einschneiden des Rheins und seiner Nebenflüsse sowie eine tektonische Absenkung im Bodenseeraum gegen Ende des Tertiärs. Eindrucksvoll ist das 100 bis 200 m hohe südliche Steilufer am Überlinger See zwischen Bodman und Wallhausen, welches sich unter Wasser um weitere 150 m fortsetzt.
Eine Besonderheit des Boden- und hier besonders des Untersees sind die sogenannten Schnecklisande: rundliche Kalkknollen mit wenigen Zentimetern Durchmesser, die durch Auflagern einer Kalkschicht durch kalkabscheidende Blaualgen auf Schneckenhäuser entsteht.

Allgäuer und Bayerische Alpen

Name: Alpen wahrscheinlich von keltisch alp oder alb, das »hoch« oder »Berg« bedeutet; Allgäu entstand aus Albigau = ein altdeutscher Gau.

Geographische Abgrenzung und Gliederung: Die deutschen Alpen liegen als schmaler Streifen mit maximal gut 30 km Breite (bei Oberstdorf und Berchtesgaden) an der Staatsgrenze zu Östereich und werden nach Norden vom Jungmoränen-Vorland begrenzt. Grob unterscheiden lassen sich die Allgäuer Alpen zwischen Bodensee und Lech im Westen und die Bayerischen Alpen östlich davon. Das Gesamtgebiet gliedert sich von Westen nach Osten in Allgäuer Alpen, Tannheimer Gebirge, Ammergebirge, Wettersteingebirge, Karwendelgebirge, Mangfallgebirge, Chiemgauer Alpen und Berchtesgadener Land.

Geologie und Geomorphologie: Als Teil der Nördlichen Kalkalpen umfassen die Bayerischen und Allgäuer Alpen die Molasse- und Flysch-Voralpen sowie Teile der Kalkalpen. Als Folge der Kontinent-Kollisionen von Afrika und Europa wurden im Tertiär Gesteine von Trias, Jura und Kreide verfaltet, die sich im einstigen Meeresbecken abgelagert hatten. Decken und Schubmassen gliedern die Alpen in von West nach Ost verlaufende Gebirgsgruppen.

Die westlichen Allgäuer Alpen gehören zu der Übergangszone vom Alpenvorland zu den Kalkhochalpen. Am Ifen (2230 m) und Gottesacker (1900 bis 2000 m) liegen die Kalkbänke des kreidezeitlichen Schrattenkalks über Kieselkalken und Mergeln der Drusberg-Schichten. Während hier die Dolinenlandschaft nur eine karge Almwirtschaft zwischen Wald erlaubt, geht das helvetische Schild in allen Richtungen in den Flyschmantel über. Breitach-Tal und unteres Stillach-Tal durchschneiden Flyschsedimente, die auch den Walmendinger Rücken (1993 m) aufbauen. Die sanften Grasberge geben gute Weiden ab, die von Bachtobeln tief zerschnitten werden.

Nach Süden und Osten wird das Klein-Walsertal von wuchtigen Kalkbergen des Oberostalpins der Allgäuer Decke überragt. Berge wie Bärenkopf (2080 m), Zwölferkopf (2208 m) und Alpgrundkopf (2176 m) bestehen aus gebanktem Hauptdolomit. Über Steilhängen und Schuttke-

geln liegen Gipfel und Grate, auch hier leidet die Almwirtschaft unter Wassermangel.
Weiter südwärts schließt sich als höhere Einheit die Lechtaler Decke mit Trettachspitze (2595 m) und Mädelegabel (2645 m) an. Aus dieser Deckenstirn treten die Quellen der Illerzuflüsse aus. Ihre Talwälder reichen oft bis zum Talgrund hinab. Im Talkessel von Oberstdorf vereinigen sich Breitach, Stillach und Trettach zur Iller.
Zwischen dem Lech bei Füssen und der Loisach bei Garmisch-Partenkirchen liegt mit Höhen knapp unter 2000 m das Ammergebirge, das auch als Ammergauer Alpen oder Berge bezeichnet wird. Es ist weitgehend bewaldet.
Das Wettersteingebirge als Teil der Kalkhochalpen trägt mit der Zugspitze (2963 m) den höchsten Gipfel Deutschlands. Hier vereinigen sich der Wetterstein-Hauptkamm mit dem Hochgewanner (2746 m), der Blassenkamm mit der Alpspitze (2628 m) und der Waxensteinkamm. Sie schließen die Haupttäler – das kurze, steile Höllental und das lange Reintal – ein. Über dem montanen bis subalpinen Bergwald, der bis 1800 m Höhe reicht, erheben sich die Gipfel aus Wettersteinkalk der mittleren alpinen Trias, der bis zu 1200 m mächtig ist. Das Basisgestein, der geschichtete Muschelkalk, wird meist durch Schuttmassen verdeckt, ist jedoch in der Partnachklamm aufgeschlossen. Ein Kleinkuppenrelief bilden die Hochflächen des Wettersteinkalks als Talschlüsse: Zugspitzplatt und Plattach, auch als Leutacher Platt bezeichnet. Im Nordwesten des Zugspitzplatts liegt der Nördliche Schneeferner auf einer Höhe von 2560 bis 2800 m. Er gehört gemeinsam mit dem Höllentalferner an der Nordostseite der Zugspitze zu den drei noch existierenden Gletschern der deutschen Alpen.
Der Hauptzug des Karwendelgebirges befindet sich auf östereichischem Gebiet. Es wird von Isar im Westen und Norden, Achenbach im Osten und Inn im Süden abgegrenzt und besteht aus Hauptdolomit, Plattenkalk und Wettersteinkalk.
Die Tegernseer und Schlierseer Alpen zwischen Isar und Inn werden als Mangfallgebirge zusammengefaßt. Während sie im Norden aus Flysch bestehen, werden sie im Süden von Platten- und Jurakalken sowie von Hauptdolomit aufgebaut; sie steigen bis in 1885 m Höhe an.
Die Gipfel der Chiemgauer Alpen werden von Hauptdolomit, Plattenkalk und Wettersteinkalk

aufgebaut: Dürnbachhorn, Gurnwandkopf, Hochscharten, Hochfelln und Hochgern. Längstäler bildeten sich in den Cenomanablagerungen, den Kössener Schichten und den Juragesteinen infolge stärkerer Ausräumung. Quertäler liegen in der Talflucht vom Weitsee im Seetal über das Tal des Großen Wappbachs, des Röthelmoos- und Eschelmoosbaches bis zur Weißen Ache sowie das Tal des Fischbaches. Mur- und Schwemmkegel haben postglazial im Seetraun- und Weißtrauntal den Weitsee vom Mittersee getrennt.
Das Berchtesgadener Becken bildet den Zentralraum des Berchtesgadener Landes und wird im Norden und Westen von Plateaus, im Süden von großen Gebirgsstöcken umrahmt. Der Untersberg im Norden besteht aus flachlagerndem Dachsteinkalk. Sein Plateau in 1972 m Höhe ist stark verkarstet und nur von Legföhren bestanden. Der Königssee wird an seiner Westseite von 2000 m hohen Wänden und Steilhängen des Watzmannmassivs überragt. Im Osten führen bewaldete Talflanken auf 1700 m zur Gotzenalm auf. Weiter östlich erheben sich die Hochgipfel des Hagengebirges und der Göllgruppe. Im Süden steigt das Gelände auf 2600 m zum Steinernen Meer an.
Die höheren Teile der Gipfel im Berchtesgadener Land werden von Dachsteinkalk gebildet, der über Ramsaudolomit liegt. Das Blaueis am Hochkalter ist der letzte Gletscherrest des Berchtesgadener Land. Neben den Glazialformen wie das Watzmann-Kar prägen postglaziale Formen das Gebiet. So trennte ein Bergsturz den Obersee vom Königssee. Bis in 1200 m Höhe herrscht Laubwald vor, bis 1500 m folgen Nadelwälder, darüber liegen Lärchen und Zirben. Die Baumgrenze befindet sich in 1800 m Höhe. Krummholz und Alpenmatten sind nur schwach entwickelt.

Die Biotope

Biotopgliederung

Wald- und Forstbiotope
Buchenwald
Eichen-Hainbuchen-Wald
Wärmeliebender Eichenmischwald
Schatthang- und Schluchtwald
Bachauenwald
Flußauenwald
Bruchwald
Pappelforst
Tannen- und Buchen-Tannenwald
Fichtenwald
Kiefernwald
Nadelholzforst
Kahlschlag-Flur
Jungpflanzung
Hutewald
Nieder- und Mittelwald
Plenter- und Femelwald
Altholzinsel
Tot- und Moderholz
Waldsaum

Sonstige Gehölzbiotope
Niederhecke
Mittelhecke
Hochhecke
Baumhecke
Wallhecke
Allee
Solitärbaum
Feldholzinsel
Obstwiese
Obstplantage
Kopfbaum
Gehölzbrache
Straßenrand-Pflanzung

Trockene Offenbiotope
Kalktrockenrasen
Halbtrockenrasen
Binnendüne und Sandtrockenrasen
Sandheide
Hochheide
Borstgrasrasen
Felsen
Hochwasserdamm
Bahnanlage
Sand-, Schotter- und grüner Weg
Hohlweg
Ruderalflur

Ackerbiotope
Halm- und Ölfrucht-Acker
Hackfrucht-Acker
Grünfutter-Anbaufläche
Ackerbrache
Ackerrandstreifen
Weinkultur
Weinbergbrache
Baumschule

Grünlandbiotope
Talfettwiese
Bergwiese
Fett-Viehweide
Pfeifengraswiese
Gedüngte Feuchtwiese
Feuchte Hochstaudenflur
Groß- und Kleinseggenried
Grünland-Brache

Moorbiotope
Hochmoor
Moorheide
Niedermoor
Übergangsmoor
Torfstich

Stillgewässer-Biotope
See
Weiher
Teich
Tümpel
Altwasser
Stausee
Rieselfeld und Klärteich
Schwimmpflanzen-Biotop
Röhricht
Vegetationsarmes Ufer

Fließgewässer-Biotope
Quelle
Wasserfall
Berglandbach
Flachlandbach
Fluß
Flußstaustufe
Kanal
Graben

Küstenbiotope
Sublitoral der Nord- und Ostsee
Sand- und Schlickwatt
Felsküste
Sandstrand
Steilküste
Ostsee-Strandwall
Brackwasserbiotop
Salzwiese
Deich
Eingedeichte Marsch
Küstendüne
Wanderdüne

Alpine Biotope
Subalpiner Bergwald
Latschen- und Grünerlen-Gebüsch
Zwergstrauchheide der Alpen
Almwiese und -weide
Alpiner Rasen
Felsspalten und Schuttflur

Siedlungsbiotope
Stadtkern
Geschlossene Blockbebauung
Aufgelockertes Wohngebiet
Gewerbe- und Industriegebiet
Dorfkern
Gebäude
Mauer und Ruine
Garten
Zierhecke
Rasen
Extensiv-Grünanlage
Park und Friedhof
Hof-, Dorf- und Stadtbaum
Brachland der Siedlungen
Weg
Straße und Platz
Weg- und Straßen-Begleitgrün

Abgrabungs- und Industriebiotope
Höhle und Stollen
Kies- und Tongrube
Steinbruch und Sandgrube
Braunkohle-Tagebau
Abgrabungsgewässer
Steilwand
Pioniergehölz
Industriebrache
Halde
Mülldeponie

Das Vorherrschen von Gehölzen, vor allem Bäumen, beschreibt die Wald- und Forstbiotope. Dabei wird zwischen relativ natürlichen bzw. naturnahen Waldbiotopen und den durch wirtschaftliche Nutzung daraus hervorgegangenen Forstbiotopen unterschieden. Die letztgenannten dominieren in der heutigen Kulturlandschaft, wenngleich eine strikte Trennung zwischen Wald und Forst in der Praxis schwierig ist.

Klima, Gestein und Boden, Höhenlage, Relief, Exposition und Wasserhaushalt wirken als maßgebliche Faktoren, in deren Abhängigkeit sich sehr unterschiedliche Waldtypen und -gesellschaften ausbilden. Großräumig und klimabedingt zeigen sich in Deutschland auf mittleren Standorten vor allem Buchen- und Buchenmischwälder, die zu den Edellaubwäldern zählen und – mit stark wechselnden Anteilen – von Rotbuche, Stiel- und Traubeneiche, Hainbuche, Ahorn, Esche, Linden und Ulmen gebildet werden.

In echten Urwäldern, vom Menschen weitgehend unbeeinflußt, kommen in diesen Gesellschaften zahlreiche Entwicklungsphasen des Waldes vom Anfangswald bis zur Zerfallsphase auf engem Raum nebeneinander vor. Eine mannigfaltige Gliederung in Moos-, Kraut-, Strauch- und mehrere Baumschichten bedingt dort eine hohe Zahl ökologischer Nischen. In den nach üblichen Maßstäben bewirtschafteten Forsten findet sich dagegen meist eine einzige Altersklasse nur einer oder weniger Baumarten. Altersklassenwald, Reinbestände, nicht heimische Baumarten und Beschränkung auf wenige Zuchtsorten, weitgehend fehlender Totholz-Anteil und flächige Kahlschläge markieren vorherrschende Folgen der Forstwirtschaft. Die im natürlichen Zyklus eines Waldes jungen, strauch- und baumreichen Stadien und die Altholzbestände mit reichem Totholz- und Höhlenangebot sind wirtschaftlich unerwünscht und wurden daher weitgehend zurückgedrängt. Dennoch stehen solche Forstbiotope dem Naturzustand noch wesentlich näher als etwa die intensiv genutzten Agrarbiotope mit viel kürzeren Nutzungsintervallen.

Neben den klimabedingten Waldgesellschaften finden sich auf Sonderstandorten vor allem bodenkundlich bedingt andere Gesellschaften: Feuchtwälder in den Bach- und Flußauen, Mulden und Verebnungen mit erhöhtem Wasserangebot, Moorrandwälder, Schlucht- und Schatthangwälder in schattigen Lagen, Blockschuttwälder auf an Steinblöcken reichen Hängen, wärmeliebende Buchen- und Eichenmisch-, Kiefern- und Dünenwälder auf flachgründigen, mehr oder weniger stark der Sonne ausgesetzten und trockenen Böden usw.

Für den Naturschutz besitzen neben Urwald-Zellen ohne jegliches forstwirtschaftliches Eingreifen vor allem noch naturnah erhaltene Waldgesellschaften an ihrem natürlichen Standort, die auf Sonderstandorten gedeihenden Feucht-, Trocken- und Schatthangwälder und schließlich historische Waldnutzungsformen (etwa Niederwälder) besondere Bedeutung. Ferner dürfen im Wald vorhandene Klein- und Sonderbiotope nicht vergessen werden: Quellen und Fließgewässer, Kleingewässer, Höhlen, Felsen, steile Böschungen, Totholz und andere.

Auch forstwirtschaftlich intensiv genutzte Bereiche erfüllen wichtige ökologische Funktionen. Sie tragen zur Grundwasser-Neubildung bei und verhindern die Erosion des Bodens auch in sehr steilen Lagen. Waldböden werden in der Regel nicht gedüngt, so daß im Ökosystem Wald – abgesehen vom düngenden Schadstoff-Eintrag über die Luft – Lebensräume und Grundwasser weniger nährstoffüberlastet sind als beispielsweise viele Agrarbiotope.

Als generelle Gefährdungen für Wald- und Forstbiotope sind zu nennen:

- forstwirtschaftliche Nutzung in unterschiedlicher Intensität,
- Eintrag von Luftschadstoffen mit Folgen wie Waldsterben, Bodenversauerung und Schwermetall-Freisetzung sowie Schäden an Bodenleben und Krautvegetation,
- Wegeerschließung und Straßenbau,
- Verbiß junger Gehölze durch überhöhte Wildbestände.

Die Gliederung der Wald- und Forstbiotope richtet sich stark nach vegetationskundlichen Gesichtspunkten. Das erscheint gerechtfertigt, weil Bäume die Wald- und Forstbiotope maßgeblich aufbauen. Neben den flächig entwickelten Wald- und Forstbiotopen werden abschließend bedeutsame Einzelstrukturen dieser Biotopgruppe wie Altholzinseln, Totholz und Waldsäume besprochen.

Buchenwald

Kennzeichen: Von der stets vorherrschenden Rotbuche gebildete, meist straucharme und hochwüchsige Hallenwälder. Sie gedeihen auf fast allen, mehr oder weniger frischen Waldböden, jedoch in verschiedenen Ausprägungen dreier Hauptgruppen:

- Hainsimsen- oder Moder-Buchenwälder auf ärmeren Braun- und Parabraunerden mit artenarmer Krautflora, vor allem Hainsimse;
- Waldmeister- und Perlgras- oder Mull-Buchenwälder auf Braun- und Parabraunerden mit mittlerer und guter Basenversorgung, folglich auch mit reicherer Krautflora;
- Orchideen- oder Trocken-Buchenwälder auf kalkreichen Böden, meist in (trockener) Hanglage mit auffallend vielen Seggen sowie unter Umständen mehreren Orchideenarten.

Vorkommen: In allen Landschaften vom Flachland bis in die hohen Mittelgebirge. Ausbildung der verschiedenen Typen je nach anstehendem Gestein und Böden, Orchideen-Buchenwälder zum Beispiel sind auf die Kalkgebiete (besonders Süddeutschland) beschränkt. Mull-Buchenwälder vorwiegend im Berg- und Hügelland, Moder-Buchenwälder meist über 200 m Meereshöhe (darunter oft ohne Hainsimse).

Entstehung: Natürliche Waldgesellschaften auf mittleren bis trockeneren Standorten als Endstadium der Sukzession.

Bedeutung: Lebensraum ehemals weit verbreiteter Waldarten, in mitteleuropäischen Buchenwäldern knapp 7000 Tierarten. Floristisch sind die Mull- und besonders Orchideen-Buchenwälder bedeutsam. Typische Fauna mit Waldlaubsänger, Nagelfleck, dem Zahnspinner *Ochrostigma melagona*, an Rotbuche gebundenen Käferarten der Schnell-, Pracht-, Hirsch- und Bockkäfer. Im Buchenlaub am Boden Kurzflügelkäfer wie *Lathrobium testaceum*. In Moderbuchenwäldern typische Rüsselkäfer, in Kalkbuchenwäldern Glanzkäfer und andere. Alte Buchenbestände als Brutrevier für Schwarzspecht und ihm nachfolgende Höhlenbrüter (Hohltaube, Rauhfußkauz, Baumfledermäuse).

Gefährdung: Forstwirtschaft, besonders Nutzungsintensivierung, Einschlag alter Bestände und Umwandlung in Nadelholz-Kulturen.

Schutz: Naturwaldreservate ohne Nutzung, Altholzinseln mit verzögerter Endnutzung.

Eichen-Hainbuchen-Wald

Kennzeichen: Von Stieleiche und Hainbuche, teilweise auch Traubeneiche und anderen Bäumen gebildete Laubmischwälder mit mehr oder minder reicher Krautschicht. Von Bedeutung sind vor allem

- ▸ Waldlabkraut-Eichen-Hainbuchen-Wälder in subkontinentalem Klima mit relativ trockenen und warmen Sommern;
- ▸ Sternmieren-Eichen-Hainbuchen-Wälder in kühlerem und stärker ozeanisch beeinflußtem Klima.

Bodeneigenschaften und Höhenlage bewirken weitere Differenzierungen. Häufig durch Staunässe beeinflußt (Pseudogleye und mindestens in tiefen Horizonten vergleyte Böden); in vielen Eichen-Hainbuchen-Wäldern staut sich das Regenwasser über verfestigtem Untergrund, so daß ihr Boden im Winter naß, im Sommer durch Verdunstung aufgrund fehlender Wassernachlieferung aus tieferen Bodenhorizonten dagegen trocken ist. Früher oft als Nieder- oder Mittelwald bewirtschaftet, womit die Hainbuche begünstigt wurde.

Vorkommen: Im Flach- und Hügelland, im allgemeinen bis maximal 600 m Meereshöhe. An Standorten, wo die Rotbuche weniger konkurrenzstark ist, namentlich warm-trockenen und feuchten bis nassen Orten.

Entstehung: Natürlich als Klimaxgesellschaft auf den genannten Standorten. Auch durch Degradierung ehemaliger Buchenwälder.

Bedeutung: Relativ artenreiche Krautschicht zum Beispiel mit Sternmiere, Maiglöckchen, Waldveilchen, Weißwurz, Buschwindröschen, Goldnessel, Hainrispen- und Flattergras; viele Frühlingsgeophyten. Faunistisch gelten Eichen als die artenreichste Pflanzengruppe mit phytophagen (pflanzenfressenden) Tieren. Spezialisten sind beispielsweise Eichenwickler, Eichenkarmin, Goldafter und Käfer, deren Larven sich im Stamm der Eiche entwickeln (Großer Eichenbock, Rothals-Blütenwalzenkäfer, Großer Goldkäfer, verschiedene Prachtkäfer). In älteren Eichenbeständen Hauptvorkommen des Mittelspechts. Artenreiche Vogelfauna.

Gefährdung: Umbau in Nadelholzforste, allgemein forstliche Maßnahmen.

Schutz: Belassen von stehendem und liegendem Totholz, Naturwaldreservate.

Wärmeliebender Eichenmischwald

Kennzeichen: Auf warm-trockene, flachgründige Sonderstandorte beschränkte Eichenmischwälder, häufig in sonnenexponierter Hanglange. Vorkommen von Stiel-, Trauben- und Flaumeiche möglich. Weitere bestandsbildende Bäume können Hainbuche, Waldkiefer, Rotbuche, Feldahorn, Winterlinde und andere sein. An jeweils andere Standorte gebundene Typen wie:

- Buchsbaum-Flaumeichenwald als submediterrane Gesellschaft;
- Felsenahorn-Traubeneichen-Mischwald mit ebenso submediterraner Verbreitung;
- Fingerkraut-Kiefern-Eichenmischwald als subkontinentale Gesellschaft auf Sand in ebener oder leicht geneigter Lage;
- Eichen-Elsbeeren-Wald auf Kalkhängen der Mittelgebirge.

Vorkommen: Lokal begrenzt, selten. Die submediterranen Gesellschaften auf Wärmeinseln im Nahebergland und Moseltal, am Mittel- und Oberrhein (Grenzach).
Entstehung: Vermutlich überwiegend Endstadien der Sukzession, teilweise im Grenzbereich möglichen Baumwachstums. Bestimmend für ihre Entstehung wirken Exposition, Klima und/oder Gestein/Boden. Buchsbaum-Flaumeichenwald und Felsenahorn-Traubeneichen-Mischwald wurden vielfach als Niederwald genutzt.
Bedeutung: Seltene Vegetationsform mit artenreicher Krautschicht, zum Beispiel Pfirsichblättrige Glockenblume, Purpurblaue Steinsame, Hasenohr, Leberblümchen, Frühlingsplatterbse, Bingelkraut, Türkenbund, Salomonsiegel, Stinkende Nieswurz. Aufgrund früherer Waldrodung teilweise im Verbund mit Magerrasen und entsprechenden Artvorkommen. Flora und Fauna reich an seltenen Arten, häufig biogeographische Besonderheiten an Verbreitungsgrenzen.
Typische Tierarten zum Beispiel Malvenfalter, Großer und Kleiner Waldportier, Blauschwarzer Eisvogel, Dornschrecke, Aeskulap- und Schlingnatter, Smaragd- und Zauneidechse.
Gefährdung: Rodung zugunsten Nadelholz- oder Weinbaukulturen oder Umbau in Hochwald.
Schutz: Bedingungsloser Erhalt, zum Teil Aufrechterhalten der Niederwald-Nutzung.

Schatthang- und Schluchtwald

Kennzeichen: An nordwest- bis ostgerichteten Steilhängen, am schattigen Hangfuß und in steilen Schluchten stockende, ausgesprochen hoch- und starkwüchsige Ahorn-Eschenwälder. Baumschicht aufgebaut durch Bergahorn und Esche, teils gemeinsam mit Bergulme, Spitzahorn und Sommerlinde. Auf stark humosen, meist basen- und nährstoffreichen und mehr oder minder stark von Niederschlags-, Bach-, Quell- oder Hangdruckwasser durchrieselten Böden. Häufig treten infolge der Durchfeuchtung Hangrutschungen auf.
Hohe biologische Aktivität (reiches Bodenleben) in den oberen Bodenhorizonten. Schatthang- und Schluchtwälder sind die Waldgesellschaft mit dem höchsten Nitrat-Angebot außerhalb der Flußauen.
Vorkommen: Vorwiegend in den Mittelgebirgen und im Alpenraum an nördlichen Hängen und in nördlich ausgerichteten Schluchten mit hoher Luftfeuchtigkeit. Im allgemeinen zwischen 200 und 1250 m Höhe über dem Meeresspiegel. In aller Regel nur kleinräumige Ausdehnung, da auf entsprechende Sonderstandorte beschränkt.
Entstehung: Natürliche Waldgesellschaften auf den genannten schattigen, meist in nördliche oder östliche Richtungen exponierten Standorten.
Bedeutung: Üppige Krautschicht mit Silberblatt, Christophskraut, Hirschzunge, Stacheligem Schildfarn, Springschaumkraut, Waldbingelkraut, Waldgeisbart, Wurm- und Frauenfarn. Floristisch und faunistisch mit zahlreichen feuchteliebenden (hygrophilen) Arten ausgesprochen schutzwürdig. Großer Moosreichtum. Als Spezialist zum Beispiel der Weberknecht *Gyas titanus*. Im Schwarzwald wichtiger Teillebensraum des Haselhuhns.
Gefährdung: Einschlag im Rahmen forstlicher Nutzung, Entwässerung und Wegebau, auch wenn diese nur im Umfeld durchgeführt werden.
Schutz: Erhalt einer Dauerbestockung, d. h. – wenn überhaupt – nur einzelstammweise Nutzung. Verhindern aller nachteiligen Eingriffe vor allem in den Wasserhaushalt auch auf umgebenden Flächen. Ausweisung von Naturwaldzellen.

Bachauenwald

Kennzeichen: Bachbegleitende, oft als Galeriewald ausgebildete Auenwälder aus Schwarzerle und/oder Esche. Zeitweilige Überschwemmungen mit hohem Grundwasserstand im Winter und Frühjahr, aber unter Umständen längeren Trockenperioden im Spätsommer und Herbst. Natürlich gedüngt durch Nährsalze und Sinkstoffe, welche bei Überschwemmung herantransportiert werden. Rasche Mineralisation der Treibsel, somit extrem stickstoffreiche Standorte. Talgrund häufig von Quellhorizonten begleitet. Haupttypen:

- Hainmieren-Schwarzerlenwald auf nährstoffreichen Auenböden schnellfließender Bäche, meist nur wenige Meter breit, in 80 bis 750 m Höhe;
- Traubenkirschen- oder Schwarzerlen-Eschenwald der Tieflagen auf vernäßten Standorten ohne Bindung an Auen, auf Gleyböden (langsam fließendes Grundwasser);
- Bach-Erlen-Eschenwald oder Eschen-Bachrinnenwald im Flachland bis in den submontanen Bereich als (sub)atlantische Gesellschaft, oft in schmalen Kerbtälern, mit Grund- und/oder Quellwasser.

Vorkommen: Insbesondere an den Ufern kleinerer Mittelgebirgsbäche.

Entstehung: Natürliche Waldgesellschaft im periodischen Überschwemmungsbereich der Bäche. Bedingung ist eine wenigstens schmale Talverebnung am Bachufer. In tief und steil eingeschnittenen Kerbtälern keine Auen-, sondern Schluchtwälder.

Bedeutung: Selten gewordener, in Fragmente zersplitterter Lebensraum für eine charakteristische Flora und Fauna. Typische Pflanzen zum Beispiel Hainsternmiere, Waldziest, Giersch, Springkraut, Winkelsegge und Milzkraut; als Tiere verschiedene auf die Schwarzerle spezialisierte Insektenarten, bei Totholzanteil Kleinspecht und Weidenmeise. Häufig als Wildeinstand genutzt.

Gefährdung: Rodung, Entwässern und Grundwasser-Absenkungen, Pappel- und Grauerlen-Pflanzungen.

Schutz: Sicherung vor Gefährdungsfaktoren, besonders Eingriffen in den Wasserhaushalt; bei forstlicher Nutzung Verzicht auf Kahlschlag. Neuanlage auf geeigneten Uferrandstreifen.

Flußauenwald

Kennzeichen: Durch die Dynamik der Flüsse und Ströme geprägte Wälder im Überflutungsbereich. Je nach Höhe über der Mittelwasserlinie Unterscheidung von

- Weichholzauen mit Silberweiden- und Bruchweiden-Auenwald, etwa 0,5 bis 1,5 m über dem mittleren Wasserstand liegend,
- Hartholzauen mit Stieleichen-Ulmen-Auenwäldern, 1,5 m und höher über dem Mittelwasserpegel gelegen.

Im Alpen- und Voralpenraum auch Lavendelweiden-Gebüsche, Schneeheide-Kiefernwald und Grauerlen-Auenwald.

Meist auf fruchtbarem Hochflutlehm, starke Schwankungen des Grundwasserspiegels, oft mit Tümpeln, Altwässern und Brennen (Trokkenstandorte über Schotter). Große Strukturvielfalt, besonders wertvoll mit Totholz.

Vorkommen: Meist nur noch fragmentarisch und galerieartig an Flüssen und Strömen der Alpen, der Mittelgebirge, des Hügellandes und der Ebene. Wichtige Restflächen zum Beispiel an Oberrhein und bayerischer Donau.

Entstehung: Natürliche Waldgesellschaften auf Standorten, die aufgrund der Überflutung für andere Wälder nicht besiedelbar sind.

Bedeutung: Viele seltene Pflanzen, etwa Orchideen und Wildrebe. Bis zu zehn große Baumarten, mehr als 20 Straucharten und in verschiedenen Teilbiotopen weit über 500 Kraut- und Grasarten bedingen auch eine ausgesprochen hohe faunistische Vielfalt, zum Beispiel Lauf-, Blatt- und Bockkäfer, Spinnen, Schmetterlinge und Ringelnatter.

Die Strukturvielfalt mit Kleingewässern, Totholz und vielschichtigem Waldaufbau bedingt zahlreiche ökologische Nischen. Artenreiche Vogelwelt, so in den Donauauen von Ingolstadt 135 Brutvogelarten.

Gefährdung: Bestände extrem zurückgedrängt und weiterhin gefährdet durch Flußregulierungen und Wasserbau allgemein mit Einengung der Überflutungsbereiche, land- und forstwirtschaftlicher Nutzung (besonders Pappelanbau), Entwässerung und Verfüllen von Kleingewässern, Kiesabbau und Erholungsnutzung.

Schutz: Erhalt und weitestmögliche Regeneration von Auenwäldern, Verzicht auf alle Nutzungen.

Bruchwald

Kennzeichen: Naßwälder mit an oder nahe unter der Oberfläche liegendem Grundwasserspiegel. Von Auenwäldern unterschieden durch gleichmäßig hohen Grundwasserstand, Überschwemmung nur bei der Schneeschmelze und dann ohne natürliche Düngung und Sedimentation, Existenz von mindestens 10 bis 20 cm starkem Bruchwaldtorf.

Vegetationskundlich lassen sich zwei Bruchwald-Typen unterscheiden:

- Schwarzerlenbrücher mit Walzen- oder Moorsegge (letztere atlantisch), Schwarzer Johannisbeere, Bittersüßem Nachtschatten und Wolfstrapp; als Vorgesellschaft Weiden-Faulbaum-Gebüsche;
- Birken-, Kiefern- und Fichtenbrücher auf basenarmen Standorten, wo die Schwarzerle zu konkurrenzschwach ist; im Nordwesten mit Moorbirke, im kontinentalen Osten mit Kiefer, im Gebirge teils zusätzlich mit Fichte.

Durch zahlreiche Übergänge mit anderen Feuchtwäldern verbunden, besonders Bachauenwald mit stagnierendem Grundwasser.

Vorkommen: Vor allem im Tiefland bis 300 m Meereshöhe, im Hügelland nur noch zerstreut, im Voralpenraum Fichtenbrücher. Wichtige Vorkommen in Urstromtälern, zum Beispiel in Schleswig-Holstein. Auch an Moorrändern kann Bruchwald entstehen.

Entstehung: Teils als Endstadium der Verlandung eines nährstoffreicheren Sees, teils infolge Ansteigen des Grundwasserspiegels. In abflußgehemmter Lage, bei hoch anstehendem Grundwasser oder an Quellaustritten.

Bedeutung: Hochgradig bedrohte Lebensgemeinschaften mit Spezialisten, etwa den Spinnen *Dolomedes fimbriatus*, *Pachygnatha listeria* und *Tetragnatha nigrita*, auf Erlen spezialisierte Pflanzenfresser (Blattkäfer, Schmetterlinge). Bruchwälder sind gleichermaßen floristisch reichhaltige Biotope. Schutzwürdig ebenso auch als Vorkommen selten gewordener Bodentypen.

Gefährdung: Entwässerung, Dammbauten, Rodung, Teichanlagen, forstliche oder landwirtschaftliche Nutzung.

Schutz: Erhaltung des hohen Grundwasserstands, Sicherung aller Restflächen unter Ausschluß jeder Nutzung.

Pappelforst

Kennzeichen: Meist aus Pappel-Zuchtformen bestehende, in Reih und Glied gepflanzte Forsten auf nassen bis feuchten Standorten. Häufig wurden Hybriden kanadischer Pappeln gepflanzt. Rasch wüchsige Bestände, die stets relativ viel Licht bis zum Boden durchlassen und daher einer üppigen Krautschicht Entfaltungsmöglichkeit geben; sofern vorher als Grünland genutzt, können sich daher nach Aufforstung teilweise auch ansich typische Wiesen- und Weidearten halten.

Vorkommen: Vielerorts auf nassen Grenzertragsstandorten, auf denen Grünland-Nutzung schwierig ist und Erlenwälder wenig Ertrag abwerfen. Besonders in Bach- und Flußauen hat man Pappelkulturen als Ersatz für Bruch- und Auenwälder angelegt.

Entstehung: Durch Aufforstung, besonders in den 50er Jahren; aufgrund der hohen Verdunstungsrate über die Blattspaltöffnungen gern zur Austrocknung nasser Böden gepflanzt. Schwarz- und Silberpappeln kommen natürlicherweise nur lokal vor allem an Rhein, Oder und Donau in Flußauenwäldern vor.

Bedeutung: Die Anlage von Pappelforsten muß stets als negativer Eingriff gewertet werden und ist daher abzulehnen. Baumschicht allenfalls für wenige Tierarten wie Wacholderdrossel und Kleinspecht als Teillebensraum von Bedeutung. Je nach Umfang der Entwässerung können in der Strauch- und Krautschicht Relikte früherer Feuchtwald- oder Feuchtwiesen-Gesellschaften erhalten bleiben. Für Grasfrosch und andere Amphibien unter Umständen wichtige Landlebensräume, bei Vorhandensein von Kleingewässern auch als Laichbiotop. Diese Funktionen übernehmen jedoch auch naturnähere Forsten und Wälder.

Gefährdung: Entfällt.

Schutz: Pappelforsten sind nur dann besonders schutzwürdig, wenn sie Lebensraum bedrohter Tier- oder Pflanzenarten sind. Stets sollten sie langfristig in standortgemäßere Auen- oder Bruchwälder mit Schwarzerle, Esche und anderen Baumarten umgewandelt werden. Nach Holzeinschlag können sie versuchsweise auch der natürlichen Sukzession überlassen bleiben.

Tannen- und Buchen-Tannenwald

Kennzeichen: Von der Weißtanne beherrschte Nadelwälder, häufiger in Mischbeständen mit der Rotbuche, zum Teil aber mit Fichte oder Kiefer. Die Tanne kann Höhen bis über 50 m erreichen. Charakteristisch ist neben der Weißtanne das Rundblättrige Labkraut. Floristisch mannigfaltige Typen, in Baden-Württemberg:

- ▸ Beerstrauch- und Waldsimsen-Tannenwald mit Heidel- und Preiselbeere sowie Wiesenwachtelweizen bzw. Hainsimse, Rippenfarn und teils Stechpalme;
- ▸ Labkraut-Tannenwald mit Rundblättrigem Labkraut, Schwarzer Heckenkirsche und Wald-Wachtelweizen;
- ▸ Tannenmischwald auf Kalk mit Arten wie vor, zusätzlich Frühlingsplatterbse, Seidelbast, Haselwurz und Fingersegge;
- ▸ Hainsimsen-Tannen-Buchenwald auf ärmeren Standorten mit Fichte, Hainsimsen, Heidelbeere und Farnen;
- ▸ Waldmeister- und Waldschwingel-Tannen-Buchenwald, ähnlich dem Waldmeister-Buchenwald.

Saurer Auflagehumus durch Nadelstreu und vermoderndes Holz. Üppige Moosflora.

Vorkommen: Natürlich vor allem im Alpenraum; ferner in süddeutschen Mittelgebirgen wie Schwarzwald, östliches Schwarzwald-Vorland, Südwest-Alb, voralpines Hügelland, Schwäbisch-Fränkischer Wald, zum Teil Fränkisches Keuper- und Liasland und Bayerischer Wald, Frankenwald, Fichtelgebirge, Thüringer Wald, Erzgebirge, Sächsisches Hügelland und Lausitz. Auch außerhalb dieser Gebiete gepflanzte Tannenforsten.

Entstehung: Als Endstadium der Sukzession auf den beschriebenen Standorten, jedoch durch Forstwirtschaft verändert.

Bedeutung: Verschiedene spezialisierte Tier- und Pflanzenarten, alle naturnahen Typen wertvoll. Wichtige Vögel zum Beispiel Rauhfuß- und Sperlingskauz, Zitronengirlitz, Waldschnepfe, Auerhuhn.

Gefährdung: Besonders stark durch Luftschadstoffe betroffen; weitgehend durch Fichtenforste ersetzt.

Schutz: Erhaltung und Neuanlage vielfältiger Tannen-(Misch-)Wälder, Reduktion forstlicher Nutzung, Verbessern der Luftqualität.

Fichtenwald

Kennzeichen: Vorwiegend oder ausschließlich von der Fichte aufgebaute Nadelwälder. Von Natur aus nur im Alpenraum und wenigen Mittelgebirgen. Stark saure Böden infolge der Nadelstreu. Pflanzensoziologisch sind montane und subalpine Fichtenwälder zu unterscheiden, wobei die ersten artenreicher sind. Deutlich getrennt werden müssen die heute verbreiteten naturfernen Fichtenforsten (siehe Nadelholzforsten, → S. 142).

Vorkomen: Natürlich oberhalb von 800 bis 900 m Höhe in der subalpinen Stufe, und zwar in Schwarzwald, Schwäbischer Alb, Bayerischer Wald, Thüringer Wald, Harz, Erzgebirge, Sächsischem Hügelland, Lausitz, Alpenvorland und Alpen bis 1900 m Höhe. Auch auf Sonderstandorten wie Blockhalden und Hochmoorrändern sowie in Kaltlufttälern. Gepflanzte Fichtenforsten sind dagegen in den meisten Landschaften weit verbreitet.

Entstehung: Als natürliche Waldgesellschaft nur in den genannten Landschaften, wo die Konkurrenzkraft der Rotbuche nachläßt. Heutige Vorkommen sind forstwirtschaftlich in aller Regel stark verändert.

Bedeutung: Im Berg-Fichtenwald sind Wolliges Reitgras, Dreilappiges Peitschenmoos, Wellenblättriges Schiefbüchsenmoos und Heidelbeere charakteristisch; im subalpinen Fichtenwald als wichtige Arten Sauerklee, Heidel- und Preiselbeere und Wolliges Reitgras. Naturnahe Fichtenwälder bieten aufgrund ihrer höheren Strukturvielfalt sehr viel mehr Pflanzen- und besonders Tierarten Lebensraum. Spezialisiert sind zum Beispiel Sommer- und Wintergoldhähnchen, Hauben- und Tannenmeise, Fichtenkreuzschnabel und Fichtengallwespe.

Gefährdung: Forstwirtschaftliche Nutzung und Umwandlung in Kunstforsten. Die Reliktvorkommen gerade in den Mittelgebirgs-Hochlagen sind stark vom Waldsterben betroffen.

Schutz: Erhalt aller Reste naturnaher Fichtenwälder unter Hintanstellen wirtschaftlicher Ansprüche; Versuch der Neuschaffung naturnaher Bestände.

Kiefernwald

Kennzeichen: Durch Bodenverhältnisse, Exposition und/oder Klima bedingte Wälder mit Vorherrschen der Wald- oder der Bergkiefer, in sehr verschiedenen Formen:

- ▸ Kiefernmoorwälder an Hochmoorrändern und in Waldhochmooren in subkontinentalem Klima;
- ▸ Dünen-Kiefernwälder als Endstadium der Sukzession auf Dünen;
- ▸ bodensaure Sandkiefernwälder;
- ▸ Schneeheide-Kiefernwälder auf meist kalkigen Trockenhängen der Alpen und vereinzelt der Mittelgebirge;
- ▸ Pfeifengras-Kiefernwälder auf wechseltrockenen Mergelhängen in (sub)montanen Bereichen nahe der Alpen.

Auch hier sind die künstlichen und völlig andersartigen Kiefernforsten bewußt ausgeklammert (siehe Nadelholzforsten → S. 142).

Vorkommen: Auf den angedeuteten Sonderstandorten – zum Beispiel auf Moorstandorten im ostholsteinischen und mecklenburgischen Raum, bewaldeten Dünen und anderen Sandbereiche in Norddeutschem Flachland, Niederrheinischem Tiefland, Nürnberger Becken und Brandenburg, auf mehr oder minder trockenen Hängen am (Vor-)Alpenraum.

Entstehung: Überwiegend Endstadium der Sukzession auf den genannten Sonderstandorten.

Bedeutung: Reiche Flora und Fauna besonders in lichten, warm-trockenen Kiefernwäldern, die oft mit Magerrasen verbunden sind; viele Totholz-Bewohner, da meist nicht genutzt. Typische Vögel Ziegenmelker, Heidelerche und Brachpieper, als Reptilien Aeskulap- und Schlingnatter, Smaragd- und Zauneidechse; im Alpenraum Dreizehenspecht. Viele wärmeliebende Insekten, rund 160 Arten Mitteleuropas sind auf die Kiefer spezialisiert.

Kiefernbestandene Waldhochmoore mit ebenso seltener, völlig andersartiger Fauna; Brutgebiet für den Kranich.

Gefährdung: Zerstörung durch Sandabbau, Siedlungen und Verkehr in den Flachlandgebieten. Teilweise Gefahren durch Neuaufforstung und forstliche Nutzung.

Schutz: Vollschutz ohne Bewirtschaftung, Verzicht auf konkurrierende Nutzungen.

Nadelholzforst

Kennzeichen: Im Bestreben zu höchstmöglichen Holzerträgen angelegte Kunstforsten aus meist nur einer Baumart, vor allem Fichte, aber auch Tanne, Douglasie, Kiefer, Lärche und anderen. Völlig gleichförmiger Aufbau aus gleichalten, dicht gepflanzten Bäumen, so daß eine krautige Bodenvegetation weitgehend oder völlig (Fichtenforste) fehlt. Häufig außerhalb der natürlichen Vorkommensgebiete angepflanzt, was ganz besonders für die Fichte gilt, die heute in fast allen Landschaften zu den wichtigsten Forstbäumen gehört.
Durch die Nadelstreu versauernde Böden, in erster Linie auf ohnehin sauren, schwach gepufferten Böden, so daß an Standorten ehemaliger Nadenholzforsten unter Umständen keine Laubbäume mehr gedeihen. Somit stark nachteilige Auswirkungen auf den Boden und durch Versauerung (im Extremfall Freisetzung gebundener Schwermetalle) auf angrenzende Lebensräume wie Quellbiotope, Fließgewässer und ähnliche.
Vorkommen: In allen Landschaften weit verbreitet; besonders die waldreichen Mittelgebirge leiden unter der »Auffichtung« oft riesiger Flächen. Viele magere Heide- und Sandflächen im Norddeutschen Flachland – meist ehemalige Allmende, die gemeinschaftlich extensiv beweidet wurde – wurden mit Kiefern aufgeforstet.
Entstehung: Durch forstwirtschaftliche Tätigkeit des Menschen begründet.
Bedeutung: Generell gegenüber naturnahen Nadelwäldern der zuvor beschriebenen Typen drastisch verringerte Bedeutung für Pflanzen und Tiere. Bodenvegetation weitgehend reduziert. Nur wenige angepaßte Tierarten wie Fichtengallwespe, Borkenkäfer-Arten, Waldohreule (besonders als winterlicher Ruheplatz), Sommer- und Wintergoldhähnchen, Hauben- und Tannenmeise sowie Fichtenkreuzschnabel.
Gefährdung: Wirtschaftliche Risiken durch Immissionen, Orkane, Schnee- und Eisbruch, Borkenkäfer und Pilzinfektionen.
Schutz: Nicht erforderlich, allenfalls gegenüber stärker umweltbelastenden Folgenutzungen wie Straßen, Industrieflächen usw. Generell Verminderung der Immissions-Belastungen.

Kahlschlag-Flur

Kennzeichen: Nach dem vollständigen Einschlag einer Forstfläche entstehende Staudenfluren mit anfangs krautigen Pflanzenarten, später auch Gehölzen. Vegetationskundlich drei Verbände:

- ▸ bodensaure Weidenröschen-Schlagfluren mit Rotem Fingerhut, Waldgreiskraut, Waldweidenröschen, Rotem Straußgras und Drahtschmiele;
- ▸ Tollkirschen- und Hainkletten-Schläge mit dichten Gestrüppen;
- ▸ Holunder-Salweiden-Schlaggebüsche in über 300 m Höhe mit Traubenholunder und Fuchs-Kreuzkraut oder einem Gestrüpp der Angenehmen Brombeere sowie weiteren Gehölzen. Im Unterschied zu Lichtungen im Naturwald fehlt Totholz weitgehend, sie sind viel großflächiger. Durch starke Sonneneinstrahlung rasche Humuszersetzung, hohes Nährstoff-Angebot.

Vorkommen: Weit verbreitet, in allen Nadelholz-Forstgebieten mit konventionell betriebener Kahlschlag-Wirtschaft.

Entstehung: Durch Kahlhieb im Zuge der Endnutzung von Forstbeständen, insbesondere Nadelholzkulturen. Ähnliche Schlagfluren können auch auf Windwurfflächen oder nach Waldbränden entstehen. In Urwäldern lokal und kleinflächig durch den Zusammenbruch von Altholz bedingt.

Bedeutung: Für Flora und Fauna der Wälder negativ, für manche nicht waldtypische Arten positiv. Echte Waldarten verschwinden durch den Kahlhieb sofort, unter den Vögeln besonders Waldarten der Greifvögel, Eulen und Spechte. Stattdessen breiten sich Arten des Offenlandes und der Waldränder aus (Verdrängung des Rauhfußkauzes durch den Waldkauz). Neu können sich etwa Ziegenmelker, Heidelerche, Gartenrotschwanz, Goldammer und Feldschwirl ansiedeln. Besonders sandige Schläge sind sehr reich an Wildbienen (91 Arten auf einem Kahlschlag in Schleswig-Holstein).

Gefährdung: Entfällt.

Schutz: In Einzelfällen kann die Erhaltung einer Kahlschlagsfläche aus Gründen des Artenschutzes geboten sein. Im Normalfall überwiegen aus Naturschutzsicht jedoch die negativen Auswirkungen auf Lebensgemeinschaften der Wälder und Forsten, die Kahlschlagwirtschaft sollte daher langfristig aufgegeben werden.

Jungpflanzung

Kennzeichen: Durch Aufforstungen oder Naturverjüngung im Rahmen der forstwirtschaftlichen Nutzung angelegte Jungpflanzen-Bestände mit meist nur einer Forstbaumart (Rotbuche, Fichte usw.) mit gleichmäßigen Pflanzabständen in Reihen und gleichem Alter der Gehölze. Je nach forstlichem Pflegezustand durchsetzt mit Altgrasbeständen, Resten der vorher entwickelten Kahlschlag-Fluren (→ S. 143) und konkurrierenden, angesamten Pioniergehölzen wie Hängebirke, Salweide und Zitterpappel.

Vorkommen: Weit verbreitet, in allen Forstgebieten mit konventionell betriebener Kahlschlag-Wirtschaft, die Neuaufforstungen erfordert.

Entstehung: Durch Pflanzung oder mittels Naturverjüngung, wobei der Schirmbestand nach erfolgter Verjüngung eingeschlagen wird.

Bedeutung: In manchen Stadien relativ vogelreich; zeitweise Brutgebiet für Vogelarten der Hecken und Gehölzbiotope der offenen Landschaft, Fichtenschonungen zum Beispiel für Feldschwirl, Goldammer, Klappergrasmücke, Heckenbraunelle, Zaunkönig und Neuntöter. Die Bedeutung steigt mit wachsendem Strukturreichtum durch natürlich vorkommende Gehölze, die mit den Nutzholz-Jungpflanzen konkurrieren. Je ungepflegter eine Kultur, desto reicher an Strukturen und faunistisch desto artenreicher wird sie sein. Allerdings handelt es sich nur um kurzzeitig bestehende Lebensräume und -gemeinschaften, die sich binnen weniger Jahre durch den Wandel zu waldartigen Beständen stark verändern bzw. ganz verschwinden.

Gefährdung: Die Bedeutung zum Beispiel für Vögel der Lichtungen wird durch intensive forstliche Pflege gemindert.

Schutz: Trotz einzelner wichtiger Artenvorkommen (Vögel) bilden Jungpflanzungen keinen an sich schutzwürdigen Lebensraum. Als Folgeprodukt der Kahlschlagwirtschaft mit negativen Auswirkungen auf die wald- oder forsttypische Flora und Fauna eher negativ zu bewerten.

Hutewald

Kennzeichen: Parkartig lichte, weiträumig von einzeln oder truppweise stehenden, breitkronigen Bäumen bestandene Weidewälder, auch als Hudewälder oder Schachten bezeichnet. In Lichtungen oft magerrasenartiger Bewuchs. Baumbestand je nach früherer Weideintensität auf den Flächen mehr oder weniger dicht, vor allem aus Eichen, Buchen, Ahorn, Kiefern, im Gebirge auch Fichten oder Lärchen gebildet. Zum Teil mit Wacholder-Sträuchern. Reiche Bodenvegetation, von üblichen Forsten stark abweichendes Kleinklima mit teils hohen Maximaltemperaturen.
Vorkommen: Heute nur noch lokal und meist kleinflächig, etwas häufiger noch zum Beispiel auf der Schwäbischen Alb. Dort auch der Typ der Holzwiesen, Hardte und Mähder.
Entstehung: Infolge der in früheren Jahrhunderten weit verbreiteten Waldweide durch Rinder, Schweine, Pferde, Schafe und Ziegen entstehende Degradationsformen des Waldes. Das Vieh wurde in die Wälder getrieben; die Schweinemast erfolgte praktisch ausschließlich in (Eichen-)Wäldern. Die Bäume lieferten Futter (Früchte, Laubheu), Schatten und Holz. Die Holzwiesen der Alb wurden gemäht und teils nachbeweidet.
Bedeutung: Landschaftsästhetisch bedeutsam, als Zeugen früherer Landnutzung und Vorkommen hochgradig schutzwürdiger Biotope. Zahlreiche Pflanzen- und Tierarten der Magerrasen und der Übergangsbereiche zwischen Wald und Offenland. Häufig Orchideen und Enziane in der artenreichen Krautschicht, viele wärmeliebende Insekten (Heuschrecken, Schmetterlinge, Wildbienen, Käfer), Reptilien wie Blindschleiche und Waldeidechse.
Als wichtiges Stukturelement Totholz, dann zum Beispiel die Bockkäfer Großer Wespenbock, Mulm- und Waldbock.
Gefährdung: Aufforstung, Nutzungsaufgabe, Nährstoffeintrag von außen.
Schutz: Erhaltung unter Wiedereinführung der gebietstypischen traditionellen Nutzung, vor allem extensiver Beweidung oder jahreszeitlich später Mahd. Dabei Belassen von stehendem und liegendem Totholz. Ergänzen von Einzelbäumen und Baumgruppen unter Wahrung des Parkcharakters.

Nieder- und Mittelwald

Kennzeichen: Von alten Bewirtschaftungsformen geprägte Stockausschlags-Wälder, die alle 15 bis 25 Jahre (bei Schwarzerle und anderen auch 40 bis 60 Jahre) eingeschlagen wurden. In Norddeutschland auch als Kratts bezeichnet. Mit unterschiedlicher Baumarten-Zusammensetzung, häufiger sind Hainbuchen-Eichen-Niederwälder. Mittelwälder enthalten bei Niederwald-Nutzung neben einer gleichaltrigen Baumschicht zusätzlich noch eine zweite, höhere und meist ungleichaltrige Baumschicht aus Überhältern gewünschter Baumarten (sogenannte Laßreitel), die länger stehen blieben.
Vorkommen: Vielfach an Steilhängen, etwa an Mosel- und Rheintal, in Schwarzwald, Odenwald und anderen bergigen Landschaften; relativ verbreitet auch in Schleswig-Holstein.
Entstehung: Im Zuge der genannten Waldwirtschaft durch Auf-den-Stock-Setzen in meist 15- bis 25jährigen Abständen. Aus den verbliebenen Wurzelstöcken und Wurzelbrut regenerieren sich dazu fähige Gehölze, vor allem Hainbuche, Eichen, Linden, Ahorn, Esche und Hasel, an nassen Standorten Schwarzerle und Weiden. Nutzung zur Gewinnung von Brennholz (besonders Hainbuche), Nutzholz, Gerberlohe aus Eichenrinde (besonders Traubeneiche) und Rebpfählen (Eichen, Robinie), ferner als Waldweide (aber nicht in den ersten Jahren nach dem Einschlag).
Mittelwälder durch Belassen einzelner Überhälter, um Bauholz zu erhalten (teils vom Einschlag ausgenommen, später gezielt gepflanzt).
Bedeutung: Reich an Pflanzen- und vor allem Tierarten, besonders bei Vorhandensein von Säumen. Enge Beziehungen zu wärmeliebenden Eichenmischwäldern, trockenen Waldrändern und Magerrasen. Als Reptilien Smaragd- und Zauneidechse, Aeskulap- und Schlingnatter; charakteristische Vögel sind Haselhuhn und Waldschnepfe.
Gefährdung: Verzicht auf frühere Nutzungsweise und gezieltes Durchwachsenlassen zu Hochwäldern.
Schutz: Schutz aller bestehenden Restflächen und besonders Wiederaufnahme der Nieder- bzw. Mittelwald-Wirtschaft durch Auf-den-Stock-Setzen spätestens alle 30 Jahre gegen Ende des Winters.

Plenter- und Femelwald

Kennzeichen: Formen naturnah bewirtschafteter Wälder bzw. Forsten, welche dem Naturzustand des Waldes als Nutzungsform am nächsten kommen. Auf derselben Fläche finden sich stets alle Altersstufen vom einjährigen bis zum fällbaren Baum nebeneinander. Unterschieden wird zwischen Plenter- und Femelwald. Im Plenterwald (von plündern = ungeregelt nutzen) erfolgt einzelstammweise Nutzung, im Femelwald werden dagegen kleine Baumgruppen gleichzeitig eingeschlagen, an deren Stelle sich dann Verjüngungsgruppen bilden. Da auch in einem Urwald die Verjüngung kleinflächig durch den Zusammenbruch eines altersschwachen Bestandes auf mehr oder weniger großen Flächen und weniger durch Umstürzen eines einzelnen Baumes erfolgt, ähnelt der Femelbetrieb vermutlich am besten natürlichen Vorgängen.

Vorkommen: Nur lokal in Forstbetrieben, welche naturgemäß wirtschaften.

Entstehung: Als Folge forstwirtschaftlicher Nutzung, die auf flächige Kahlschläge verzichtet und stattdessen einzelstamm- oder gruppenweise wirtschaftet.

Bedeutung: Aus Sicht des Naturschutzes im allgemeinen wertvollere Form der Forstwirtschaft, wenngleich dies nicht gleichermaßen für alle Arten gilt. Entscheidend wirkt die mannigfaltige Struktur des vielstufigen Alterswaldes. 41 von 47 Brutvogelarten einer bewaldeten Untersuchungsfläche im Nordschwarzwald kommen im Plenterwald vor, davon sind zwölf obligatorische Höhlenbrüter und elf Arten mit starker Bindung an Althölzer. Die Zeigerarten Auerhuhn, Haselhuhn, Rauhfuß- und Sperlingskauz sind dort typische Plenterwald-Bewohner.
Im Einzelfall hängt die Artenzusammensetzung und Bedeutung natürlich vom Wald- bzw. Forsttyp und den ihn aufbauenden Hauptbaumarten ab.

Gefährdung: Trotz auch wirtschaftlich interessanter Perspektiven des Plenter- und Femelbetriebs durch die Verfechter intensiverer, großflächiger Formen der Forstwirtschaft.

Schutz: Großflächige Ausdehnung dieser Betriebsform auf weitere Forstreviere unter Berücksichtigung von Naturschutz-Aufgaben wie die Totholz-Bereitstellung.

Altholzinsel

Kennzeichen: Baumbestände mit alten Bäumen, deren Endnutzung aus Gründen des Artenschutzes um wenige Jahrzehnte hinausgezögert wird. Vor allem Rotbuchen-Bestände mit einem Alter von mindestens 140 Jahren und einer Flächengröße zwischen 0,5 und 5 ha. Teils auch Mischbestände mit deutlichen Buchen-Anteilen.
Vorkommen: Aufgrund eines eigenen Altholzinsel-Programm der hessischen Staatsforstverwaltung vor allem in diesem Bundesland, jedoch auch in anderen Ländern vorhanden, wenn Buchenbestände kurz vor ihrem Einschlag stehen.
Entstehung: Im Rahmen forstlicher Planungen durch zeitliches Verschieben der Endnutzung über den gewöhnlichen Einschlagzeitpunkt hinaus (bei Buchen etwa 120 bis 150 Jahre).
Bedeutung: In erster Linie bedeutsam für den Schwarzspecht als Schlüsselart, die ihre Bruthöhlen vor allem in alte, langschäftige Buchenstämme hoher Bonität zimmert. Dem Schwarzspecht folgen als Höhlenbrüter, die auf Spechthöhlen angewiesen sind, die Rote Liste-Arten Hohltaube und Rauhfußkauz, zum Teil der Kleiber, der die zu große Einflugöffnung mit Lehm vermauert. Weitere Höhlennutzer sind die sogenannten Baumfledermäuse wie Kleiner Abendsegler und Rauhhautfledermaus, die hier Sommer- und Winterquartier beziehen. Allerdings nutzen sie frische Spechthöhlen nur in Notfällen; sie bevorzugen ältere Höhlen, deren Holz oben und unten bereits ausfault und ihnen so geeignetere Hangplätze bietet.
Der Wert solcher Altholzinseln bleibt auf wenige Tierarten begrenzt, da die Bäume nach gewisser Zeit doch eingeschlagen werden. Bewohner von Tot- und Moderholz profitieren davon nicht.
Gefährdung: Einschlag der Bäume.
Schutz: Ausweisung von Altholzinseln in allen Forstrevieren; wenigstens teilweiser Verzicht auf die Endnutzung, so daß sich auch Totholz bilden kann. Ausweitung der Bestrebungen zu einem Altholzinsel-Verbundnetz auch auf andere Baumarten, vor allem Eichen.

Tot- und Moderholz

Kennzeichen: Abgestorbenes Holz in Form von Ästen, Stammteilen, ganzen Baumstämmen und Baumstubben. Forstwirtschaftlich direkt wertlos und daher in aller Regel nicht geduldete Bestandteile der Wälder und Forsten. Im Urwald wichtiger Bestandteil der Waldbiotope, während die Forstwirtschaft bestrebt ist, möglichst viel Holzvolumen vor dem Absterben zu ernten und anfallendes Totholz als vermeintliche Brutstätte von »Schädlingen« zu entfernen.
Vorkommen: Punktuell und sehr vereinzelt in genutzten Forsten, höchstens lokal in extrem steilen Hanglagen infolge schwieriger Bewirtschaftung etwas häufiger.
Entstehung: Als natürliches Alterungsprodukt der Gehölze, auch durch Blitzschlag, Windwurf, Krankheiten usw.
Bedeutung: Von herausragender Bedeutung für eine Vielzahl von Moosen, Flechten, Pilzen, Käfern, Hautflüglern, Schmetterlingen und auch höheren Tieren. Dabei sind viele Arten spezialisiert auf bestimmte Hölzer, am Baum stehendes, am Boden liegendes, besonntes oder schattig-feuchtes, noch nicht oder bereits stark zerfallenes Totholz.
An besonnten, toten Eichenstämmen lebt zum Beispiel der Bockkäfer *Trichoferus pallidus*, an liegenden Stämmen Eichen-Widderbock und Hornissenbock, an Stubben und morschem Totholz größerer Stämme allgemein die Hirschkäfer-Arten Kurz-, Balken- und Kopfhornschröter sowie Großer Hirschkäfer. In sonnenexponiertem Totholz Nistplätze vieler Wildbienen.
Eine reiche Insektenfauna bietet zahlreichen Insektenfressern unter den Vögeln Nahrung. In Höhlungen Unterschlupf, Brutplatz oder Winterquartier für Hornisse, Fledermäuse, Marder, Schläfer, Baumläufer, Waldkauz und andere.
Gefährdung: Intensive Forstwirtschaft, Baumsanierungen.
Schutz: Erhaltung aller Totholz-Vorkommen in der aktuellen Position (liegend wie stehend). Entscheidend für viele Totholz-Besiedler wirkt eine besonnte Lage, daher zum Teil Freischneiden von beschattendem Jungwuchs. Besonders wichtig sind Eichen, Buchen, Linden, Ulmen, Obstbäume und Weiden. Keine oder nur schonende Baumsanierungen. Abgeschnittenes Totholz drei Jahre lang liegenlassen.

Waldsaum

Kennzeichen: Grenzlinie zwischen Baumbeständen und andersartigen Biotopen, vor allem Agrarbiotopen. Diese kann entweder scharf (zum Beispiel Hochwald/Acker) oder als kontinuierliche Übergangszone (Ökoton) von mehreren bis zig Meter Breite ausgebildet sein. Im Idealfall mit folgender stufiger Abfolge vom Waldinnern nach außen: Wald/Forst – Traufwald (mittelhohe Bäume) – Waldmantel (niedrige Bäume, hohe Sträucher) – Vormantel (niedrige Sträucher) – Saum (Kräuter und Gräser). Sehr unterschiedliche Typen je nach Boden, Exposition, Feuchte. Daneben Waldinnenränder entlang breiter Wege, Waldlichtungen usw.

Vorkommen: An allen Grenzlinien zwischen Baumbeständen und Offenland.

Entstehung: Waldränder ansich entstanden primär durch die Rodungstätigkeit des Menschen. Durch natürliche Sukzession bildet sich dort ein stufiger Waldsaum aus, wo die Nutzung nicht unmittelbar an den Waldrand heranreicht. Ansonsten durch Pflug, Mähbalken, Weidevieh, Wegetrassen und andere Einflüsse verhindert.

Bedeutung: Landschaftsökologisch wirkt ein stufiger Waldrand als Schutz des Waldes vor Sturmschäden, Besonnung und Aushagerung, Waldbrand und lokalen Immissionen, beeinflußt das Landschaftsbild positiv und erhöht den Erholungswert. Lebensraum einer artenreichen Pflanzen- und Tierwelt, wobei sich die Floren und Faunen der Forsten und des Offenlandes überschneiden; zahlreiche Hecken- und Saumarten. Typisch zum Beispiel Blindschleiche und Waldeidechse, Heckenvögel wie Gartengrasmücke, Goldammer, Heckenbraunelle, Neuntöter, Turmfalke, Mäusebussard; Hermelin, zahlreiche Tagfalter. In Feldern und Wiesen lebende Arten finden hier Fluchträume (während Ernte, Pestizideinsatz, Mahd), Winterquartiere und zeitweise wichtige Nahrungsbiotope. Alte Waldränder teils mit 120 Wildbienen-Arten.

Gefährdung: Flächenverlust durch wirtschaftliche Nutzung, Herbizideinsatz, Wege- und Straßenbau.

Schutz: Entwickeln von 15 bis 40 m breiten stufigen Waldrändern durch Sukzession, vor allem in südexponierter Lage. Strukturreichtum durch Totholz, Steinhaufen, nackte Bodenstellen anstreben.

In diesem Abschnitt werden Gehölzbiotope außerhalb des Waldes dargestellt, die sich sowohl in der offenen Agrarlandschaft als auch in den Siedlungsgebieten finden lassen. Sie sind überwiegend bandförmig und teilweise auch flächig entwickelt.
Zuerst sind hier die verschiedenen Hekentypen zu nennen. Hinsichtlich ihrer ökologischen Wirkung lassen sie sich als doppelte Waldränder bezeichnen: In Hecken überschneiden sich wie in stufig aufgebauten Waldrändern die Vorkommen von Wald- und Offenlandarten unter den Pflanzen und Tieren.
Auf engstem Raum bieten sie die größte, in der mitteleuropäischen Kulturlandschaft denkbare Vielfalt an Kleinstandorten. Denn das Mikroklima im Bereich einer Hecke wandelt sich vom sonnenexponierten, trocken-warmen Südrand über ein waldähnliches Innenklima im dichten Zentrum bis zum feucht-kühlen, schattigen Nordrand. Hinzu kommt die Strukturvielfalt durch unterschiedliche Wuchsformen der Gehölze, Stauden und Gräser, Totholz, Steinhaufen usw.
Hecken als wichtiger Bestandteil dieser Biotopgruppe sind ein in der heutigen Form erst wenige Jahrhunderte lang bestehender Biotoptyp. In der weitgehend bewaldeten Naturlandschaft Mitteleuropas fanden allenfalls Gebüsche aus Sträuchern an wenigen Sonderstandorten die Möglichkeit zur Entfaltung, wo es zu naß, zu trocken oder der Boden zu bewegt für das Wachstum von Bäumen war. Ansonsten waren die heutigen Heckensträucher weitgehend auf das Unterholz lichter Wälder beschränkt. In Deutschland, so vermutet man, haben die ersten Hecken in der Kulturlandschaft vor rund 3000 Jahren bestanden. Die erste größere Verbreitung begann mit den Wallhecken im 11. und 12. Jahrhundert in Norddeutschland; besonders weit verbreitet waren die Wallhecken dort aber erst vom Ende des 18. Jahrhunderts an. Ähnliches gilt wohl auch für die süddeutschen Mittelgebirge.
Gehölzbiotope im offenen wie im bebauten Bereich besitzen zahlreiche herausragende ökologische Funktionen:

- wirtschaftlich ehemals als Brennholz-Lieferanten,
- klimatisch und hydrologisch durch positive Veränderungen, vor allem durch Bremsen des Windes, Erhöhen der Bodenfeuchte und Senken der Verdunstungsrate im Lee, womit auch die landwirtschaftlichen Erträge steigen,
- bodenkundlich durch Bremsen der Wind- und Wassererosion, dem Abtrag von Bodenmaterial,
- floristisch und faunistisch als herausragende, artenreiche Lebensräume, auch für Tierarten der angrenzenden Nutzflächen,

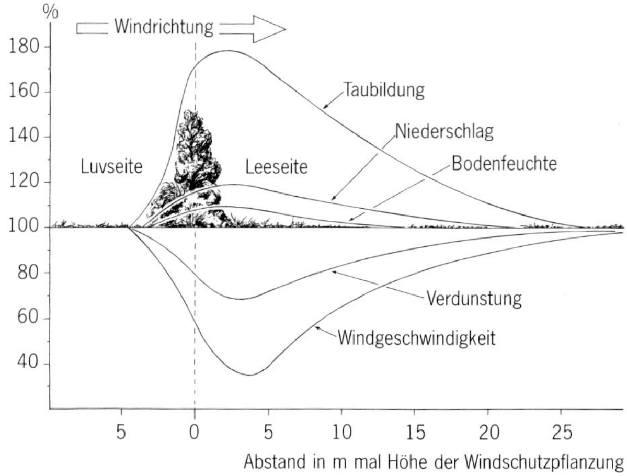

Schematisches Profil der kleinklimatischen Auswirkungen einer Hecke als Folge der verminderten Windgeschwindigkeit (aus Jedicke 1991).

- naturschützerisch als wichtige Korridor- und Trittstein-Lebensräume im Rahmen von Biotopverbundsystemen,
- funktional besonders innerhalb von Siedlungen als Sicht- und Immissionsschutz,
- optisch durch Gliedern und Kammern der Landschaft, deren Erlebnis- und Erholungswert damit steigt.

Dennoch sind die Gehölzstrukturen gefährdet: Überall fielen sie in großem Umfang der Flurbereinigung, Straßen- und Wegebau, anderen Baumaßnahmen und der Landbewirtschaftung zum Opfer, und diese Bedrohung gilt auch heute noch. Negativ wirkt sich bereits die Intensivnutzung auf den direkt angrenzenden Flächen aus, besonders dann, wenn es sich um schmale, linear erstreckte Gehölzbiotope wie die Hecken handelt. Ein krautiger, blütenreicher und nur sporadisch gemähter Heckensaum zum Beispiel – ein wertvolles Biotopelement – fehlt in den allermeisten Fällen.

Ein wichtiges Kriterium für den ökologischen und naturschützerischen Wert von Gehölzbiotopen ist deren Alter: Eine seit 200 Jahren am selben Rain bestehende Hecke und eine ebenso alte Allee lassen sich mittelfristig durch Neupflanzungen nicht ersetzen, weil viele Tierarten die Interimszeit nicht überdauern können, bis die Pflanzungen notwendige Biotopelemente wie Totholz, starke Stämme, borkige Rinde usw. ausgebildet haben. Stets ist die Erhaltung vorhandener Gehölze daher der ersatzweisen Neuanlage vorzuziehen. Dennoch müssen, um die immensen Verluste an Gehölzstrukturen in unserer Landschaft wenigstens teilweise zu kompensieren, neue Hecken, Alleen, Kopfbaumreihen und Obstwiesen angelegt werden. Nicht immer sind dazu aufwendige Pflanzarbeiten notwendig – auch durch Sich-selbst-Überlassen entsprechender Flächen können Gehölze auf natürliche Weise neu entstehen: durch im Boden noch vorhandene Wurzelstücke, durch Wurzelschößlinge benachbarter Heckensträucher oder durch das Ablagern von Heckenschnitt und das Eintragen von Samen durch Vögel.

Soweit Gehölze angepflanzt werden, um Hekken und andere Gehölzbiotope anzulegen, sollte strikt auf die Verwendung einheimischer und dem vorgesehenen Standort angepaßter Arten geachtet werden. Das gilt auch für Straßenrand-Pflanzungen und die Anlage von Hecken, Alleen und ähnlichen Gehölzen innerhalb der Städte, Dörfer und Industriegebiete. Ausnahmen sollten nur im Falle stark immissionsbelasteter Standorte zugelassen werden, wo sich bestimmte Arten als besonders resistent erwiesen haben und die Naturschutz-Funktion der Gehölze nicht im Vordergrund steht.

Gehölzbiotope spielen im Naturschutzkonzept des Biotopverbunds eine wichtige Rolle, wenngleich dieses nicht allein auf diese Biotoptypen beschränkt werden darf. Biotopverbundsysteme bestehen aus großflächigen Schutzgebieten (zum Beispiel Waldflächen), die durch kleinere Trittsteinbiotope (etwa Feldholzinseln) und lineare Korridorbiotope (wie Hecken, Alleen und Kopfbaum-Reihen) miteinander verbunden sind. Ferner ist eine flächendeckende Nutzungsextensivierung Bestandteil des Konzepts, um die Isolationswirkung der Agrar- und Forstflächen zu verringern.

Man geht davon aus, daß viele (niemals alle!) Pflanzen- und vor allem Tierarten entlang dieses Verbundnetzes wandern können, so daß die Neubesiedlung von verwaisten Lebensräumen der betreffenden Art und ein genetischer Austausch zwischen den Populationen ermöglicht wird.

Niederhecke

Kennzeichen: Kaum über 1 m hoch werdende Hecke mit zweierlei Erscheinungsformen:
- junge, aus dornigen Sträuchern bestehende Hecke, die nur aufgrund ihres geringen Alters niedrig ist und ohne menschliches Eingreifen zu einem höheren Heckentyp auswächst;
- längerfristig bestehende Hecke, deren Sträucher von Natur aus niedrig bleiben oder durch regelmäßigen Schnitt verjüngt werden.

Vorkommen: In allen Landschaften, doch unterschiedlich häufig; auch innerhalb Siedlungen.
Entstehung: Durch Pflanzung oder natürliche Sukzession, je nach Zusammensetzung der Sträucher auf Pflege (Rückschnitt) angewiesen.
Bedeutung: Junge Hecken sind floristisch meist relativ artenarm, häufig allein aus Schwarzdorn-Schößlingen oder -Sträuchern bestehend. Dauerhaft bestehende Niederhecken in der Regel wesentlich artenreicher, oft aus verschiedenen Brombeer-Arten gebildet, von Natur aus niedrig bleiben zum Beispiel auch Kriechende Rose und Stachelbeere.
Faunistische Bedeutung allgemein als Deckung und Schutz, als Rückzugsraum bei der Bewirtschaftung angrenzender Flächen, als Überwinterungsquartier für Feldtiere, Nahrungsstätte, Teillebensraum und ganzjähriger Lebensraum sowie im Rahmen eines Biotopverbunds als Ausbreitungs- und Wanderungslinie für Arten der Gehölze. Artenreichtum in der Strauchschicht bedeutet zumeist auch faunistischen Reichtum.
Spezielle Bedeutung der Niederhecken als Brutplatz für verschiedene Vogelarten wie besonders Dorngrasmücke und Neuntöter, ferner auch Rebhuhn, Goldammer, Heckenbraunelle, Hänfling und Sumpfrohrsänger.
Gefährdung: Rodung, mangelnde Pflege, chemische Belastung, Verinselung, Mähen der Vegetation am Heckenfuß im Frühjahr oder Frühsommer, Verbiß durch weidendes Vieh.
Schutz: Erhaltung und Neuanlage. Niederhekken benötigen meist alle zwei bis drei Jahren einen erhaltenden Schnitt (oben und seitlich). Dabei sollte abschnittsweise vorgegangen werden. Die Krautsäume werden alle zwei bis drei Jahre spät gemäht.

Mittelhecke

Kennzeichen: Bis zu 2,5 m hohe Hecke unterschiedlicher Zusammensetzung. Regelmäßig gepflegt, aus Sträuchern und teilweise auch entsprechend gestutzten Bäumen aufgebaut. Die Strauchschicht bilden vor allem Schwarzdorn, Ein- und Zweigriffliger Weißdorn, Heckenrose, Hartriegel, Liguster, Gemeiner und Wolliger Schneeball. Folgende Pflanzengesellschaften sind die wichtigsten:

- Schlehen-Weißdorn-Gebüsch mit Schwarzdorn, Hundsrose, Rotem Hartriegel, Zweigiffligem Weißdorn und Haselnuß (Halbtrockenrasen, Lehm- und Kalkgebiete);
- Ackerrosen-Gestrüpp mit Ackerrose, Rotem Hartriegel, Brombeere, Rotbuche, Efeu (Berg- und Hügelland in 100 bis 800 m Höhe, Lehmböden über Kalk);
- Schlehen-Liguster-Gebüsch mit ähnlicher Zusammensetzung wie Schlehen-Weißdorn-Gebüsch, zusätzlich Liguster und Berberitze (trockene Kalkböden in warmer Lage).

Vorkommen: Relativ häufig in allen Landschaften, jedoch in den intensiven Agrargebieten wie die anderen Heckentypen weitgehend verschwunden.

Entstehung: Durch Pflanzung oder natürliche Sukzession, erhalten durch Rückschnitt oder Auf-den-Stock-Setzen in zehn- bis 25jährigen Abständen, sonst zu Hochhecken auswachsend.

Bedeutung: Optimale Wirkung als Windschutz. In jeder Hinsicht artenreichster Heckentyp (Vegetation siehe oben). Reiche Vogelwelt, als Brutvögel Rebhuhn, Raubwürger, Neuntöter, Dorn-, Mönchs-, Klapper- und Gartengrasmücke, Zilpzalp, Feldschwirl, Amsel, Goldammer, Grünfink, Hänfling und Elster; Neuntöter, Dorngrasmücke und Goldammer gelten als wichtigste Indikatorarten für die Bewertung der Heckenqualität. Weitere Vögel nutzen Hecken zur Nahrungssuche. Bedeutung für Wirbeltiere und Wirbellose steigt mit Vorhandensein eines Krautsaumes (siehe Hochhecken → S. 155).

Gefährdung: → S. 153.

Schutz: Kompromißlose Erhaltung aller Hekken und Neupflanzung. Wiederaufnahme der regelmäßigen Pflege: Auf-den-Stock-Setzen in Abständen von zehn bis 25 Jahren, dabei in kurzen Abschnitten vorgehen und einzelne Überhälter belassen.

Hochhecke

Kennzeichen: Hecke mit mehr als 2,5 m Wuchshöhe. Entweder mit mehrstufigem Profil, also reichem Strauch- und Krautwuchs auch in Bodennähe, oder am Fuße ausgelichtete Hecke, die vom Weidevieh verbissen oder bewußt zurückgeschnitten wurde.
Vorkommen: In den meisten Landschaften, seltener als die anderen Wuchsformen.
Entstehung: Durch Pflanzung oder natürliche Sukzession. Teils infolge des Aufbaus aus schnell und hoch wachsenden Sträuchern wie Schwarzer Holunder, Haselnuß und Weiden, teils infolge des Auswachsens ungepflegter, überalterter Mittelhecken.
Bedeutung: Am Fuße lückige Hochhecken besitzen geringere Windschutzwirkung und weniger großen faunistischen Artenreichtum als mehrstufige Hoch- und allgemein Mittelhecken. Als Optimum ergibt sich eine geschlossene Einheit von Kraut- über Strauchschichten bis zur Spitze. Zu den Pflanzengesellschaften und zur ökologischen Bedeutung solcher mehrstufigen Hecken für Vögel siehe Mittelhecken (→ S. 154).
Heckennutzer unter den Tagfaltern sind Segelfalter, Baumweißling, Schlehenzipfelfalter, Kleiner Schlehenzipfelfalter und Nierenfleck als gefährdete Arten; Raupenfutterpflanzen im Heckensaum finden etwa Tagpfauenauge, Kleiner Fuchs, Distelfalter und Admiral. Die Raupen von 44 Spannerarten können sich von Schwarzdorn ernähren; nur an dessen Blättern fressen Schlehenheckengrün- und -grauspanner. Reiche Käferfauna mit Rosen- und Blatthornkäfern, Bock-, Rüssel-, Blatt- und Marienkäfern, am Boden Lauf-, Kurzflügel- und Aaskäfer. Reiche Wildbienenfauna, vor allem bei Vorhandensein eines vielfältigen Krautsaums.
Als Säugetiere Wald- und Rötelmaus, Haselmaus und Siebenschläfer, Mauswiesel und Hermelin, Igel, Wald-, Zwerg- und Feldspitzmaus. An Heckenstrukturen reiche Landschaften werden auch von Feldhase, Reh und Fuchs bevorzugt. Als Reptilien Blindschleiche, Zauneidechse und Schlingnatter.
Gefährdung: → S. 153.
Schutz: → S. 154.

Baumhecke

Kennzeichen: Aus höherwüchsigen Baumarten gebildete Hecke, die vielfach alleeähnlich in Reihe stehen. Sie kann, aber muß nicht am Fuße von niedrigeren Heckentypen (Nieder-, Mittel- oder Hochhecke) gesäumt sein. Häufig handelt es sich bei den Baumarten um Eiche, Erle, Esche, Ahorn oder Linde.
Vorkommen: In vielen Landschaften, doch vielfach seltener als die anderen Wuchsformen der Hecken.
Entstehung: Durch Pflanzung oder natürliche Sukzession, häufig durch fehlende Pflege von Mittel- oder Hochhecken, so daß darin enthaltene Baumarten Zeit finden, entsprechendes Höhen- und Dickenwachstum zu entwickeln.
Bedeutung: Reichhaltigkeit je nach Struktur der Baumhecke, der Existenz niedrigerer Sträucher und Krautsäume sehr unterschiedlich. Allgemein besonders starke und optisch weithin reichende Wirkung zur Kammerung und Gliederung der Landschaft, stets auch Bedeutung als Lebensraum und Wanderungslinien für Tiere. Für Vögel Ansitz- und Singwarte: Greifvögel wie Turmfalke, Mäusebussard und Habicht nutzen gern Überhälter, also einzelne über die übrigen Bäume hinausragende Gehölze. Rabenkrähe und Elster sitzen ebenso gern exponiert; Sing- und Ansitzwarten finden zum Beispiel auch Neuntöter, Goldammer und Amsel. Die Existenz höherer Bäume bedingt das Vorkommen mehr oder weniger stark an Baumbestände gebundener Arten wie Baumpieper, Buchfink, Grauschnäpper, Kleiber, Kohl- und Blaumeise, Gartenbaumläufer, Zilpzalp, Pirol und Fasan.
Gefährdung: → S. 153.
Schutz: Erhaltung und Neupflanzung. Pflegemaßnahmen müssen sich an den vorrangigen Aufgaben der Hecke orientieren: Soll eine solche Baumhecke die Bodenerosion durch Wind mindern, so muß durch regelmäßigen Rückschnitt im Fußbereich der Austrieb gefördert und so die Bildung lichter Stellen verhindert werden. Ansonsten Pflege durch niederwaldartige Nutzung in kurzen Teilabschnitten, dabei Belassen einzelner Überhälter oder einer durchgehenden Baumreihe. Belassen von Totholz.

Wallhecke

Kennzeichen: Auf einem Wall stockende Hecke, deren erhöhtes Profil ökologisch besondere Wirkungen zeigt und die Abtrennung und eigenständige Behandlung dieses Heckentyps begründet. Auch als Knick bezeichnet. Drei wichtige Typen in Schleswig-Holstein:

- Schlehen-Hasel- oder Eichen-Hainbuchen-Knicks mit Hasel, Schwarzdorn, Hainbuche und Brombeeren, Hunds- und Filzrose, Pfaffenhütchen, Schneeball, Berg- und Feldahorn, Weißdorn etc.;
- Eichen-Birken-Knicks mit Hängebirke, Stieleiche, Vogelbeere und Zitterpappel, Wildbirne, Rotbuche, Weißdorn, Brombeeren und anderen;
- Knicks feuchter Standorte mit Schwarzerle, Grau-, Ohrweide und anderen Weiden, Birken und Faulbaum.

Vorkommen: Im wesentlichen auf das Norddeutsche Flachland beschränkt. Besonders vielfältige Wallhecken-Landschaften in Schleswig-Holstein und Niedersachsen.

Entstehung: Durch den Menschen mit Erdaushub beiderseitig angrenzender Gräben. Mit Steinen, Baumstubben und Astwerk aufgehäufte Wälle, die ein- oder mehrreihig bepflanzt wurden. Durch Umknicken der Äste entstand ein auch für das Weidevieh undurchdringliches Dikkicht.

Bedeutung: Angelegt zur Abgrenzung der Grundstücke. Hervorragende Minderung der Winderosion, gerade in Gebieten mit sandigen Böden, Verbesserung des Mikroklimas. Besonders in den waldarmen Landschaften Norddeutschlands hohe Bedeutung als Lebensraum. In schleswig-holsteinischen Knicks 100 Brombeer-Arten und 7000 Tierarten; in einem einzigen Knick maximal 1800 Tierarten. Typische Wirbellose sind zum Beispiel Gebüschschrecke und Stachelbeerspanner. Reiche Singvogelfauna, vor allem Dorngrasmücke, Heckenbraunelle und Goldammer. Im Mittel pro Kilometer Knick 30 Brutpaare; in Doppelknicks (Redder) bis zu sechsmal so viel.

Gefährdung: → S. 153.

Schutz: Erhaltung und Neuanlage nach altem Vorbild. Abschneiden der Gehölze in Abständen von acht bis 15 Jahren, Aufsetzen (Ausbessern) des Knickwalls, Einzäunung in 1 m Entfernung vom Fuß.

Allee

Kennzeichen: Aus Baumreihen bestehende, meist entlang von Straßen und Wegen verlaufende Gehölzbiotope. In der Regel ein- oder doppelreihig, ohne entscheidend von der Umgebung abweichendes Mikroklima.
Vorkommen: Vereinzelt in allen Landschaften, jedoch gehäuft zum Beispiel im schleswig-holsteinischen Hügelland, auf der Insel Rügen und allgemein im nördlichen Bereich der östlichen Bundesländer.
Entstehung: Durch Pflanzung.
Bedeutung: Optisch die Landschaft gliedernd und so den Erlebnis- und Erholungswert steigernd. Zum Teil wurden in Alleen auch solche Baumarten angepflanzt, die in den Forsten aufgrund mangelnder Erträge weitgehend zurückgedrängt wurden, etwa Sommer- und Winterlinde, Berg- und Spitzahorn, Flatter-, Berg- und Feldulme.
Reiche Fauna, besonders bei hohem Alter der Bäume mit Höhlen und Totholz. An schleswig-holsteinischen Straßenbäumen vermehren sich mindestens 400 bodenständige Wirbellosen-Arten. Vor allem handelt es sich dabei um Waldarten. Alte Alleen mit großkronigen Bäumen dienen 23 Schwärmer- und Spinnerarten (Schmetterlinge) als Lebensraum.
Sing- und Ansitzwarten für Vögel, letzteres für Raubwürger, Grauschnäpper, Mäusebussard, Turmfalke und andere. Auch wichtig als Brutplatz und Nahrungsstätte für zahlreiche Vögel der Hecken, Feldgehölze und Waldränder.
Gefährdung: Rodung im Zuge von Straßenbau-Maßnahmen (besonders in Ostdeutschland), Überalterung und aus Sicherheitsgründen damit erfolgende ersatzlose Beseitigung, Schäden durch Streusalz, Ulmenkrankheit im Falle der Ulmen, Versiegelung der Bodenoberfläche im Wurzelraum, übertriebene Pflege mit Entfernung modrigen und toten Holzes und Ausfüllen von Höhlungen mit Beton.
Schutz: Erhaltung und Neupflanzung; im Falle alter Alleen rechtzeitiges Pflanzen junger Ersatzbäume, die mindestens 50 bis 60 Jahre benötigen, um alte Bestände wenigstens halbwegs ersetzen zu können. Abwehr von Schadfaktoren, Begrenzung von baumchirurgischen Eingriffen auf das absolut Notwendige, dabei entferntes Totholz in Alleenähe einige Jahre lagern.

Solitärbaum

Kennzeichen: Einzelbäume in der offenen Landschaft, in Siedlungen oder auch als herausragende, optisch weithin sichtbare Überhälter in den Forsten. Durch den ringsum freien Wuchs meist vergleichsweise breitkronig mit weit ausladenden Ästen, natürlich abhängig von der arteigenen Wuchsform. Häufig Eichen oder Linden (Dorflinden), aber auch zahlreiche andere Baumarten.
Vorkommen: In allen Landschaften, jedoch in den ausgeräumten, intensiv genutzten Agrarlandschaften weitestgehend fehlend. Zum Teil an topographisch exponierten Stellen und anderen Standorten, die schwierig zu bewirtschaften sind, ferner als Hofbäume nahe von Bauernhöfen.
Entstehung: In der Regel durch menschliche Pflanzung, jedoch in Einzelfällen auch als Überbleibsel ehemaliger Waldflächen.
Bedeutung: Ästhetischer Wert als gliederndes Element in der Landschaft. Verbessern des Lokalklimas im Baumschatten (Hof- und Hausbäume, Solitärbäume in Städten und Dörfern). Im Siedlungsraum auch merkliche Filterwirkung für Staub und daran angelagerte Schadstoffe. Häufig auch kulturhistorische Bedeutung ehemaliger Gerichtslinden, mit Sagen oder geschichtlichen Ereignissen verknüpfter Solitärbäume.
Bedeutung für Fauna und besonders Flora geringer als die von Hecken, Feldgehölzen und Alleen, weil weniger große Ausdehnung. Jedoch Sitzwarte für verschiedene Vogelarten, Brutplatz für anspruchslosere Vögel wie Türkentaube (nur in Ortslagen), Ringeltaube, Turmfalke, Rabenkrähe, Elster und zum Teil auch Waldohreule. Nahrungs- und Brutplatz auch für Singvögel, zum Beispiel Meisen. Der Wert für Insektenarten hängt vor allem von Baumart und -alter sowie dem Vorhandensein von Moder- und Totholz ab. In sonnenexponierten morschen Ästen an Eichen leben zum Beispiel Großer Eichenbock und der Bockkäfer *Trichoferus pallidus*, am Boden liegendes Totholz besiedelt der Bunte Kugelhalsbock.
Gefährdung: Beseitigung, Intensivnutzung am Baumfuß, Bodenversiegelung über dem Wurzelraum, baumchirurgische Maßnahmen.
Schutz: → S. 158.

Feldholzinsel

Kennzeichen: Kleinflächig, nicht linear entwikkelter Strauch- und Baumbestand in der Agrarlandschaft. Dadurch kann sich eher ein eigenes Bestandsinnenklima entwikeln. Aufbau in den Randzonen durch Lichtholzarten, in der Kernzone teilweise auch Schattholzarten. Ökologische Mittelstellung zwischen freistehenden Hecken und Waldbiotopen. In früheren Jahrhunderten häufig wirtschaftlich genutzt: zur Gewinnung von Holz, Laubheu, Früchten usw. sowie als Waldweide für das Vieh.

Vorkommen: In allen Landschaften, jedoch in den ausgeräumten, intensiv genutzten Agrarlandschaften weitestgehend fehlend. Oft an schwierig zu bewirtschaftenden Standorten.

Entstehung: Teils Reste früherer Bewaldung, teils durch natürliche Sukzession ungenutzter Flächen (zum Beispiel auf flachgründigen Böden), teils durch Pflanzung zu Zwecken des Naturschutzes oder aus wirtschaftlichen Gründen (Pappel-, Weihnachtsbaum-Kulturen).

Bedeutung: Landschaftsästhetisch gliedern Feldgehölze die Agrarflur, mikroklimatisch wirken sie ähnlich den Hecken positiv, sie verbessern den Landschafts-Wasserhaushalt. Naturschutz-Bedeutung je nach Zusammensetzung: Pappel- und Weihnachtsbaum-Kulturen besitzen eher negativen Wert (Austrocknung unter Pappeln, Bodenversauerung auf Nadelholz-Standorten). Relativ naturnah und aus Bäumen und Sträuchern verschiedener Arten stufig aufgebaute Feldgehölze dagegen mit sehr großer positiver Bedeutung als Brutplatz, Jahreslebensraum, Winterquartier und Nahrungsareal für Vögel (auch als Ansitz- und Singwarte), Amphibien, Reptilien, Säugetiere und Wirbellose, sie bieten Deckung und Schutz vor Witterung und Feinden. Für viele Tiere dienen Feldgehölze als Aktionszentrum, für das Wild als Einstand. Fauna ähnlich den Hecken, doch mehr Waldarten, unter den Brutvögeln etwa Turteltaube, Wendehals, Mäusebussard, Kuckuck, Buntspecht, Trauerschnäpper, Singdrossel, Meisen und Star.

Gefährdung: Rodung, Intensivnutzung.

Schutz: Erhaltung naturnaher Feldgehölze, Umbau naturferner Kulturen unter Naturschutz-Gesichtspunkten mit Kern-, Mantel- und Saumzone. Belassen von Totholz.

Obstwiese

Kennzeichen: Mit hochstämmigen Obstbäumen bestandene Wiesen. Kern-, Stein- oder Schalenobst, in Reihen, Gruppen oder ausgedehnteren Feldern gepflanzt, extensiv bewirtschaftet, d. h. nicht regelmäßig nach Spritz-, Dünge- und Schnittplänen behandelt. Meist auf nicht ackerfähigen Böden, oft mageres, da wenig gedüngtes Grünland.
Vorkommen: Häufiger im mittleren und südlichen Deutschland, jedoch überall stark zurückgegangen. Im ländlichen Raum vielfach als mehr oder minder lückiger Obstwiesen-Gürtel um die Dorflagen.
Entstehung: Durch Pflanzung zur Obsterzeugung.
Bedeutung: Hochstämmige Obstwiesen besitzen für den Naturschutz sehr großen Wert; umso wichtiger, je älter und je stärker Totholz und ausfaulende Höhlen vorhanden sind. Als gefährdete Brutvögel Steinkauz, Wendehals, Gartenrotschwanz, Grauschnäpper, Grün- und Grauspecht, Wiedehopf, Neuntöter, Raub- oder Grau-, Schwarzstirn- und Rotkopfwürger. Verschiedene Düsterkäferarten (*Abdera affinis*, *A. flexuosa* und *A. triguttata*), Großer Wespenbock, Vieräugiger Pflaumenbock, Falter wie Trauer-Grünwidderchen, Pflaumenzipfelfalter, Großer Fuchs, Pflaumenglucke und Obsthain-Blütenspanner.
Die Existenz von Baumhöhlen entscheidet über das Vorkommen vieler der genannten Vögel, aber auch von Fledermäusen wie Abendsegler, Bechstein- und Fransenfledermaus sowie von Sieben- und Gartenschläfer.
Landschaftsästhetisch und kulturhistorisch als alte Form der Obsterzeugung von zusätzlichem Wert.
Gefährdung: Rodung zugunsten landwirtschaftlicher Intensivierung, Siedlungserweiterung, Freizeit- und Gartenanlagen etc. (in Hessen Rückgang von 1965 bis 1987 um 83 Prozent), Ersatz durch Intensiv-Obstkulturen, fehlende Pflege.
Schutz: Sichern aller Obstwiesen mit sehr sporadischem Pflegeschnitt, jedoch unter Erhaltung möglichst großer Anteile stehenden und liegenden Totholzes. Belassen von teilweise und völlig abgestorbenen Obstbäumen. Neupflanzung von alten Lokalsorten.

Obstplantage

Kennzeichen: Meist in Monokultur angebaute und intensiv genutzte Niederstamm-Kulturen von Obstbäumen. Bäume gleichmäßig niedrig (maximal 5 m) in geringen Abständen von 2 m, Dichte 400 bis 3000 Bäume pro Hektar (Streuobstwiesen 80 bis 120), durchschnittliches Alter der Stämme fünf bis zehn, ausnahmsweise bis 25 Jahre. Intensive Bewirtschaftung mit durchschnittlich etwa zwei Insektizid- und etwa acht bis zwölf Fungizid-Spritzungen pro Jahr, mehrmaliger Mineraldüngung und jährlichem Schnitt. Bodenvegetation durch Herbizide zerstört oder bis zu sechsmal im Jahr gemulcht.
Vorkommen: In klassischen Obstbaugebieten in milder Klimalage, zum Beispiel Bodensee, Brandenburg und Altes Land.
Entstehung: Pflanzung allein unter dem Aspekt intensivster Nutzungsmöglichkeiten.
Bedeutung: Von Obstkulturen gehen zahlreiche negative Umwelteinflüsse aus, insbesondere durch die Pestizid-Belastung. Als Lebensraum für Grünland-Pflanzen durch intensive Düngung, Herbizid-Behandlung und/oder häufiges Mulchen bedeutungslos, für die Fauna ebenso nur geringe Bedeutung bzw. negativ durch direkte Schäden. In Obstkulturen künstlich angesiedelte Kohlmeisen zeigen starke Beeinträchtigungen durch Pestizidbelastung: dünnschalige, hochgradig mit Rückständen belastete Eier, erhöhte Sterberate der Nestlinge, Wachstumsstörungen der Jungvögel, Fieber, schuppige Haut und Verhaltensstörungen.
Totholz und Höhlen fehlen völlig. Die im Vergleich mit hochstämmigen Obstwiesen extrem reduzierte Vielfalt der Obstplantagen bewirkt eine starke Reduktion der dort noch lebensfähigen Tiere: Als Brutvögel treten allenfalls Goldammer, Amsel und Grünfink auf, als sporadische Nahrungsgäste zusätzlich Haussperling, Blau- und Kohlmeise. Nur zwölf Prozent der eine Obstplantage überfliegenden Vögel landete dort, in einer vergleichend untersuchten Obstwiese waren es bei doppelt so hoher Individuenzahl 64 Prozent.
Gefährdung: Entfällt.
Schutz: Extensivierung der Nutzung und längerfristig Rückkehr zu naturverträglichen Methoden des Obstbaus mit hochstämmigen Bäumen alter Sorten.

Kopfbaum

Kennzeichen: Weichholzige Weiden, seltener andere Baumarten, die durch regelmäßiges Schneiteln in durchschnittlich 2 m Höhe ihre typische kopfartige Form erhalten. Meist handelt es sich um Silber- und Korbweiden, aber auch andere Weidenarten, Esche, Pappeln, Rotbuche, Eichen, Feldulme und Hainbuche bilden durch Neuausschlag entsprechende Kopfbäume. Ältere Exemplare mit Höhlenbildung, Moder- und Totholz. Bei stärkerer Zersetzung des Mulms und Humusanreicherung durch alte Blätter in Hohlräumen können sich örtlich auf den Stämmen auch andere höhere Pflanzen ansiedeln.
Vorkommen: Vor allem in den Flußniederungen, ausgeprägt zum Beispiel in der Westfälischen Bucht und am Niederrhein, jedoch auch in den schmalen Auen von Bachläufen.
Entstehung: Folge der historischen Schneitelwirtschaft. Starke Weidenäste werden am unteren Ende von der Rinde befreit und 70 cm tief eingepflanzt, zwei Jahre später in 2 m Höhe geköpft. Unterhalb der Schnittstelle treiben sie mit langen, rutenförmigen Zweigen wieder aus. Die Äste wurden regelmäßig geschnitten, um Viehfutter, Stalleinstreu und Flechtmaterial für Korbwaren zu gewinnen.
Bedeutung: Durch sich rasch bildendes Moderholz ein besonders wichtiger Lebensraum für Totholz-Bewohner; dickstämmige Kopfweiden zählen zu den insektenreichsten Pflanzen. Über 100 Käferarten sind auf Weiden angewiesen. In deren Moderholz leben zum Beispiel die Larven von Weber- und Moschusbock sowie des Weidenbohrers. Wichtiger Brutplatz für Höhlen- und Halbhöhlenbrüter unter den Vögeln, besonders Steinkauz, Wendehals, Gartenrotschwanz und Grauschnäpper.
Gefährdung: Beseitigung, Auseinanderbrechen der Köpfe aufgrund fehlender Pflege, falsche Schneitelung, Herbizid-Behandlung.
Schutz: Erhaltung und Neuanlage, richtige Pflege durch Schneitelung in Abständen von zehn bis 15 Jahren, wobei jeder einzelne Ast möglichst nahe am Kopf abzuschneiden ist. Falsch ist, den gesamten Kopf mit einem Schnitt oder die Äste weiter oberhalb abzusägen. Dabei zwar den einzelnen Kopfbaum vollständig auf einmal schneiteln, aber nicht den gesamten Bestand in einem Jahr.

Gehölzbrache

Kennzeichen: Ehemals vom Menschen genutzte, dann brachgefallene und der natürlichen Sukzession überlassene Flächen, auf denen sich in der Zwischenzeit (Pionier-) Gehölze angesiedelt haben und den Aspekt bestimmen. Bei dem Ausgangszustand kann es sich zum Beispiel um Magerrasen, frisches/feuchtes Grünland, Ackerflächen oder Spekulationsflächen (Bauerwartungsland) handeln. Haben Gehölze erst einmal Fuß gefaßt, so verändern sie durch die Beschattung das Mikroklima gravierend.

Vorkommen: Häufiger auf landwirtschaftlichen Grenzertrags-Standorten, wo die Nutzung aufgrund fehlender Rentabilität aufgegeben wurde (Mittelgebirge). Alte Brachen.

Entstehung: Durch die natürliche Tendenz zur Wiederbewaldung auf ehemaligen Waldstandorten. Jedoch können mehrere Jahrzehnte vergehen, bis sich Gehölze ansiedeln, deren Samen eine dichte, geschlossene Vegetationsdecke nur schwer durchdringen können. Rascher durch vegetative Ausbreitung mittels Ausläufer, doch setzt dies die Existenz von Gehölzen auf angrenzenden Flächen voraus. Der Schwarzdorn kann sich so um durchschnittlich 50 cm Distanz pro Jahr ausbreiten. Zur Ansiedlung mittels Samen können Maulwurfshaufen genügen.

Bedeutung: Sehr unterschiedlich. Gehölze ansich, gerade in naturnaher Artenzusammensetzung, besitzen generell wichtige Funktionen (vgl. die verschiedenen Heckenbiotope und Feldgehölze). Jedoch muß im Einzelfall entschieden werden, ob die neu entstehenden Biotope der Gehölzbrache oder die durch sie verdrängten Biotoptypen schutzwürdiger, für bestimmte Arten oder Biozönosen wertvoller sind. So wird auf nicht mehr extensiv bewirtschafteten Magerrasen das Stadium der Gehölzbrache zum Problem, weil diese das Verschwinden der meisten magerrasentypischen Pflanzen- und Tierarten bedeutet; hier müssen die Gehölze zurückgedrängt werden, wenn nicht ein Trockengebüsch das Naturschutzziel sein soll. Auf Naßwiesen Weidengebüsche als Vorstufe eines ebenso schutzwürdigen Bruchwaldes.

Gefährdung, Schutz: Im Einzelfall zu entscheiden; Gehölzbrachen können auch in hohem Maße schutzwürdig sein.

Straßenrand-Pflanzung

Kennzeichen: Baum- und vor allem Strauchpflanzungen entlang von Straßen aller Größenordnungen. Häufig aus exotischen und/oder nicht standortgemäßen Gehölzen bestehend, zum Beispiel Dünenrose und Cotoneaster. Lineare Ausdehnung, einreihige bis mehrere Meter breite Pflanzungen, insbesondere an Böschungen. Permanenten Störungen durch den Straßenverkehr ausgesetzt.
Vorkommen: Entlang der Straßen in allen Landschaften, insbesondere an neu gebauten Verkehrslinien.
Entstehung: Durch Pflanzung zur Eingrünung der Straßentrassen.
Bedeutung: Jede Straße stellt einen massiven Störfaktor dar, der sich in der Zerschneidung von Aktionsräumen, direkten Straßentod, Schadstoff- und Lärmbelastungen, Änderungen der Biotopstruktur und des Mikroklimas äußert – Folgen, die nicht auf die Straßentrasse allein, sondern weit in die umgebende Landschaft hinein wirken. Daher können die aus Gehölzen bestehenden Straßenrand-Pflanzungen niemals solche Funktionen erfüllen, wie sie Hecken in der freien Landschaft abseits der Straßen besitzen.
Dennoch vermögen solche Pflanzungen manche Folgen der Straßen in bescheidenem Maße zu mindern: Sie können Lärm und Schadstoff-Belastung in jenseits liegenden Siedlungen, Agrarflächen usw. etwas verringern. Hinsichtlich der Naturschutz-Relevanz ist zu unterscheiden zwischen Intensiv- und Extensiv-Landschaften: Innerhalb von intensiv genutzten Agrargebieten können Straßenrand-Gehölze durchaus eine gewisse Schutzfunktion für Gehölzarten übernehmen; in naturnah strukturierten Landschaften (Feuchtwiesen-, Wald-, Magerrasen-Gebiete) wirken sie jedoch stets als störendes biotopfremdes Band.
Wertvoll können (ältere) Alleen sein, deren Bäume an Höhe weit über das Straßenniveau hinauswachsen (→ S. 158).
Gefährdung: Straßenausbau, Schadstoffbelastung und Störungen durch Verkehr.
Schutz: Erhaltung aller Straßenbäume. Abkehr von monotonen Standard-Bepflanzungen, stattdessen Sukzessionsflächen, allenfalls punktuell standortangepaßte Gehölz-Pflanzungen.

Mehr oder minder große Trockenheit und in vielen Fällen zusätzlich Nährstoffarmut kennzeichnen die meisten Biotoptypen dieser Gruppe. Zusammengefaßt werden hier die Grasfluren trockener Standorte auf Sand, Kies und vor allem Fels (Trockenrasen), Zwergstrauchheiden, Felsenbiotope, Binnendünen, die oft ebenfalls trockenen Deiche und Dämme, Bahndämme, Sand-, Schotter- und grüne Wege, Hohlwege sowie die im Gegensatz zu den anderen behandelten Biotoptypen fast stets nährstoffreichen Ruderalfluren.

Die Abgrenzung zu anderen Biotopgruppen ist nicht immer klar. So ergeben sich Beziehungen zu brachliegenden Acker- und Grünlandbiotopen sowie zu verschiedenen Siedlungs-, Abgrabungs- und Bergbaubiotopen.

Häufig kommt ein einzelner der hier genannten Biotoptypen nicht allein und isoliert vor: Ökologisch besonders wichtig sind Übergänge verschiedener Typen, etwa von Trocken- und Halbtrockenrasen in Felsenbiotope, Gebüsche oder trockene Waldtypen. In solchen Grenzbereichen überschneiden sich Flora und Fauna der Lebensräume, die somit besonders artenreich sind; man bezeichnet diese Saumzonen als Ökotone. Viele Tierarten benötigen ein solches Nebeneinander existenziell, da sie verschiedene Teillebensräume für Nahrungssuche, Überwinterung, Fortpflanzung, als Larvalbiotop usw. beanspruchen.

In Trocken- und Halbtrockenrasen liegen die sommerlichen Temperaturmaxima häufig bei mehr als dem Doppelten der Werte benachbarter Wälder. Tagsüber sind Temperaturen von über 50 °C keine Seltenheit, während sie in der folgenden Nacht auf 10 °C absinken können. Zahlreiche Pflanzen zeigen als Anpassung daran xeromorphe Merkmale: Durch besondere Wuchseigenschaften können sie die Trockenheit besser ertragen. Dazu gehören kleine Blätter, eingerollte Blattspreiten bei der Gräsern, eine dichte Behaarung oder Wachsüberzüge auf den oberirdischen Organen, fleischige Blätter und harte Einlagerungen in den Zellwänden, die auch bei Wassermangel noch eine ausreichende Stabilität der Sprosse und Blätter garantieren. Mit Hilfe der meisten dieser Strategien reduzieren die Pflanzen die Verdunstung des raren Wassers, ohne ihre Lebensvorgänge zu beeinträchtigen.

In der heutigen Kulturlandschaft handelt es sich fast stets um kleinflächige Sonderbiotope, wenngleich ihre Entstehung vielfach auf menschliche Aktivitäten zurückgeht. Die moderne Landnutzung ließ für solche Standorte minderen Ertrags jedoch kaum mehr Platz: Nutzungsintensivierung, wo dies möglich war, auf der einen Seite, Aufgabe der Nutzung und Verbuschung oder gezielte Aufforstung auf der anderen Seite gefährden nach wie vor den größten Teil dieser Biotoptypen. Jedoch gilt es hinsichtlich der Entstehung, Gefährdung und daraus folgenden Schutzmaßnahmen im Einzelfall zu differenzieren – Pflege in Form alter, extensiver Nutzungsweise kann sinnvoll und notwendig sein, in manchen Fällen natürlich entstandener Sandtrockenrasen und anderer Biotoptypen aber auch schädlich wirken.

Aus Sicht des Naturschutzes kommt dem überwiegenden Teil dieser Biotoptypen hohe Schutzwürdigkeit zu. Dies gilt auch für solche, die in sehr direkter Abhängigkeit vom menschlichen Eingreifen stehen, etwa Bahndämme, Hohlwege und Ruderalfluren. In vielen Fällen übernehmen sie wichtige Funktionen im Rahmen lokaler Biotopverbundsysteme.

Häufig werden die hier beschriebenen trockenen Offenbiotope in der öffentlichen Meinung als Brach- oder »Ödland« geringgeschätzt – Flächen, für die angesichts der Überschuß-Produktion in der Landwirtschaft eigentlich Platz übrig sein sollte. Dennoch werden sie nach wie vor – häufig unbemerkt – mit unter den Pflug genommen, wo dies halbwegs profitabel erscheint. Auf diese Weise verschwand zum Beispiel ein großer Teil der von Ruderalfluren bewachsenen Randstreifen der Wege, den Feldrainen.

Kalktrockenrasen

Kennzeichen: Sogenannte echte Trockenrasen (vegetationskundlich: Xerobrometum) auf Kalkgestein. Vor allem auf südexponierten, stark besonnten Hängen mit geringmächtigem Boden (Rendzina, Rohboden). Zusammen mit dem wasserdurchlässigen Kalkgestein bewirkt dies starke Trockenheit; teilweise nur schüttere Vegetationsdecke aus Gräsern und Kräutern. Hohe Temperaturmaxima infolge der extrem hohen Sonneneinstrahlung, starke Schwankungen zwischen Tag und Nacht.
Vorkommen: Kalkgebiete im südlichen und mittleren Deutschland, insbesondere in Baden-Württemberg, Bayern (zum Beispiel Schwäbische und Fränkische Alb) und Thüringen (Rhön, Lößgebiet des Thüringer Becken). Weitere wichtige Vorkommen in Eifel und Nordhessen.
Entstehung: An steilen Felshängen möglicherweise natürlich; in den meisten Fällen anthropogen durch Entwaldung und anschließende extensive Beweidung durch Schafe und Ziegen, lokal auch Rinder (alte, genügsame Rassen).
Bedeutung: Zeugen früherer landwirtschaftlicher Kultur. Reiche, typische Flora aus »lichtbedürftigen Hungerkünstlern«, vielfach mit xeromorphen Merkmalen. 184 Pflanzenarten der Roten Liste auf Trocken- und Halbtrockenrasen, der am stärksten bedrohten Pflanzenformation. Meist Trespen-Trockenrasen mit Aufrechter Trespe, Glanzlieschgras, Küchenschelle, Schmalblättrigem Lein, Karthäusernelke, Frühlings-Fingerkraut, Taubenskabiose, Berg- und Edelgamander sowie Orchideen.
Faunistisch sind Trockenrasen nicht die artenreichsten Biotope, aber viele seltene, wärmeliebende, südlich verbreitete Arten kommen vor, zum Beispiel der Hautflügler (Wildbienen und andere), Käfer, Feldheuschrecken, Tagfalter, Wanzen und Zikaden (siehe auch Halbtrockenrasen → S. 168).
Gefährdung: Verbuschung und Bewaldung infolge fehlender Extensiv-Nutzung, Freizeit-Aktivitäten, Motocross, Einträge von Pestiziden und Nährstoffen von angrenzenden Nutzflächen.
Schutz: Vollschutz für alle Restflächen, Entkusseln und Wiederaufnahme der Pflege mit alten Haustierrassen.

Halbtrockenrasen

Kennzeichen: Magerrasen mit etwas tiefgründigeren Böden (kalkreiche Lehm- und Mergelböden) als die Kalk- oder echten Trockenrasen, vegetationskundlich als Mesobrometum bezeichnet. Weniger lückige, sondern eher wiesenähnlich dichte Vegetation mit stärker breitblättrigen, weniger trockenheitsangepaßten Arten. Temperaturextreme nicht ganz so hoch.
Vegetationskundlich Trespen-Halbtrockenrasen, darunter Enzian-Zwenkenrasen (oft als Wacholderhaine) und Blaugras-Halbtrockenrasen. Bestandsbildende Gräser sind in der Regel Aufrechte Trespe, Fiederzwenke, Schillergras, Schafschwingel und teils Zittergras; viele bunt blühende Pflanzen.
Vorkommen: In Kalk- und Lößgebieten des südlichen und mittleren Deutschlands, insbesondere in basenreichen Mittelgebirgs-Landschaften.
Entstehung: Als Ersatzgesellschaften vor allem aus trockenen Buchenwäldern durch menschliche Nutzung (Schlag, Brand und Beweidung) hervorgegangen.

Bedeutung: Floristisch artenreiche Lebensräume mit Deutschem, Fransen- und Kreuzenzian und zahlreichen Orchideen, zum Beispiel Fliegen-, Bienen-, Hummel- und Spinnenragwurz, Helm-, Brand-, Kleinem-, Affen- und Dreizähnigem Knabenkraut.
Viele wärmeliebende Insekten, zum Beispiel Schmetterlinge: verschiedene Bläulinge, Segel- und Apollofalter, Schwalbenschwanz, Baumweißling, Blutströpfchen- und viele andere Widderchen. Enzian- und Thymian-Bläuling fressen als Raupen anfangs an Enzian- und Thymian-Blättern, bevor sie den Rest ihrer Entwicklung in Ameisennestern verbringen, wo sie von der Brut ihrer Wirte leben.
In vielfältigen Magerrasen-Gebieten über 100 Wildbienen-Arten (auf Weiden weniger als auf gemähten Wiesen), zum Beispiel verschiedene Sand-, Furchen- und Mauerbienen. Typische Heuschrecken sind Zweipunkt- und Langfühler-Dornschrecke. In Kontakt zu Gebüschen als Reptilien Zaun- und Smaragdeidechse, Schling- und Aeskulapnatter, als Vogel die Zippammer.
Gefährdung, Schutz: → S. 167. Bei fehlender Beweidung/Mahd unerwünschte Ausbreitung der Fiederzwenke und Verfilzung.

Binnendüne und Sandtrockenrasen

Kennzeichen: Sandflächen mit noch junger oder weitgehend fehlender Bodenbildung und folglich nur schütterer, lückiger Vegetationsdecke. Trockenrasen, jedoch ganz anders als die Kalktrockenrasen geartet. Dominierende Pflanzen sind im allgemeinen Silbergras, (Blaugrünes) Schillergras, Schafschwingel und Grasnelke. Hohe Temperaturextreme auf den sonnenexponierten Sandflächen.
Je nach Substrat Ausbildung von Silbergrasfluren auf silikatreichem, basenarmem Untergrund oder von Schillergrasfluren auf kalkhaltigen Sanden.
Vorkommen: Binnendünen, Flugsand und anderer Sanduntergrund zum Beispiel in Schleswig-Holstein, im Elbe-Urstromtal, in der Rhein-Main-Ebene, im Regnitzbecken und Harzvorland.
Entstehung: Natürlich im Zuge der Besiedlung ehemaliger Flugsandfelder in warmem, niederschlagsarmem Klima, lokal in ähnlicher Form als Folge des Sand- und Kiesabbaus. Erhaltung teilweise durch menschliche Eingriffe und Wühltätigkeit von Kaninchen.
Bedeutung: Zeugnis früher weiter verbreiteter naturnaher Mager-Lebensräume. Vorkommen sehr seltener Pflanzenarten wie Sandthymian, Badener Rispengras und Sandstrohblume. Floristische Vielfalt auf kalkhaltigen Sanden größer, dort mit Blütenvielfalt auch mehr Schmetterlinge wie Hufeisenklee-Heufalter, Kleine Rostbinde, Kleines Ochsenauge sowie Dunkelbrauner, Himmelblauer und Silber-Bläuling.
Als seltene Gehäuseschnecken auf Sandtrockenrasen zum Beispiel Quendelschnecke, Gemeine Heideschnecke und Weiße Turmschnecke. Verschiedene Laufkäfer der Gattungen *Cicindela* und *Harpalus*; weitere Insekten sind der Verkannte, Rotleibige und Heide-Grashüpfer sowie verschiedene Sandbienen.
Gefährdung: Sandabbau, Freizeitnutzung mit Folgen wie Tritt und Nährstoffeintrag, Baumaßnahmen, Aufforstung und Gehölz-Ausbreitung.
Schutz: Sicherung und Freihalten von jeglichen Nutzungsansprüchen. Als Pflege scheint die »Beweidung« durch Kaninchen auszureichen.

Sandheide

Kennzeichen: Weitgehend baumfreie Zwergstrauchbestände, vor allem der Besenheide, auf sandigem Boden. Auswaschung von leicht löslichen Salzen, Kalk, Humus- und Mineralstoffen durch Niederschläge, als Folge Nährstoffarmut und Versauerung. Als Bodentyp entsteht ein stark saurer Podsol. Dazu trägt auch die Besenheide mit ihren kaum zersetzbaren toten Abfälle bei (Bildung von Rohhumus). Nicht behandelt werden hier die andersartigen Typen der Moorheide (→ S. 202) und Hochheide (→ S. 171).
Vorkommen: Vor allem im nordwestdeutschen Flachland. Heute großflächig noch in der Lüneburger Heide, ansonsten geringe Restbestände überwiegend in kleineren Naturschutzgebieten. Im nordwestdeutschen Flachland zwischen 1750 und 1830 am weitesten verbreitet; durch Kultivierung (Umbruch, Düngung) stark reduziert, in Schleswig-Holstein auf unter 5000 ha oder 2 %.
Entstehung: Auf von Natur aus sauren Böden durch historische Landnutzung, indem zu intensive Waldweide Böden und Vegetation degradierte. Mindestens seit der Eisenzeit Heide-Förderung durch Plaggenhieb, der Gewinnung von 10 cm dicken Heidesoden als Einstreu für den Viehstall. Dies bewirkte weiteren Nährstoff-Entzug. Besenheide regeneriert danach rasch.
Bedeutung: Zeugnis historischer, landschaftsprägender Landnutzung und Lebensraum einer typischen Flora und Fauna. Überwiegend Zwergsträucher (Besenheide, Heidel- und Preiselbeere, Behaarter und Englischer Ginster), lokal Wacholder.
2500 Tierarten der Heiden in Schleswig-Holstein, davon 140 Spinnenarten und viele Lauf-, Schnell-, Kurzflügel- und Dungkäfer. Auf Besenheide spezialisierte Pflanzenfresser sind Heideschrecke (eine Heuschrecke), Schwärzliche Erdeule, Heidebürstenbinder, Kleines Nachtpfauenauge und Heidespinner (alles Falter). Zahlreiche Wildbienen.
Gefährdung: Aufforstung, Umwandlung in Akker oder Grünland, Überweidung, fehlende Nutzung (führt zur Vergrasung).
Schutz: Sicherung aller Sandheiden. Extensive Weidenutzung durch Heidschnucken oder Mahd alle zehn Jahre, Nachahmen historischer Plaggenwirtschaft.

Hochheide

Kennzeichen: Zwergstrauchbestände in den höchsten Lagen der Mittelgebirge, mindestens in 650 m (nördliche Mittelgebirge) bzw. 1000 m über NN (Schwarzwald). Auf armen Buntsandstein- und Schieferböden. Im Schwarzwald heißen solche Hochheiden Weidfelder, die im Süden vom Flügelginster (durch Beweidung gefördert) geprägt werden. Im Nordschwarzwald Grinden als stark saure, vernäßte Heideflächen infolge jahrhundertelanger Beweidung entstanden.
Vorkommen: Isoliert in Mittelgebirgs-Hochlagen (Harz, Rheinisches Schiefergebirge, Rhön, Bayerischer und Schwarzwald).
Entstehung: Vermutlich wenigstens zum Teil Relikte der letzten Eiszeit auf armen Extremstandorten, die sich nach Rückzug des Eises nicht wiederbewaldeten. Der andere Teil durch Übernutzung des Waldes in Kuppenlage (Waldweide, Streunutzung, Köhlerei und Holzgewinnung), so daß sich angrenzende Hochheideflächen ausweiten konnten. Anschließende extensive Beweidung und Plaggenhieb trugen zu ihrem Fortbestand bei.
Bedeutung: Vorkommen nordischer und alpiner Reliktarten der Flora, die als Überbleibsel der letzten Vereisung gelten, zum Beispiel Bärlapp-Arten. Bestandsbildend vor allem Besenheide und Preiselbeere, zum Teil mit Krähen- und Rauschbeere. In feuchteren Bereichen auch Glockenheide, Torfmoose und Moosbeere.
Über Wirbellosen-Fauna ist noch wenig bekannt, jedoch müssen Hochheiden auch aus zoologischer Sicht aufgrund ihrer Seltenheit als höchst schutzwürdig gelten.
Gefährdung: Stark vor allem durch Aufforstung, aber auch durch Intensivierung der Weidenutzung und Düngung. Vielfach, wenn anthropogen entstanden, durch Verbuschung nach Nutzungsaufgabe. Skisport.
Schutz: Erhaltung aller Hochheideflächen unter großflächiger Abgrenzung (Schutz vor negativen Randeinflüssen). Eventuell Entkusseln bei bedrohlicher Gehölz-Entwicklung. Soweit nicht in windexponierter Lage selbsterhaltend, Wiederaufnahme extensiver Beweidung durch angepaßte Haustierrassen.

Borstgrasrasen

Kennzeichen: Der Hochheide ähnliche Vegetationsform und vielfach in diese übergehend, jedoch durch Vorherrschen des drahtigen, vom Vieh ungern gefressenen Borstgrases unterschieden. In tieferen Lagen weitgehend ohne Zwergsträucher. Auf mehr oder minder mageren, sauren Böden, meist über Silikatgestein. Oft auf ebenen, vergleichsweise tiefgründigen Standorten. Als Allmende ehemals einschürige Mahd oder – bei eingestreuten Steinblöcken – extensiv beweidet. Ausgeklammert bleiben hier die floristisch reichhaltigeren Borstgrasrasen der Alpen (→ S. 247).
Vorkommen: In Mittelgebirgen wie zum Beispiel Harz, Solling, Rheinisches Schiefergebirge, Westerwald, Vogelsberg, Rhön, Bayerischer und Schwarzwald, oberhalb von 900 m über NN in floristisch typischer Form, darunter gedeiht das Borstgras in sehr artenarmen Rasen.
Entstehung: An Standorten des Hainsimsen-Buchenwaldes durch Waldrodung und anschließende Grünland-Nutzung. Somit infolge hoher Niederschläge Auswaschung von Nährstoffen im Boden, verstärkt durch Streuentzug, ungeregelte Mahd und Weidenutzung ohne Düngung.
Bedeutung: In vielen Mittelgebirgen ehemals verbreiteter Wiesentyp, oft auf mehr als einem Drittel der Grünlandfläche, durch Nutzungsintensivierung sehr selten geworden. Floristisch aufgebaut aus Borstgras, Rotschwingel, Rotem Straußgras, Dreizahn, Drahtschmiele, Hasenbrot und Pillensegge sowie den Kräutern Gewöhnliches Kreuzblümchen, Katzenpfötchen, Wiesenleinblatt, Hundsveilchen, Sandlabkraut, Blutwurz und Arnika; als Zwergstrauch die Besenheide.
Zoologische Bedeutung im Schwarzwald als Nahrungsraum für die subalpinen Vögel Zitronengirlitz und Ringdrossel sowie als Brutplatz für Wasserpieper, Wiesenpieper und die mediterrane Zippammer.
Gefährdung: Hochgradig durch Nutzungsintensivierung – durch Düngung ohne Neueinsaat leicht in ertragreichere Goldhaferwiesen (siehe Bergwiesen → S. 246) umzuwandeln. Skipsport, Aufforstung, Nährstoff-Einträge.
Schutz: Erhaltung und Rückentwicklung von Goldhaferwiesen in geeigneter Lage. Gewährleisten einer extensiven Nutzung.

Felsen

Kennzeichen: Weitgehend unbewachsene Gesteinsflächen in unterschiedlicher Exposition, teils sonnenexponiert und trocken-heiß, teils schattig und feucht-kühl. Fehlende oder nur in Gesteinsspalten und auf Absätzen im Initialstadium befindliche Bodenbildung, dort als Vegetation sogenannte Felsband-Gesellschaften.
Zunächst dominieren Moose und Flechten, dann treten bei geringfügiger Bodenakkumulation in Spalten auch Gräser hinzu, später verdrängen Kräuter und selbst Gehölze die ursprüngliche Vegetation. Mit zunehmender Ansammlung von Bodensubstanz in nicht zu steiler Lage Entwicklung von Trockenrasen.
Vorkommen: Vor allem in den gebirgigen Landschaften; größere Vorkommen zum Beispiel in Elbsandsteingebirge, Schwäbisch-Fränkischer Alb, Schwarzwald und Alpen.
Entstehung: Natürlich als Folge von Prozessen der Verwitterung und Abtragung. Künstliche Felsen auch durch den Menschen, zum Beispiel in Steinbrüchen, bei Straßenbauten usw.
Bedeutung: An die extremen Standortbedingungen angepaßte Flora, wichtigster Lebensraum für viele Flechten, Laub- und in feuchten Bereichen besonders Lebermoose. In Felsband-Pioniergesellschaften Mauerraute, Braunstieliger Streifenfarn, Zimbelkraut und Zerbrechlicher Blasenfarn.
Vor allem für wärmeliebende Insekten wichtige Funktionen als Ruheplatz, Jagdrevier und Heizraum: 67 Großschmetterlings-Arten besiedeln Felsband-Gesellschaften, zum Beispiel Apollo, Roter Scheckenfalter, Fetthennenbläuling, Braunes Fleckenfalsch-Widderchen und Mauerflechtenbärchen. Lebensraum von Mauereidechse und Rotflügeliger Ödlandschrecke.
Hohe Felssteilwände sind angestammte Brutplätze von Wanderfalke und Uhu, ferner von Hausrotschwanz, Mauersegler, Turmfalke und Dohle.
Gefährdung: Klettersport, für empfindliche Großvögel auch durch touristische Belastungen der Umgebung, Verkehrslinien und naheliegende Bebauung.
Schutz: Begrenzung der Kletter-Aktivitäten auf ausgewählte Felsen.

Hochwasserdamm

Kennzeichen: Vom Menschen als Schutz vor Hochwässern an Flußläufen aufgeschüttete Bauwerke. Bewachsen von mehr oder minder trockenem, magerem Grünland, zum Teil von Pflanzen der Ruderalfluren durchsetzt. Unterschiedliche Vegetation:

- ▸ Fettwiesen (besonders Glatthaferwiesen) auf noch jungen Dämmen mit nährstoffreichen, relativ frischen Böden (→ S. 191);
- ▸ Kalk-, Halb- und Sandtrockenrasen, je nach Substrat, auf stärker besonnten und nicht oder nur gering mit humusreichem Oberboden bedeckten Dämmen (→ S. 167–169).

Vor allem an Stellen mit Bodenverletzungen können Ruderalpflanzen wie Wilde Möhre, Gewöhnliches Bitterkraut, Wegwarte und Natterkopf einwandern. Ausgeklammert bleiben hier die Küstendeiche (→ S. 237).

Vorkommen: Entlang der meisten Flußläufe mit einer Gesamtlänge von vielen tausend Kilometern in Deutschland.

Entstehung: Aufschüttung aus Kies, Steinen und/oder Bodenaushub zu technischen Zwecken des Hochwasserschutzes. Am Rhein entstanden die meisten Deiche und Dämme vor über 100 Jahren, die ersten wurden 1575 urkundlich erwähnt. Auch heute werden noch neue Hochwasserdämme gebaut.

Bedeutung: Wirkung in den Talauen negativ, da sie die Überflutungszonen (Retentionsräume) gravierend einengen. Andererseits für Flora und Fauna des Grünlandes und besonders der Magerrasen wichtige Sekundär-Lebensstätten, zum Beispiel Orchideen, Schmetterlinge und Wildbienen.

An oberrheinischen Hochwasserdämmen wurden 175 Wildbienen-Arten nachgewiesen, die hier Nahrungsraum, Nistplatz, Teil- oder vollständigen Lebensraum finden. Für viele Arten Kontakt zu Biotopen wie Gehölze, Hochstaudenfluren, Totholz, Schilfröhricht usw. bedeutsam. Wichtig für Biotopverbund.

Gefährdung: Zu häufige, zu frühe und häufig großräumige Mahd auf lange Strecken, seltener auch zu intensive Beweidung.

Schutz: Ein- oder zweimalige Mahd im Jahr, jedoch zeitlich und räumlich versetzt, möglichst in 100 bis 200 m kurzen Abschnitten. Kleine Flächen jahrweise aussparen.

Bahnanlage

Kennzeichen: Trockener Biotoptyp linearer Erstreckung entlang von Eisenbahnlinien. Zu unterscheiden sind in Betrieb befindliche Bahntrassen (Gleisbereich mit Herbiziden pflanzenfrei gehalten) und stillgelegte Bahntrassen, die der natürlichen Sukzession überlassen bleiben. Verschiedene Teilbiotope wie Schotterflächen, magere Rasen an steilen Flanken der Dämme in sonnenexponierter und schattiger Lage, Stützmauern, Brückenbauwerke, Ruderal- und Hochstaudenfluren, Brombeer-Niederhecken (→ S. 153) und Gebüsche. Gleiskörper ansich in befahrenem Zustand ohne Pflanzendecke, in stillgelegtem Stadium vom Rande her bewachsend.
Vorkommen: Netzförmig in allen Landschaften mit Bündelung und lokal flächiger Ausdehnung im Bereich größerer Bahnhofsanlagen (Haupt- und Güterbahnhöfe); stilliegende Bahndämme vor allem in ländlichen Gebieten und älteren Gewerbegebieten mit Industriebrachen.
Entstehung: Bau als Verkehrslinien für den Schienenverkehr, dabei Anschüttung und Befestigung von mehr oder weniger hohen Dämmen.
Bedeutung: Mit zunehmendem Alter und bei stillgelegtem Eisenbahn-Verkehr wachsende Bedeutung als Lebensraum und als Verbindungs- und Wanderungslinie im Rahmen eines Biotopverbunds, ganz besonders innerhalb von Städten. Auf einem 150 ha großen Bahngelände kommt mit 566 Pflanzenarten knapp die Hälfte der Berliner Flora vor. Ähnliche Bedeutung vermutlich für Wirbellose. Viele Neubürger der Flora (Neophyten) breiten sich entlang von Bahnlinien aus. Alte Dämme zeigen oft die Vegetation von brachliegenden Magerrasen als wichtige Biotope für Schmetterlinge oder ruderalisierte Glatthaferwiesen. Mauerfugen-Lebensgemeinschaften besonders in Mauern aus dem vorigen Jahrhundert. Trocken-warme Böschungen wichtig für Reptilien und Kleinsäuger, mit Stauden und Büschen (Sitzwarten) Sekundärbiotop für das Schwarzkehlchen.
Gefährdung: Herbizidbehandlung. Nach Stillegung Abbau und Nutzungsumwandlung (Landwirtschaft, Radwege).
Schutz: Erhaltung und Einbindung in Biotopverbundsysteme.

Sand-, Schotter- und grüner Weg

Kennzeichen: Nicht durch Asphalt oder Beton versiegelte Wege, die relativ wenig befahren werden. Oberflächen mit verdichtetem Bodenmaterial, Sand oder Schotter befestigt, mit oder ohne Grünstreifen zwischen den Fahrspuren.
Vorkommen: Vor allem in den Agrarlandschaften, auch in Abbaugebieten (Kies- und Sandgruben); besonders verbreitet sind zum Beispiel Sandwege in der Lüneburger Heide. Jeder Quadratkilometer Agrarlandschaft in den westlichen Bundesländern wird im Mittel von 4,8 km Feldwegen durchzogen, davon ist meist der größere Teil unasphaltiert.
Entstehung: Planmäßige Anlage und teilweise Pflege als Wirtschaftswege für Land- und Forstwirtschaft sowie stellenweise als Wanderwege für die Erholung.
Bedeutung: Wege stellen in aller Regel biotopfremde Bänder dar, welche die Lebensbedingungen und Lebensgemeinschaften beiderseits stören. Somit sind Wege in ihrer ökologischen Wirkung negativ zu beurteilen; hinzu kommt, daß von ihnen Störungen durch Lärm, menschliche Gegenwart usw. für die angrenzenden Flächen ausgehen. Dennoch sind Wege keine sterilen, von Pflanzen und Tieren unbesiedelte Streifen; sie dienen ebenso als Lebensraum. Ihre Bedeutung steigt im allgemeinen mit zunehmendem Grünanteil, d. h. sie ist umso größer, je schmaler die Fahrspuren sind.
»Grüne Wege« werden von Springschwänzen, Mücken, Laufkäfern, Kurzflügelkäfern, Wolf- und Zwergspinnen häufiger besiedelt. Auf Kies-Lehm- und Schotterwegen finden sich diese wesentlich seltener. Auf einen Weg getriebene Wolfspinnen flüchten zur grasigen Wegmitte (falls vorhanden) und zu den bewachsenen Randstreifen. Sandwege können, werden sie nicht zu stark frequentiert, von Wildbienen genutzt werden, die Erdnester bauen.
Gefährdung: Asphaltierung, Herbizidbehandlung, häufiges Mähen des Grünstreifens.
Schutz: Verzicht auf Neu- und Ausbau-Maßnahmen von Wegen.

Hohlweg

Kennzeichen: Mehr oder minder tief in das umgebende Geländeniveau eingeschnittene Wege, die im Optimalfall aus vier Teilbiotopen bestehen: überstehende Geländeoberkante, senkrechte Lößwand, flachere Lößböschung und unbefestigte Wegsohle.
Vorkommen: Auf Lößlandschaften beschränkt, vor allem Kraichgau und Kaiserstuhl, allgemein im Windschatten vor den deutschen Mittelgebirgen, im Rhein-, Donau- und Elbtal. Die Mächtigkeit der Lößschichten variiert dort von wenigen Dezimetern bis über 30 m im Oberrheingebiet. Im Kraichgau – der heute an diesem Biotop reichsten Landschaft Baden-Württembergs – blieben 128 Hohlwege mit 32 km Gesamtlänge erhalten, im Kaiserstuhl 100 mit 26 km Länge.
Entstehung: Folge jahrzehnte- und jahrhundertelanger Benutzung eines Weges durch Mensch, Vieh und Wagen. Verdichtung des Bodens durch diese Belastungen verhindert das Versickern des Niederschlagswassers, das oberflächlich abfließt und dabei Lößpartikel mitreißt. So stetige Vertiefung bei weiterer Benutzung.
Bedeutung: Rund 400 Tierarten sind auf Hohlwege angewiesen. Besiedlung abhängig von Härte des Lösses, Steilheit der Wände und Intensität der Sonneneinstrahlung. An den oberen Kanten häufig Gebüsche mit Liguster, Berberitze, Hartriegel, Heckenrose, Weißdorn und verwilderter Sauerkirsche, an deren Rand Saumarten wie Großes Windröschen, Dost, Hasenohr, Blutstorchschnabel und Ackerglockenblume. In einem Bonner Hohlweg 140 Pflanzenarten, in zwei Kraichgauer Hohlwegen 50 Wildbienenarten. Reichtum an Pflanzenarten bietet Futterpflanzen für viele Tagfalter wie Schwalbenschwanz, Heu-, Segel- und Resedafalter, Bläulinge und viele Nachtfalter.
Gefährdung: Beseitigung im Rahmen von Flurbereinigungen (im Kaiserstuhl wurden so die meisten Hohlwege zerstört), Asphaltierung der Wege. Eintrag von Dünger und Pestiziden von angrenzenden Nutzflächen. Werden Hohlwege nicht mehr benutzt, rutschen die Wände nach und wachsen zu.
Schutz: Erhalt aller Hohlwege und Renaturierung verfüllter Wege unter regelmäßiger Benutzung. 5 m-Streifen beiderseits ohne Intensivnutzung.

Ruderalflur

Kennzeichen: Pionierbiotop unter starkem Einfluß des Menschen, benannt nach dem lateinischen Wort »rudus« gleich Schutt, Ruine, Bauabfall. Zu finden vor allem auf Ablagerungen von Bauschutt und Müll, auf überdüngten Wegrainen, Abfall- und Kompostplätzen. Auf unbewachsenen Flächen hohe Extremtemperaturen; oft trocken, jedoch auch in frischen bis feuchten Ausprägungen. Weitere Unterschiede hinsichtlich Nährstoffgehalt (aber meist sehr nährstoffreich), Humusgehalt und Stadium der pflanzlichen Besiedlung (Sukzession).
Vorkommen: In allen Landschaften, besonders an Lagerplätzen und Wegrändern. Ehemals häufig in Dörfern. Natürlich an Flußufern und Wildlagerplätzen.
Entstehung: Durch spontane Besiedlung von Bauschutt, Erdaushub, Kompost, Abfällen und überdüngten Weg- bzw. Feldrainen.
Bedeutung: Botanisch werden kurzlebige, weil häufig vom Menschen gestörte Ruderalfluren auf immer stickstoffreichen Flächen mit Gänsefuß-Arten, Kleiner Brennessel, Kompaßlattich, Schmalblättriger Doppelsame, Kanadischem Berufskraut, Mäusegerste und Tauber Trespe unterschieden von langlebigen Ruderalfluren. Dort mehr ausdauernde Arten wie Natternkopf, Weißer und Gelber Steinklee, in dörflichen Ruderalfluren Esels-, Kugel- und Wegdistel, Guter Heinrich und Schwarznessel. Rainfarn-Beifuß-Gestrüpp auf überdüngten Wegrändern. Viele frühere Zier- und Heilpflanzen.
Auf Müll und Kompost durch bakterielle Zersetzung gegenüber Umgebung größere Wärme, die ansich im Mittelmeerraum beheimatete Pflanzen das Überleben ermöglichen; davon profitieren auch Vogelmiere, Rispengräser, Greis- und Hornkraut-Arten.
In der Fauna fallen Tausend- und Hundertfüßer, Lauf- und Kurzflügelkäfer, Wildbienen, Asseln (Keller-, Mauer- und Rollassel) sowie Schnecken (etwa Garten-Wegschnecke und Netz-Ackerschnecke) auf.
Gefährdung: Stark zurückgedrängt – besonders in den Dörfern – infolge übertriebenen Ordnungssinns.
Schutz: Erhaltung und Duldung von »wilden« Ecken und Wegrainen in Dörfern, Städten und der freien Landschaft.

Ackerbiotope sind hochgradig durch menschliche Nutzung geprägte Lebensräume, auf denen zumeist einjährige Kulturpflanzen angebaut werden. Durch Pflügen und weitere regelmäßige Bodenbearbeitung, Pestizideinsatz und monostrukturellen Aufbau herrschen in den heute verbreiteten Ackerbiotopen extreme Lebensbedingungen, die eine starke Selektion für hier vorkommende Pflanzen- und Tierarten bedeuten.

Eine Differenzierung der Ackerbiotope ist nach den Hauptkulturen als auch nach Bodenarten möglich:

- Halm- und Ölfruchtacker (Getreide, Raps, Rübsen),
- Hackfruchtacker (Kartoffeln, Rüben, Gemüse),
- Grünfutter-Anbauflächen (Klee, Luzerne).

Eine andere Gliederungsmöglichkeit ergibt sich aus den Bodenarten mit zwei Hauptgruppen:

- schwere, alkalische Böden aus verwitterten Kalkgesteinen oder Lehm,
- leichte, meist saure Böden aus Sand oder sandigem Lehm.

Hier werden die Ackerbiotope anhand der Hauptkulturen gegliedert. Behandelt werden daneben auch Ackerbiotope im weiteren Sinne, nämlich Weinkultur und Baumschule, ferner Ackerbrache und Weinbergbrache als Folge vorübergehend oder dauerhaft aufgegebener Nutzung.

Im allgemeinen sind die Ackerbiotope aufgrund der starken und regelmäßigen Düngung sehr nährstoffreich. In den letzten Jahrzehnten trat im Zuge der Intensivierung der Ackernutzung eine starke Verdichtung der Kulturpflanzen-Bestände ein, so daß in der Ackerbegleitflora und -fauna die sonnen- und wärmeliebenden Arten vielfach stärker schattenverträglichen wichen. Stets wirken die mehr oder minder langen Phasen nackten Bodens ohne jegliche Pflanzenbedeckung nach der Ernte als gravierender limitierender Faktor für viele Lebewesen.

Über die Tierbesiedlung von Ackerbiotopen entscheiden vielfach sogenannte Nachbarschaftseffekte: Wenn naturnähere Landschaftselemente wie Feldgehölze, Hecken (siehe Zeichnung), breite, magere Wegraine usw. die Ackerlandschaft beleben, ist die Zahl der auf den Äckern lebenden Tierarten wesentlich höher als bei Fehlen solcher Strukturen. Dies liegt darin begründet, daß viele Arten die Ackerbiotope nur als Teillebensraum nutzen können, nicht aber ganzjährig; sie benötigen stabilere benachbarte Lebensräume, von denen ausgehend sie kurzzeitig oder längerfristig in die Ackerbiotope einwandern, auf die sie im Falle von Bewirtschafts-Eingriffen wie Pestizid-Einsatz, Ernte oder Umbruch jedoch auch fliehen können.

Die Ackerbegleitflora zeichnet sich durch Pflanzenarten mit ausgesprochen starker Samenvermehrung aus, mit deren Hilfe sie die häufige Bo-

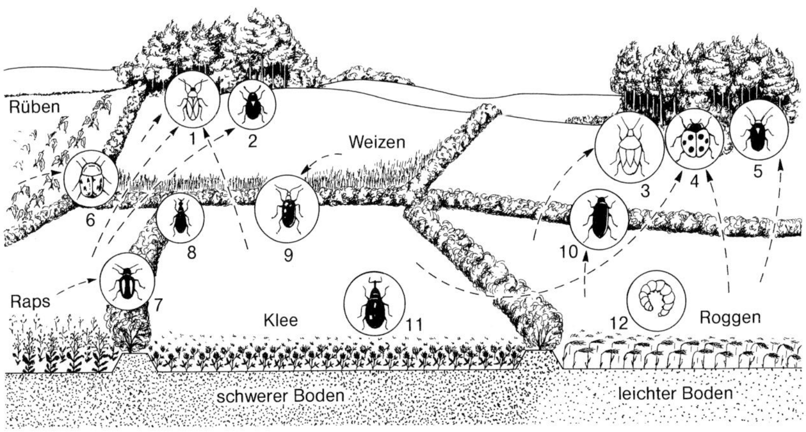

Nachbarschaftseffekte in Agrarlandschaften: Feldinsekten benötigen Hecken und Feldholzinseln, um zu überwintern (nach Tischler aus Jedicke 1990).

denbearbeitung und die Phasen der Ernte und unbedeckten Bodens meistern. Die Arten der typischen Ackerbegleitflora wurden entweder mit den Kulturpflanzen aus deren Heimatländern eingeschleppt, wanderten später aus anderen geographischen Regionen ein oder besiedelten die Äcker aus heimischen Biotoptypen. Die heutige Nutzungsintensität der Äcker läßt den meisten dieser Arten allerdings keine Lebensmöglichkeiten mehr. Intensiv genutzte Ackerbiotope bedeuten eine starke Belastung des Naturhaushalts, und zwar der Medien Boden, Wasser und Luft ebenso wie der naturnahen Lebensräume, der Pflanzen- und Tiergemeinschaften. Negativ wirken vor allem

- die immer stärkere Mechanisierung des Ackerbaus mit großen und schweren Maschinen,
- die nach wie vor steigende Menge ausgebrachter Herbizide, Insektizide, Fungizide und anderer Pestizide sowie von Wuchshemmern,
- die ebenso wachsende Menge an Düngemitteln (Gülle, Mineraldünger) mit enormen Überschüssen an Gülle als Folge einer flächenunabhängigen Viehproduktion,
- die Vergrößerung der Ackerschläge unter weitgehender Zerstörung naturnaher Landschaftsstrukturen, vor allem von Hecken und Feldrainen,
- der Anbau erosionsfördernder Kulturen wie Mais, Rüben und Wein und die Beschränkung auf wenige Fruchtarten und auch -sorten unter Verzicht auf die früher üblichen abwechslungsreichen Fruchtfolgen.

Als Konsequenzen lassen sich Bodenverdichtung und -erosion in starkem Umfang beobachten, Oberflächen- und Grundwasser zeigen Rückstände von Pestiziden und Düngemitteln, naturnahe Restbiotope in den Ackerlandschaften und hier besonders auffällig die Gewässer werden eutrophiert. Die vom Ackerbau und allgemein von der Landwirtschaft ausgehenden Nährstoffbelastungen wirken sich über die Fließgewässer bis in die Weltmeere negativ aus, wie das überhöhte sommerliche Algenwachstum in den Wattbiotopen an der Nordseeküste immer deutlicher vor Augen führt.

Für rund 72 Prozent der gefährdeten Farn- und Blütenpflanzen Westdeutschlands liegt die Hauptursache der Bedrohung in der intensivierten Landwirtschaft. Für die Tagfalter liegt dieser Anteil bei 69 Prozent. Gerade die Agrarlandschaften mit guten, fruchtbaren Böden bilden heute regelrechte Ackersteppen, in denen selbst typische Kulturfolger wie Feldhase, Rebhuhn und Feldlerche kaum Existenzmöglichkeiten mehr finden; Pflanzen- und Tierarten, die halbwegs naturnahe Biotope – auch nur schmaler und geringer Ausdehnung – beanspruchen, fehlen weitgehend.

Naturschutz in den Ackergebieten erfordert besonders dringliche und umfassende Maßnahmen des Biotopverbunds auf 10 bis 20 Prozent der Fläche. Dazu sind einerseits noch vorhandene Biotopreste durch Renaturierung ihrer Umgebung bestmöglich zu vergrößern und linienhafte Korridorbiotope anzulegen. Andererseits muß die Nutzungsintensität auf allen Akkerbiotopen flächendeckend drastisch vermindert werden – um ihre stark isolierende, lebensfeindliche Wirkung auf die meisten Tierarten landwirtschaftlicher Biotope zu reduzieren, um aber auch die heute gravierenden Belastungen von Boden, Oberflächen- und Grundwasser sowie Nahrungsmitteln mit Düngern und besonders Pestiziden zu vermindern. Langfristig erscheinen hier Methoden des alternativen Landbaus als die bessere Form der Nahrungsmittel-Produktion.

Halm- und Ölfruchtacker

Kennzeichen: Acker mit Sommer- oder Wintergetreide wie Weizen, Roggen, Hafer, Gerste oder mit einer Ölfrucht wie Raps oder Rübsen. Stark gedüngt und in der Regel mit mehrfachen Pestizid-Spritzungen jährlich überzogen. Für Wintergetreide wird im Herbst letztmalig der Boden bearbeitet, für Sommergetreide im Vorfrühling. Auf Feldern mit Wintergetreide bleibt die Bodenoberfläche neun bis zehn Monate lang unbearbeitetet, auf solchen mit Sommergetreide fünf bis sechs.
Vorkommen: In allen Agrarlandschaften, insbesondere auf fruchtbareren Böden mit intensivster Bewirtschaftung.
Entstehung: Folge menschlicher Nahrungs- und Futtermittel-Erzeugung.
Bedeutung: Die in die heute allgemein üblichen Bewirtschaftungsweise genutzten Äcker wirken sich auf den Naturhaushalt sehr negativ aus – auf Wildpflanzen und Tiere, Boden, Luft, Oberflächen- und Grundwasser. Dennoch sind Halm- und Ölfruchtäcker auch Lebensräume für mehr oder minder gut an die Nutzungsformen und -intervalle angepaßte Arten. Bei Verzicht auf Herbizid-Einsatz bilden sich aus dem vorhandenen Samenreservoir im Boden Ackerwildkraut-Gesellschaften:

- ▸ bodensaure Windhalm-Gesellschaften mit Windhalm, Schmalblättriger Wicke, Kornblume, Roter Taubnessel, Klatschmohn und Ackerstiefmütterchen;
- ▸ Kalk-Gesellschaften mit Sommer- und Flammen-Adonisröschen, Feldrittersporn, Kleiner Wolfsmilch, Ackerröte, Ackerstiefmütterchen und Ackergauchheil.

Die Zahl ackerbewohnender Tierarten liegt umso höher, je weniger Pestizide ausgebracht werden. Dabei überwiegend direkt »nützliche« oder indifferente Arten. Vor allem im Boden oder auf der Bodenoberfläche lebende Arten; Lauf-, Kurzflügel-, Dung- und Stutzkäfer, Regenwürmer, Hornmilben und Springschwänze. Auf ökologisch funktionsfähigen Getreideäckern 5 bis 40 Laufkäfer pro Quadratmeter.
Gefährdung: Intensivnutzung mit Pestiziden und Überdüngung auf großen Schlägen, einseitige oder fehlende Fruchtfolge.
Schutz: Generelle Extensivierung bis hin zur Umstellung auf alternativen Landbau.

Hackfruchtacker

Kennzeichen: Anbaufläche von Kartoffeln, Zucker-, Runkel-, Steckrüben oder Feldgemüse, deren Boden noch im Juli durch Hacken bearbeitet wird; nur während drei bis vier Monaten im Jahr bleibt der Boden mechanisch unbearbeitet. Stark vor allem mit Herbiziden und Insektiziden behandelt. Negativ wirkt sich die lange Zeit im Jahr unbedeckte Erdoberfläche aus, auch auf Boden und Wasserhaushalt, so daß zur Vermeidung von Trockenschäden teilweise künstlich bewässert werden muß.
Früher wechselten Hackfrucht, Sommergetreide, Leguminose und Wintergetreide in einer Fruchtfolge miteinander ab, um konkurrierende Wildkräuter und Schäden anrichtende Tiere und Mikroorganismen zu begrenzen; heute erlaubt ein massiver Pestizid-Einsatz auch den mehrjährigen Anbau einer Frucht auf derselben Fläche in Folge.
Vorkommen: In allen Agrarlandschaften, insbesondere auf fruchtbareren Böden mit intensivster Bewirtschaftung.
Entstehung: Folge menschlicher Nahrungs- und Futtermittel-Erzeugung.
Bedeutung: Gerade auch die heute übliche intensive Nutzung der Hackfruchtäcker bedeutet immense Gefahren für den Naturhaushalt. Flora und Fauna vergleichbar mit Getreideäckern, jedoch (bei geringer bis fehlender Herbizid-Anwendung) Auftreten eigener Pflanzengesellschaften: In Hackwildkrautfluren sind typisch Vielsamiger Gänsefuß, Gartenwolfsmilch, Behaartes Franzosenkraut, Einjähriges Bingelkraut, Hornfrüchtiger Sauerklee, Borstenhirse-Arten und Ackerehrenpreis.
Eine artenreiche Wildkrautflora begünstigt das Vorkommen von wirbellosen Tierarten. Allgemein scheinen im Wintergetreide mehr Tierarten mit einer größeren Biomasse zu leben als in den noch stärker gestörten Hackfruchtfeldern.
Gefährdung: → S. 179f.
Schutz: → S. 179f. Wiedereinführung abwechslungsreicher Fruchtfolgen. Mit Herbiziden nicht gespritzte Ackerrandstreifen – weitgehend auf Getreideäcker beschränkt – bringen stets nur begrenzten Erfolg zur lokalen Arterhaltung einzelner Wildkräuter.

Grünfutter-Anbaufläche

Kennzeichen: Meist von mehrjährigen Leguminosen (Schmetterlingsblütlern) wie Luzerne, Rot-, Weiß- oder Schwedenklee, seltener von einjährigen Körnerleguminosen wie Erbse, Saatwicke, Ackerbohne oder Süßlupine gebildete Pflanzenbestände.
Ökologisch eine mittlere Stellung zwischen den Ackerbiotopen (jährlich neuer Pflanzenbestand mit langen Zeiten unbedeckter Bodenoberfläche) und Grünlandbiotopen (beständige Pflanzendecke) einnehmend. Dies gilt auch für die Wirbellosen-Fauna.
Pestizideinsatz und Düngung geringer als bei anderen Ackerkulturen; die Leguminosen können den Boden mit Stickstoff anreichern, da ihre Wurzeln eine Lebensgemeinschaft mit luftstickstoffbindenden Knöllchenbakterien eingehen.
Vorkommen: In allen Agrarlandschaften mit unterschiedlichen, meist geringen Anteilen.
Entstehung: Landwirtschaftliche Anbauform zur Gewinnung von Grünfutter und Silage.
Bedeutung: Negativwirkung auf Boden und Wasserhaushalt weniger ausgeprägt als im Falle der Getreide-, Ölfrucht- und Hackfrucht-Kulturen. Besonders zur Blütezeit der Leguminosen Bedeutung als Nahrungsraum zahlreicher Blütenbesucher, zum Beispiel Hummeln, verschiedene Sand-, Furchen-, Mauer- und Blattschneiderbienen. Diese können aber nur vorkommen, wenn sie in der Umgebung genügend Nistplätze wie trockene Wiesen, Feldraine, Erdabbruchkanten und Erdwege finden. Solche Nachbarschafts-Effekte gelten mit Gehölzen und anderen Biotopen auch für weitere Wirbellosen-Gruppen.
In Schleswig-Holstein wurden in einem Luzernefeld 790, in einem Kleefeld 740 Tierarten nachgewiesen; landesweit in diesem Biotoptyp rund 2500 Arten, zum Beispiel 507 Käferarten (viele Rüsselkäfer), 410 Schlupfwespen (besonders in Heckennähe), 55 Zikaden, 55 Spinnen. Feldlerche, Schafstelze und Rebhuhn brüten häufiger in Grünfutter-Feldern.
Gefährdung: Nutzungsintensivierung.
Schutz: Nicht erforderlich, zu bevorzugen wäre allerdings die Umwandlung in extensives Dauergrünland.

Ackerbrache

Kennzeichen: Ehemalige Ackerflächen, die unbearbeitet liegen bleiben. Je nach Alter, Samenpotential im Boden und dem Spektrum der auf angrenzenden Flächen wachsenden Pflanzen verläuft die pflanzliche Sukzession sehr unterschiedlich. Infolge jahrelanger vorheriger Düngung (zunächst) meist von nährstoffliebenden Pflanzen gebildete Flora.

Vorkommen: Verbreitet auf Grenzertragsstandorten, deren ackerbauliche Nutzung aufgrund flachgründigen, steinigen, feuchten oder aus anderen Gründen minderen Ertrag abwerfenden Bodens nicht mehr lohnt. Neuerdings auch in intensiver genutzten Agrarlandschaften durch Stillegungsprämien der Europäischen Gemeinschaft sowie auf ehemaligen LPG-Äckern Ostdeutschlands. Lokal auch aufgrund Bodenspekulation und Strukturnachteilen.

Entstehung: Folge der Nutzungsaufgabe. Früher war einjähriges Brachliegen infolge der traditionellen Dreifelder-Wirtschaft der Normalfall, damit sich der Boden regenerieren konnte.

Bedeutung: Kurzlebige Ackerbrachen, die nach einem oder wenigen Jahren wieder umgepflügt werden, besitzen für den Naturschutz nur geringe Bedeutung – abgesehen von dem Vorteil, daß Pestizide und Dünger vorübergehend nicht ausgebracht werden.

Im ersten und meist auch zweiten Brachejahr dominieren einjährige Ackerwildkräuter, die mit der vorher angebauten Kulturfrucht vergesellschaftet waren. Bei den drei- bis zehnjährigen Ackerbrachen nehmen die zweijährigen Kräuter, die Gräser und besonders ausdauernden Kräuter stark zu. Es stellt sich ein staudenreiches Stadium ein, welches an Ruderalfluren erinnert (→ S. 178) und eines der floristisch reichsten Kulturbiotope ist; in diesem Fall kommen auch viele Wirbellose vor.

Die Ansiedlung von Gehölzen kann mehrere Jahrzehnte auf sich warten lassen – dann allerdings geht die Zahl der Pflanzenarten in der Krautschicht zurück.

Gefährdung: Erneute Inkulturnahme, Bebauung, Flächenzerschneidung durch Straßen.

Schutz: Anfangs eventuell Mahd zur Aushagerung. Anfliegende Gehölze können durch herbstliches Mähen in mehrjährigem Abstand zurückgedrängt werden.

Ackerrandstreifen

Kennzeichen: Von der Herbizid-Spritzung und teilweise der Düngung ausgenommener, 2 bis 5 m breiter Randstreifen von Äckern, in der Regel Getreidefeldern. Optisch durch einen höheren Anteil von Ackerwildkräutern vom Grün der umgebenden Nutzflächen abgehoben.
Vorkommen: Zunehmend in Ackerbaugebieten, insbesondere weniger ertragreichen und/oder auf kalkhaltigen Böden.
Entstehung: Aus Gründen des Naturschutzes geminderte Nutzungsintensität im Randbereich von Äckern. In allen Bundesländern erhalten Landwirte für Nutzungseinbußen einen finanziellen Ausgleich.
Bedeutung: Für den Erhalt selten gewordener Ackerwildkräuter von Bedeutung, die noch über ein im Boden ruhendes, keimfähiges Samenpotential verfügen (→ S. 181f.). Rund 380 Ackerwildkrautarten kommen in Mitteleuropa vor, die überwiegend mit dem Ackerbau vor 1500 in das Gebiet einwanderten. Der größte Teil erlebte in den letzten Jahrzehnten drastische Bestandseinbußen durch die Chemisierung des Landbaus, verbesserte Saatgutreinigung (Kornrade, Sommeradonisröschen und Venuskamm), Düngung (Bauernsenf) und Nutzungsaufgabe auf Grenzertragsböden.
Viele dieser Arten, vor allem auch die früheren Massenarten wie Klatschmohn und Kornblume, treten auf herbizidfreien Randstreifen wieder auf, andere scheinen bereits ausgestorben zu sein. Dem langfristigen Erhalt der Arten nur bedingt dienend, jedoch wichtige Sofortmaßnahme des botanischen Naturschutzes.
Bedeutung für Wirbellosen-Fauna vermutlich geringer, da die Streifen zu schmal zu sein scheinen. Dennoch besonders im Falle angrenzender Wegraine auch zoologisch wichtig.
Gefährdung: Erneute Intensivnutzung, Verdriftung von Pestiziden und Düngemitteln auf die schmalen Randstreifen.
Schutz: Ausdehnung von Ackerrandstreifen-Programmen auf alle Landschaften, gezielte Artenhilfs-Maßnahmen für so nicht erhaltbare Pflanzen. Verknüpfung im Sinne des Biotopverbunds, Verbreiterung der extensiv genutzten Streifen und flächige Nutzungsreduktion auf ganzen Ackerparzellen. Langfristig flächendeckende Extensivierung der Landwirtschaft.

Weinkultur

Kennzeichen: Von Kulturformen der Weinrebe bestandene Hänge in Lagen mit gemäßigt warmem Sommerklima, Niederschlagsreichtum während der Wachstumsperiode und einer Jahresmitteltemperatur von mindestens 9 °C. Vor allem in süd-, südöst- und südwestlicher Exposition mit günstigem Lokalklima. In steileren Lagen durch Lößböschungen oder Mauern terrassiert.

Vorkommen: Insbesondere in den Flußgebieten Rhein (Ober- und Mittelrhein), Mosel, Saar, Nahe, Main, Saale, Neckar, Tauber und ihren Nebenflüssen sowie am Bodensee und im Kaiserstuhl. Im Mittelalter am weitesten verbreitet, nach 1950 wieder etwas ausgedehnter.

Entstehung: Anlage von Weinkulturen. Linksrheinisch seit dem 2./3. Jahrhundert n. Chr., rechtsrheinisch seit dem 8. Jahrhundert. Auf gerodeten Standorten wärmeliebender Laubwälder (teils mit Kiefer).

Bedeutung: Großer landschaftsökologischer und historischer Wert, insbesondere im Falle nicht rebflurbereinigter und damit noch kleinparzellierter Weinberge. Dort Lebensgemeinschaften mit einem großen Anteil wärmeliebender süd- und südosteuropäischer Arten. Moderner Weinbau bedeutet jedoch höchste Umweltbelastung durch Pestizide, Düngemittel und Bodenerosion.

Stark zurückgedrängte typische Weinberg-Wildkrautgesellschaft mit Weinbergs- und Rundem Lauch, Traubenhyazinthe, Wilder Tulpe, Acker- und Doldigem Milchstern; auf flurbereinigten Flächen mit Rohböden nur Allerweltsarten wie Hirtentäschel, Hühnerhirse, Quecke und Einjähriges Rispengras.

Für die Fauna wichtige Kleinlebensräume wie Trockenmauern (→ S. 257), Böschungen, Lößhohlwege (→ S. 177), Trocken- und Halbtrockenrasen (→ S. 167f.). Allein in einem Weinberggebiet am Tübinger Spitzberg 160 Wildbienen-Arten.

Gefährdung: Flurbereinigung, Intensivnutzung mit hohem Pestizid- und Düngereinsatz, Beseitigung alter, unverfugter Trockenmauern und anderer Sonderbiotope.

Schutz: Extensivierung der Nutzung, Förderung biologischen Weinbaus, Erhalt und Neuschaffung von Sonderbiotopen.

Weinbergbrache

Kennzeichen: Ehemalige Weinbaufläche, die unbearbeitet liegen bleibt. Meist in besonders steilen Lagen mit flachgründigen Böden, deren Bewirtschaftung schwierig und aufwendig ist. Häufig von einem staudenreichen, ruderal beeinflußten Halbtrockenrasen bewachsen.
Vorkommen: In allen Weinbau-Landschaften (→ S. 186) und hier besonders in den stärksten Steillagen; jedoch kaum in den rebflurbereinigten, stark technisch überformten Weinlagen.
Entstehung: Durch Nutzungsaufgabe.
Bedeutung: Infolge des sich für Weinbergbrachen typischen kleinflächigen Biotopmosaiks gehören diese zu den artenreichsten Lebensräumen der Kulturlandschaft – mit Magerrasen, Schuttfluren und Geröllhalden, Felsen und Felsbändern, fugenreichen Mauern und Treppen, Böschungen, Gebüschen und Hecken.
In den ersten Jahren nach Nutzungsaufgabe breiten sich zum Beispiel Acker-Klettenkerbel, Färberwaid, Binsen-Knorpelsalat, Wiesensalbei, Echtes Johanniskraut, Platterbsen, Wicken und Labkräuter aus. Gehölze können nur dann rasch auftreten, wenn sie bereits in der Nähe vorkommen (vor allem Schwarz- und Weißdorn, Roter Hartriegel, Rosen und Liguster). Ansonsten kann Gehölz-Besiedlung Jahrzehnte auf sich warten lassen.
Reiche Wirbellosen-Fauna mit Wildbienen, Ameisen, Heuschrecken, Käfern und Schmetterlingen. Günstige Lebensbedingungen sowohl für im Erdboden als auch oberirdisch nistende Wildbienen. Charakteristisch sind als Schmetterling der Wermuth-Graumönch, als Käfer die Rüsselkäfer *Baris fallax* und *Ceutorhynchus rusticus*. Typische Reptilien sind Mauer- und Zauneidechse, Blindschleiche, Ringel- und Schlingnatter. Als Vögel Hausrotschwanz, Grauschnäpper, Hänfling, Goldammer und Distelfink.
Gefährdung: Aufforstung, Gehölz-Sukzession, lokal erneute Inkulturnahme und Flurbereinigung.
Schutz: Erhaltung aller Weinbergbrachen als Naturschutzgebiete. In Einzelfällen sporadische Mahd zur Reduktion von Gehölzen und Freihacken von Bodenstellen für Erdnester bauende Wildbienen. Instandhaltung der Trockenmauern und Treppen.

Baumschule

Kennzeichen: Anlage zur Zucht von Bäumen und Sträuchern. Vor allem auf sehr guten, fruchtbaren Böden, häufig lehmigen Sand- oder sandigen Lehmböden in sonniger Lage. Boden in der Regel intensiv bearbeitet, starker Einsatz von Pestiziden.
Unterschieden werden können

- die Saatschule, in welcher Sämlinge und andere Jungpflanzen aus Samen, Steckholz und Stecklingen gezogen werden;
- die Versetzschule, in welche die zuvor gezogenen Pflanzen versetzt werden;
- die Edelschule, die der Veredelung von Obst- und Parkbäumen sowie Sträuchern dient.

Mit den unterschiedlichsten Gehölzarten und -zuchtsorten bestanden, häufig auch Koniferen und nicht heimische Arten.
Vorkommen: In günstigen Landschaften mit ausgeglichenem Klima und fruchtbaren, tiefgründigen Böden; Konzentrationen zum Beispiel im Gebiet um die Holmer Sandberge (Unterelbe).
Entstehung: Anlage zur Anzucht von Gehölzen aller Art für die Verwendung in Siedlungen und in der Landschaft.
Bedeutung: Baumschulen stellen als intensiv genutzte Kulturen mit oft nicht dem Standort angepaßten Züchtungen und größeren Beständen ein und derselben Art (in der Folge häufig mit Pestiziden gespritzt) ein Gefährdungspotential für Boden und Wasser sowie die heimische Flora und Fauna dar. Allerdings dienen sie einigen Arten auch als Lebensraum, wenngleich darüber keine detaillierten Untersuchungen bekannt sind. Teilweise brütet der Raubwürger im Bereich von Baumschulen mit stukturreicher Umgebung.
Zum Naturschutz könnten Baumschulen einen Beitrag leisten, indem sie verstärkt einheimische Gehölzarten und hier auch regionaltypisches, genetisch angepaßtes Pflanzmaterial heranziehen und anbieten würden. Gleiches gilt für hochstämmige, bodenständige Obstsorten, um so den Anteil naturschutz-freundlicher Gehölze in Siedlungen und Landschaft zu vergrößern.
Gefährdung, Schutz: Entfällt.

Von den Ackerbiotopen unterscheiden sich die Grünlandbiotope durch eine ganzjährig vorhandene und meist relativ geschlossene Pflanzendecke. Diese wird im wesentlichen von Gräsern gemeinsam mit einem mehr oder minder hohen Anteil von krautigen Pflanzen gebildet. Fast alle Grünland-Typen sind auf den regelmäßigen Eingriff des nutzenden Menschen angewiesen – ohne Sense und Weidevieh gäbe es im Waldklima Mitteleuropas keine Grünlandbiotope. Bleiben Mahd und Beweidung länger aus, bewalden sie sich in unterschiedlicher Geschwindigkeit über Verbuschungs-Zwischenstadien wieder. Allerdings kann es einige Jahrzehnte dauern, bis Gehölze überhaupt Fuß fassen können.

Gliedern lassen sich die Grünlandbiotope nach verschiedenen Kriterien: anhand des Nährstoffgehaltes im Boden, der Bodenfeuchte, der Nutzung als Wiese oder Weide, dem vorherrschenden Gräsertyp. Hier werden unterschieden die Tal-Fettwiese, Bergwiese, Viehweide, gedüngte Feuchtwiese, Pfeifengraswiese, feuchte Hochstaudenflur, Groß- und Kleinseggenried sowie Wiesenbrache. Ausgeklammert bleiben an dieser Stelle die Magerrasen, die bereits bei den

Gliederung des Grünlandes in klassisches Wirtschaftsgrünland und Feuchtgebiete anhand der Pflanzengesellschaften (nach Briemle 1991).

Feuchtezahl	Pflanzengesellschaft (Verband)	Beispiele für charakteristische Pflanzenarten
Frisch- und Fettwiesen (klassisches Wirtschaftsgrünland):		
5,0	Weißklee- und Mähweiden	Wiesenrispengras, Weißklee, Deutsches Weidelgras, Knaulgras, Löwenzahn, Wiesenlieschgras
5,1	submontane bis subalpine Goldhaferwiesen	Goldhafer, Weicher Pippau, Große Bibernelle, Wiesenkerbel, Schwarze Flockenblume, Schwarze Teufelskralle
5,2	planare bis submontane Glatthaferwiesen	Glatthafer, Weiche Trespe, Skabiosen-Flockenblume, Pastinak, Wiesenbocksbart, Wiesensalbei, Bärenklau, Wiesenlabkraut, Wiesenstorchschnabel, Wiesenfuchsschwanz
ungedüngte Feuchtwiesen (Streuwiesen):		
6,3	Pfeifengras-Streuwiesen	Pfeifengras, Großer Wiesenknopf, Rasenschmiele, Schlangenknöterich, Rohrschwingel, Wiesensilge, Kohldistel
nährstoffreiche, zum Teil gedüngte Feucht- bis Naßwiesen:		
6,9	nasse Hochstaudenbestände	alle Arten wie vor; ferner Sumpfstorchschnabel, Sumpfziest, Gilbweiderich, Wiesenraute, Mädesüß, Geflecktes Johanniskraut, Blutweiderich
7,0	Sumpfdotterblumenwiesen	ähnlich ungedüngten Feuchtwiesen; ferner Bachkratzdistel, Sumpfschotenklee, Sumpfvergißmeinnicht, Wassergreiskraut, Waldsimse, Sumpfdotterblume
nasse Seggenwiesen:		
7,6	Kalk-Kleinseggenwiesen	Fleisch-Knabenkraut, Mehlprimel, Sumpfständelwurz, Kopfbinsen, Alpenbinse, Breitblättriges Wollgras, Davall- und Saumsegge
8,1	bodensaure Kleinseggenwiesen	Igelsegge, Spitzblütige Binse, Floh- und Grausegge, Hundsstraußgras, Sumpfveilchen

trockenen Offenbiotopen behandelt wurden: Kalktrockenrasen (→ S. 167), Halbtrockenrasen (→ S. 168) und der den Hochheiden nahestehende Borstgrasrasen (→ S. 172). Die Tabelle zeigt eine vegetationskundliche Gliederung der Grünland-Typen anhand der Feuchtezahlen ihrer Pflanzenarten.

Im regelmäßig bewirtschafteten Grünland können nur solche Pflanzenarten überleben, die sich dem Rhythmus von Mahd und/oder Beweidung anpassen. Drei Gruppen von Pflanzen meistern diese Bedingungen:

- Einige Arten bilden nach jeder Verletzung durch Mähen oder Abfressen rasch neue Ersatzsprosse aus: alle Gräser, Rot- und Weißklee, Scharfer Hahnenfuß, Großer Ampfer, Kuckuckslichtnelke und Rundblättrige Glockenblume.
- Manche Pflanzen passen mit ihrem natürlichen Entwicklungsgang in die Nutzungsrhythmik einer Wiese: Gänseblümchen, März-, Rauhes und Hundsveilchen, Gemeiner Löwenzahn und Herbstzeitlose.
- Andere Arten paßten sich mit ihrer Wuchsform im Laufe der Zeit an den regelmäßigen Schnitt an: die Wiesenform der Margerite zum Beispiel.

Je intensiver die landwirtschaftliche Nutzung betrieben wird, desto eingeschränkter ist in der Regel das floristische Artenspektrum und desto stärker überwiegen Gräser. Einschürige, nur einmal im Jahr gemähte Wiesen sind arten- und an Blüten reich, bieten folglich also auch Insekten und anderen Tierarten eine vielfältige Lebensgrundlage. Moderne Intensivwiesen dagegen werden teils vier- oder gar fünfmal im Jahr gemäht, so daß Kräuter bis auf wenige Spezialisten nicht mehr blühen und fruchten können.

Im Vergleich mit einem Wald bietet Grünland sehr viel extremere Lebensbedingungen, zum Beispiel in den tages- und jahreszeitlichen Schwankungen von Temperatur und Luftfeuchte; die Windgeschwindigkeiten sind größer. Der Mensch greift durch Mahd und Weidenutzung viel häufiger in den Lebensraum ein.

Mehr als ein Drittel der einheimischen Farn- und Blütenpflanzen zeigt den Schwerpunkt ihrer Verbreitung im Grünland – allein 456 Pflanzenarten im bewirtschafteten Grünland Westdeutschlands. Eine schleswig-holsteinische Untersuchung wies 1980 Tierarten in Wiesen nach, die hier überwiegend ständig leben – in der Krautschicht im wesentlichen Fliegen, Mücken, Zikaden und Schlupfwespen, auf der Bodenoberfläche und in der Streuschicht Käfer, Spinnen, Springschwänze und Milben. Entscheidend für das Vorkommen von Tieren wirken eine artenreiche Krautschicht, kleinräumige Differenzen in der Vegetationshöhe, alte Pflanzenteile, hohle Stengel, Blüten- und Fruchtstände – Biotopelemente, die den verbreiteten Typen des Wirtschaftsgrünlandes heute weitgehend fehlen. Als Folge findet sich in den meisten Wiesen- und Weidebiotopen heute eine verarmte »Allerwelts«-Flora und -Fauna, wenngleich diese immer noch deutlich artenreicher als die der Akkerbiotope ist.

Gefährdungen ergeben sich allgemein aus folgenden Faktoren:

- starke Düngung mit Begünstigung der Gräser auf Kosten der Kräuter, mit großflächiger Eutrophierung und Nährstoffbelastungen für Boden und Gewässer;
- Nivellierung der Bodenfeuchtigkeit durch Drainage der meisten feuchteren und nassen Grünlandbiotope;
- Viel- und Frühschnitt mit erster Mahd bereits im Mai vor Blühbeginn;
- Bodenverdichtung durch Viehtritt und Befahren mit schweren Maschinen;
- Ausbreitung von Mähweiden und Weiden auf Kosten von Wiesen;
- Ausdehnung intensiver Umtriebsweiden auf vorher nur extensiv genutzten Triftweiden;
- Eggen, Abschleppen und andere schädigende Kulturmethoden;
- Verlust von Grünland durch Aufforstung und Nutzungsaufgabe auf Grenzertrags-Standorten sowie durch Baumaßnahmen.

Die Praxis der Grünland-Nutzung nähert sich heute vielerorts den Methoden des Futterbaus – mit dem Ergebnis extrem artenarmer Grünlandbiotope auf in ihren Lebensbedingungen weitgehend nivellierten Standorten, unabhängig von früheren landschaftlichen Unterschieden.

Die Erhaltung von Grünland und das Verhindern weiteren Umbruchs zugunsten von Ackerland liegt durchaus im Interesse des Naturschutzes. Ganz besonders wichtig ist dies in den Talauen der Bachläufe und Flüsse. Generell ist auf allen Grünlandbiotopen flächendeckend eine Extensivierung der Nutzung anzustreben. Für den Naturschutz interessante Flächen sollten unter Auflagen und Entschädigung für entstehenden Nutzungsausfall durch Landwirte genutzt werden.

Talfettwiese

Kennzeichen: Am weitesten verbreiteter Wiesentyp Mitteleuropas in tieferen und mittleren Höhenlagen. Dichte, stark- und hochwüchsige Grasnarbe, die bei mindestens zwei-, meist mehrschüriger Nutzung im Jahr gute Erträge liefert. Außerhalb der Auen erfordern sie jedoch eine regelmäßige Düngung, die inzwischen auch in den Überschwemmungsgebieten erfolgt.
Vorkommen: In allen Landschaften des Tief-, Hügel- und unteren Berglandes, mit zunehmender Höhe floristisch verarmend.
Entstehung: Nach Waldrodung unter regelmäßiger Mahd. In den Talauen durch Überschwemmungen natürlich gedüngt, ansonsten durch intensive Gülle- und Mineraldüngung künstlich aufrecht erhalten.
Bedeutung: Geobotanisch im allgemeinen Glatthafer-Fettwiesen mit Glatthafer, Knäulgras, Wiesenschwingel und Wiesenfuchsschwanz als Gräser sowie Wiesenkerbel, Bärenklau, Wiesenstorchschnabel, Margerite, Weißklee, Löwenzahn, Scharfem Hahnenfuß und Sauerampfer. Floristische Vielfalt sehr variabel, abhängig von der Bewirtschaftungsintensität. In sehr artenarmen Wiesen fehlt selbst der namensgebende Glatthafer. Un- oder nur sporadisch schwach gedüngte Wiesen mit spätem Erstschnitt dagegen arten- und blütenreich.
Die faunistische Vielfalt hängt stark von der floristischen Zusammensetzung ab: Ein reicher Blütenhorizont lockt auch viele Wildbienen, Zweiflügler, Käfer, Wanzen, Zikaden und andere Wirbellose an. Charakteristisch für diesen Wiesentyp ist die Feldheuschrecke *Chortippus longicornis*. Frische Glatthaferwiesen in breiten Talauen ohne Sichthindernisse dienen dem Brachvogel als Lebensraum. Typische Säugetiere sind Maulwurf, Feld-, Erd- und Schermaus sowie Feldhase und Reh.
Gefährdung: Artenreiche Glatthaferwiesen sind heute extrem selten. Gefahren durch Intensivnutzung mit Düngung, frühem und häufigem Schnitt. Entwässerung feuchter und frischer Wiesen, Umbruch, Baumaßnahmen.
Schutz: Begrenzung der Nutzungsintensität zur Erhaltung artenreicher Wiesentypen. Entwässerungs- und Umbruchverbot vor allem in den Talauen.

Bergwiese

Kennzeichen: Wirtschaftswiesen im Bergland, die ähnlich den Talfettwiesen einen hohen Ertrag abwerfen können und mehr oder weniger stark gedüngt sind. Vegetationskundlich handelt es sich meist um Goldhaferwiesen und verwandte Gesellschaften, deren Artenzusammensetzung viele Ähnlichkeiten zu den Glatthaferwiesen aufweist.
Bei starker Nährstoffzufuhr gehen solche Wirtschaftswiesen leicht in Hochstaudenfluren über, indem großblättrige Stauden die Gräser beschatten und zurückdrängen. In Silikatgebirgen (zum Beispiel im Schwarzwald) Übergänge zu Borstgrasrasen (→ S. 172) und Hochheiden (→ S. 171), etwa Flügelginsterheiden bei aufgegebener Wiesennutzung.
Vorkommen: Vor allem im Bergland bis in den subalpinen Bereich, meist zwischen 350 und 1850 m über NN gelegen. In allen (höheren) Mittelgebirgen vorkommend, somit insbesondere im süddeutschen Raum.
Entstehung: → S. 191.
Bedeutung: Auch hier stark abhängig von Düngung und Mahdhäufigkeit. Einschürige, nur Ende Juli gemähte oder zweischürige, wenig gedüngte Goldhaferwiesen sind ausgesprochen blumenbunt und artenreich. Goldhaferwiesen werden von den Gräsern Goldhafer, Wolliges Honiggras, Wiesenrispengras und Ruchgras gebildet. Als krautige Arten kommen besonders häufig Wiesenkerbel, Margerite, Scharfer Hahnenfuß, Große Bibernelle, Rotklee, Weichhaariger Pippau, Große Sterndolde, Bärenklau, Wiesenkümmel und Gemeiner Frauenmantel vor. Insbesondere in höheren Lagen auch mit Orchideenarten.
Die faunistische Mannigfaltigkeit steigt mit der Zahl der Pflanzenarten. Arten- und Blütenreichtum bilden die Basis für das Vorkommen zum Beispiel von zahlreichen Schmetterlingsarten. Eine charakteristische Heuschreckenart der Bergwiesen ist die Zwitscherschecke, die in höheren Lagen das (Große) Grüne Heupferd ablöst. Lokal auch Brutplatz des Braunkehlchens.
Gefährdung, Schutz: Blütenreiche Goldhaferwiesen sind hochgradig gefährdet und daher besonders schutzwürdig (→ S. 191).

Fett-Viehweide

Kennzeichen: Regelmäßig beweidete und gedüngte Grünlandfläche, deren Pflanzendecke als Folge der intensiven Belastungen durch Tritt und Fraß nur aus wenigen Arten besteht. Je nach Nutzungsintensität Unterscheidung von Standweide (früher mit zwei Tieren pro Hektar von April bis Oktober), Umtriebs- oder Rotationsmähweide (heute verbreitet, nach dreitägiger Beweidung durch große Viehzahl folgt drei- bis vierwöchige Ruhezeit) und intensive Standweide (ein Betrieb verfügt über ein bis drei große Weideflächen).

Vorkommen: In allen Agrarlandschaften, außer in intensiven Ackerbaugebieten auf fruchtbarsten Böden. Verbreitet besonders in Bachauen sowie Fluß- und Küstenmarschen, soweit diese noch überflutet werden können, ferner auf alten, verdichteten Marschböden nahe der Nordseeküste (→ S. 238).

Entstehung: Ursprünglich durch Waldweide. Heute Erhaltung bestehender Weiden durch Viehauftrieb und Düngung, teils Neubegründung durch Einsaat.

Bedeutung: Floristisch sehr artenarm, die häufige Weidelgras-Weißklee-Weide besteht im wesentlichen nur aus Weidel-, Kamm-, Wiesenliesch-, Wolligem Honig- und Wiesenrispengras, Weißklee, Löwenzahn, Gänseblümchen, Gemeinem Hornkraut und Spitzwegerich. Oberhalb von 200 bis 300 m über NN stattdessen montane Rotschwingel-Weißklee-Weide; in den Alpen teils reichere Gemeinschaften (→ S. 246).
Die von Wirbellosen geforderte strukturelle Vielfalt der Pflanzenbestände fehlt Fettweiden, daher kommt nur ein eingeschränktes Artenspektrum vor. Bedeutsam können Fettweiden allenfalls periodisch als Ausweichraum sein, wenn sie in einer unbeweideten Phase höhere Pflanzenbestände aufweisen. Als Rastplatz gern von Star und Kiebitz genutzt, auch Brutplatz von Feldlerche und lokal Kiebitz.
Die mineralische und Gülle-Düngung verursacht – besonders in Talauen – Eutrophierung von Gewässern und Grundwasser.

Gefährdung: Übernutzung mit hohen Düngergaben und starkem Überbesatz an Vieh.

Schutz: Begrenzung der Nutzungsintensität, etwa des Düngemittel-Einsatzes und der Viehdichte.

Pfeifengraswiese

Kennzeichen: Ungedüngte, hochwüchsige und dichte Feuchtwiese mit Pfeifen- oder Bentgras. Auf oft wechselfeuchten, nährstoffarmen, basenarmen oder -reichen Standorten mit (an)moorigen Böden. Ursprünglich meist als einmal jährlich oder auch seltener gemähte Streuwiese genutzt: Das im Herbst (häufig September) gewonnene Mahdgut diente als Einstreu im Viehstall und als Pferdefutter. Auf Kalktonböden im Alpenvorland sehr reich an Pflanzen, auf sauren Böden artenärmer.
Vorkommen: In anmoorigen Niederungen am Rande der Mittelgebirge und im Flachland. Vor allem in Baden-Württemberg und Bayern, am buntesten im Alpenvorland.
Entstehung: Durch Waldrodung an Standorten von Bruchwäldern und meist Entwässerung. Erhaltung durch (nicht unbedingt alljährliche) Streuwiesennutzung.
Bedeutung: Reiche Blütenflora, besonders im Herbst. Typisch sind neben dem Pfeifengras zum Beispiel Färberscharte, Teufelsabbiß, Kümmelblättrige Silge, Weidenblättriger Alant, Sumpfschafgarbe, Großer Wiesenknopf und Blutwurz. Vereinzelt (am Bodensee) mit Sibirischer Schwertlilie.
Der Pflanzen- und Blütenreichtum bietet die Lebensgrundlage für eine reiche Fauna. Enge Beziehungen bei Raupenfutterpflanzen von Schmetterlingen: an Lungenenzian Kleiner Moorbläuling, am Großen Wiesenknopf Schwarzblauer und Großer Moorbläuling, am Mädesüß Violetter Perlmutterfalter, am Pfeifengras Spiegelfleck-Dickkopffalter. Ähnliche Spezialisten bei anderen Wirbellosen.
Als Brutvogelarten Schafstelze, Braunkehlchen, Wiesenpieper, Kiebitz, Brachvogel. Nahrungsraum für Rohr- und Wiesenweihe, Sumpfohreule, Rohrammer, Blaukehlchen, Wiesenpieper und Wachtelkönig.
Gefährdung: Umwandlung in ertragreichere Wiesen durch Entwässerung, Düngung und Mehrschnittnutzung, auch Nutzung als Mais- und Zuckerrüben-Acker. Weitere Gefahren durch Kiesabbau und Verfüllung. Sehr stark zurückgedrängt und höchst schutzwürdig.
Schutz: Erhalt aller Pfeifengraswiesen durch Abgrenzen ausreichend großer Schutzgebiete und Extensivnutzung in historischer Form.

Gedüngte Feuchtwiese

Kennzeichen: Feuchte Wiesen mit einer Distanz des Grundwasserspiegels von höchstens 0,5 m unter der Bodenoberfläche. Nährstoffversorgung mittel bis gut. Vegetationskundlich meist als Sumpfdotterblumen-Wiesen anzusprechen.
Vorkommen: Im Flachland, am Fuße der Mittelgebirge und allgemein in Talauen.
Entstehung: Folgebiotop der Pfeifengraswiesen, wenn diese gedüngt und durch im Jahr mehrmalige Mahd intensiver bewirtschaftet werden (bei gleichzeitiger Entwässerung auch direkter Übergang in Glatthafer-Fettwiese möglich).
Bedeutung: In Feuchtwiesen Nordrhein-Westfalens (Kleingewässer eingeschlossen) wachsen 360 verschiedene Farn- und Blütenpflanzen, knapp 23 % der gesamten Flora des Landes. Die Sumpfdotterblumen-Wiesen zeichnen sich im Frühjahrsaspekt aus durch Wiesenschaumkraut, Sumpfdotterblume, Kuckuckslichtnelke, Scharfen Hahnenfuß und Wiesenkerbel; vor der zweiten Mahd blühen Engelwurz, Bärenklau, Mädesüß, Großer Wiesenknopf und Teufelsabbiß. Typisch sind ferner Kohl- und Sumpfdistel, Schlangenknöterich, Sumpfvergißmeinnicht, Breitblättriges Knabenkraut, Waldsimse und Wiesenschwingel. In nordrhein-westfälischen Feuchtwiesen 31 Seggenarten.
In schleswig-holsteinischen Feuchtwiesen leben rund 3500 Tierarten; bei zwei- bis dreischüriger Nutzung 1000 bis 1300 Arten weniger. Vor allem Fliegen, Mücken, Zikaden und Schlupfwespen, Tagfalter, Blatt- und Rüsselkäfer, Wildbienen und Schildwanzen. Als Brutvögel Feldlerche, Wiesenpieper, Schafstelze und Kiebitz, vor allem als Nahrungsgäste Weißstorch, Bekassine, Brachvogel, Kampfläufer, Rotschenkel, Uferschnepfe, Wachtelkönig, Braun- und Schwarzkehlchen. Wichtiger Teillebensraum von Amphibien.
Gefährdung: Nivellierung kleinräumiger Bodenunebenheiten, Entwässerung, intensive Düngung, Beweidung, so daß der Artenreichtum schwindet. Auch Umbruch und nachfolgend Ackernutzung.
Schutz: Extensivierung, erster Grasschnitt frühestens im Juni. Höchstens sporadische Beweidung. Neuanlage von Kleingewässern.

Feuchte Hochstaudenflur

Kennzeichen: Von Mädesüß und anderen Hochstauden bestandene Flächen auf feuchten Böden, vom mittleren Wasserspiegel bis 80 cm über dem Grundwasser. Linear entwickelt als Bachufer- und Grabenröhricht, flächig durch Nutzungsaufgabe auf gedüngten Feuchtwiesen oder auch Pfeifengraswiesen. In der natürlichen Seeufer-Zonierung oberhalb des Schilfröhrichts. Standorte natürlich (Überflutung) oder früher anthropogen gedüngt.
Vorkommen: Verstreut in den meisten Landschaften, jedoch meist nur kleinflächig.
Entstehung: Natürliche Entwicklung an den Ufern von Gräben, Bach- und Flußläufen sowie Seeufern (hier Folge der Verlandung), soweit keine Nutzung erfolgt oder sich beschattende Gehölze ausbreiten. Als Folge aufgegebener Nutzung durch Sukzession auf Feuchtwiesen-Brachen.
Bedeutung: Blütenreiche Vegetation, typischerweise gebildet vor allem durch Sumpfmädesüß, Katzenbaldrian, Sumpfziest, Blut- und Gilbweiderich, Sumpfhornklee, Sauerampfer, Große Brennessel, Sumpfschachtelhalm, Rohrglanzgras und Kratzbeere. Vereinzelt seltene Restbestände der Natternzunge, eines Farns. Brackwasser-Hochstaudenried an Ostsee-Förden und küstennahen Binnenseen mit besonderer floristischer Eigenart.
Besonders zur Hauptblüte im Juni/Juli sehr vielfältige Fauna, in Schleswig-Holstein rund 3500 Arten mit vielen biotopfremden Blütenbesuchern angenzender Lebensräume. In Pflanzenabfällen über dem Boden viele Hornmilben, Springschwänze und über 30 Spinnenarten (Schleswig-Holstein). Hohe Siedlungsdichten von Rohrammer, Sumpf-, Teich- und Schilfrohrsänger, Feldschwirl, Wachtelkönig und Kuckuck. Wichtig als (Teil-) Lebensraum von Amphibien und Zwergmaus.
Gefährdung: Sehr empfindlich gegenüber Mahd und Beweidung, Tritt, Badebetrieb an Seen. Hochgradig gefährdet.
Schutz: Sicherung aller vorhandenen Reste von Hochstaudenfluren. Im Einzelfall prüfen, ob Verbuschung (Bruch-/Auenwald) gewünscht oder besser zu verhindern – oder ob frühere Pfeifengraswiese durch Extensivnutzung regeneriert werden soll.

Groß- und Kleinseggenried

Kennzeichen: Von Seggen (Sauergräsern), zu geringeren Teilen auch Binsen beherrschte Naßwiesen. Die durch Kieselsäure scharfen Stengel und Blätter der Seggen werden vom Vieh verschmäht. Nutzung früher im wesentlichen unregelmäßig als Streuwiesen zur Gewinnung von Einstreu für den Viehstall, heute meist brachliegend. Zu unterscheiden sind

- Großseggenriede mit großen Seggenarten auf nährstoffreicheren Standorten,
- Kleinseggenriede auf relativ nährstoffarmen, oft moorigen Böden mit Pflanzen niedrigen Wuchses unter 50 cm Höhe.

Vorkommen: In den meisten Landschaften, auf Flächen mit hoch anstehendem Grundwasser der Talauen sowie in waldfreien Quellbereichen (Sickerquellen).

Entstehung: Nach Waldrodung durch wenigstens sporadisches Mähen oder auch Beweidung offengehaltenes Naßgrünland.

Bedeutung: Großseggenriede werden vor allem von Spitz-, Kamm-, Fuchs-, Ufer- und Schnabelsegge aufgebaut, daneben häufig Sumpfschwertlilie, Sumpflabkraut, Blut- und Gilbweiderich, Schlammschachtelhalm, Kriechender und Flammender Hahnenfuß. Kleinseggenriede sehr verschieden aufgebaut, man unterscheidet Davallseggenriede auf kalkreichen und Braunseggenriede auf kalkarmen Standorten.
Fauna mit Parallelen zu feuchten Hochstaudenfluren, auch hier zahlreiche Spezialisten an bestimmten Nahrungspflanzen. Ökologische Bedeutung besitzen in Großseggenrieden zum Beispiel die Landschnecken (in Schleswig-Holstein 15 Arten), 30 Wanzen- und 15 Zikadenarten. Brutvögel können Wiesenweihe, Sumpfohreule, Bekassine, Rohrammer und Schafstelze sein. Jahreslebensraum von Grasfrosch und anderen Amphibien.

Gefährdung: Viele Seggenriede in Wirtschaftswiesen umgewandelt, oft nur fragmentarisch an Gräben und in Wiesensenken erhalten. Gefährdet durch Entwässerung, Düngung und folgende Intensivnutzung.

Schutz: Verzicht auf weitere Eingriffe, Versuche zur Renaturierung früherer Groß- und Kleinseggenriede durch Wiedervernässung und Nutzungsreduktion, besonders angrenzend an Restbestände.

Grünland-Brache

Kennzeichen: Wiesen- oder Weideflächen, die entgegen früherer Nutzung nicht mehr gemäht bzw. beweidet werden. Ausgeklammert bleiben an dieser Stelle die brachgefallenen Feuchtwiesen, die sich bei fortfallender Nutzung langfristig in der Regel zu feuchten Hochstaudenfluren (→ S. 196) entwickeln.
Zunächst dominieren in Grünland-Brachen solche Pflanzen, die sich durch Ausläufer ausbreiten – ankommenden Samen bleibt der Boden durch einen dichten Filz abgestorbener Gräser versperrt. Somit können auch Sträucher und Bäume oft über Jahrzehnte nicht Fuß fassen, wenn nicht angrenzend Ausläuferbildner wie Schwarzdorn oder Zitterpappel vorkommen.
Vorkommen: In allen agrarisch genutzten Landschaften, häufiger auf Grenzertragsböden in den Mittelgebirgen.
Entstehung: Durch Aufgabe der zuvor ausgeübten landwirtschaftlichen Nutzung von Wiesen und Weiden, d. h. Liegenlassen der Flächen.
Bedeutung: Die floristische Bedeutung ist meist mäßig, da in den ersten Jahren nach Nutzungsaufgabe weitgehend nur Mengenverschiebungen der vorhandenen Arten auftreten. Auf ehemaligen Weiden breiten sich vom Vieh gemiedene Arten aus, etwa Disteln, Binsen, Brennnessel, Krauser und Stumpfblättriger Ampfer – charakteristisch für Weidebrachen ist eine herdenartige, fleckige Ausbreitung solcher Pflanzen. Rasche Vermehrung der Quecke.
Der faunistische Wert steigt mit zunehmendem Alter der Brache: Positiv wirken die ganzjährig geschlossene, strukturreiche Krautschicht, abgestorbene Pflanzenstengel als Überwinterungsquartier und der Blütenreichtum. 110 Vogelarten profitieren in Schleswig-Holstein von Brachen, 500 bis 700 Tierarten von den oberirdischen Pflanzenteilen. Reiche Schmetterlingsfauna, etwa Großer und Kleiner Kohlweißling, Kleiner Fuchs, Admiral, Tagpfauenauge, Hauhechel-Bläuling, Kleiner Heufalter, Mauerfuchs.
Gefährdung: Erneute Inkulturnahme, Aufforstung, chemische Belastungen von angrenzenden Nutzflächen, Baumaßnahmen.
Schutz: Erhaltung und Neuanlage, Verbund über möglichst magere Wegraine.

Eine mindestens 30 cm mächtige Torfschicht bildet in geologischem und bodenkundlichem Sinne per Definition ein Moor. Torf besteht aus toter organischer Substanz, im wesentlichen aus abgestorbenen Pflanzenresten, die in nassem Milieu durch Wassersättigung und Luftabschluß nicht abgebaut und mineralisiert werden können. Wasserüberschuß ist die Grundbedingung für die Entstehung und den Fortbestand aller Moorbiotope mit Ausnahme degenerierter Typen wie den Moorheiden.

Grundsätzlich unterscheidet die Herkunft des Wassers im Moor zwei Moortypen, die durch fließende Übergänge miteinander verbunden sind:

- Hochmoore bilden sich ausschließlich unter dem Einfluß nährstoffarmen Niederschlagswassers. Sie werden auch Regenwassermoore oder ombrogene Moore genannt. Für ihre Bildung sind besondere Voraussetzungen nötig.
- Nieder- oder Flachmoore benötigen Grund- und/oder Oberflächenwasser zu ihrer Entstehung, häufig sind sie nährstoffreich. Sie können überall dort wachsen, wo sich in Geländesenken nährstoffreiches Wasser sammelt und nicht abfließt. Daher stammt ihre Bezeichnung als topogene Moore, weil ihre Vernässung topographisch bedingt ist.

Zwischen diesen beiden Typen vermitteln die Übergangs- oder Zwischenmoore. So kann sich ein Hochmoor aus einem Niedermoor entwickeln, wenn dieses durch die Torfanhäufung langsam über die Grundwasseroberfläche hinauswächst und schließlich allein vom Regenwasser gespeist wird. Charakterisiert werden die einzelnen Moortypen durch andersartige Pflanzengesellschaften und Tiervorkommen.

Verbunden sind die Moorbiotope durch verschiedene Sukzessionsstadien mit an anderer Stelle besprochenen Biotoptypen. Niedermoore gehen häufig aus der Verlandung von Seen mit Röhrichtgürteln hervor, ihre weitere Entwicklung durchläuft ohne Eingreifen des Menschen in der Regel auch das Stadium eines Bruchwal-

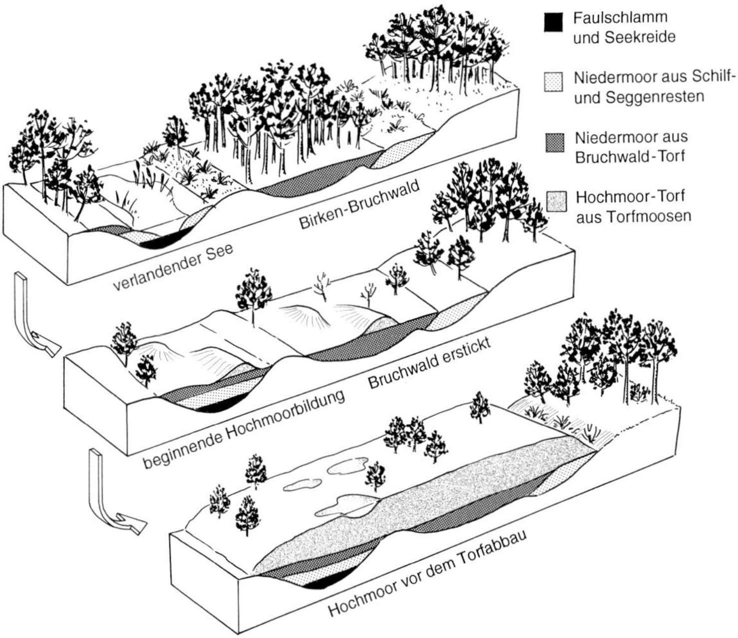

Entstehung eines Nieder- und eines Hochmoores durch Verlandung eines Sees (nach Wildermuth 1980, verändert).

des. Viele Naßwiesen wie Pfeifengraswiesen, Groß- und Kleinseggenriede wachsen auf torfigem Untergrund mit über 30 cm Stärke, so daß diese auch zu den Niedermooren zu zählen sind. Ihre oft durch Wiesen- oder Weidenutzung geprägte Gestalt begründet, daß sie unter den Grünlandbiotopen und nicht bei den Moorbiotopen behandelt werden. Ebenso wird hier nicht entwässertes und teilabgetorftes Moor besprochen, welches häufig als Weideland genutzt wird – geologisch-bodenkundlich zwar als Moor anzusprechen, doch von der Biotopstruktur her eindeutig den Viehweiden zuzuordnen. Das gilt auch für andere Folgenutzungen wie Ackerbau und Wiesen.

Die Vegetation der verschiedenen Moorbiotope unterscheidet sich sehr stark. Selbst innerhalb eines Moorkomplexes läßt sich eine große Mannigfaltigkeit beobachten. Das Artengefüge hängt vor allem von den jahreszeitlichen Schwankungen des Wasserstandes und den chemischen Eigenschaften des Wassers im Wurzelraum ab.

Die ozeanisch beeinflußten Seeklima-Hochmoore bleiben von Natur aus baumfrei – das Vorkommen von Bäumen zeigt hier eine Störung des Wasserhaushalts an. In subkontinentalen Landklima-Hochmooren dagegen finden sich natürlicherweise Bäume: Waldkiefer und stellenweise Moorbirke im Norddeutschen Flachland, Moor-Bergkiefer oder Spirke in Schwarzwald, Bayern und den Alpen.

Gemessen am Anteil bedrohter Tier- und Pflanzenarten, nehmen Moore einen Spitzenplatz unter den Ökosystemen ein. 37 von 201 Brutvogelarten Baden-Württembergs sind charakteristische Bewohner von Moorbiotopen. Daneben bilden Moore eine wichtige Komponente des Wasserhaushalts: Besonders Niedermoore wirken wie ein Schwamm als Wasserspeicher, indem sie hohe Mengen an Niederschlags- und Überschwemmungswasser aufsaugen und erst allmählich wieder abgeben. Im Voralpenraum setzt die Schneeschmelze auf den kühleren Moorflächen erst später als in der Umgebung ein. Diese Wirkungen mindern kurzfristige Hochwasserspitzen in den Fließgewässern.

Moore konservieren in ihren Torfschichten die Reste der torfbildenden Pflanzen und allgemein die Pollen der umgebenden Flora – sie fungieren somit als Archive der Landschaftsgeschichte. Die nährstoffarmen Moortypen zeigen zudem als sensible Indikatoren Umweltveränderungen an. Die globale Luftverschmutzung läßt es heute bereits fraglich erscheinen, ob sich langfristig die oligotrophen (nährstoffarmen) Moore überhaupt erhalten lassen.

Die durch Entwässerung und Folgenutzungen ganz besonders stark zerstörten Moorbiotope lassen keinerlei weitere Eingriffe mehr zu. Alle noch erhaltenen Moorreste müssen für den Naturschutz optimiert werden. Dabei sind drei Stadien zu unterscheiden:

- Wiedervernässung durch ökotechnische Maßnahmen, wobei nur nährstoffarmes Wasser geeignet ist;
- Renaturierung binnen ein bis mehreren Jahrzehnten, d. h. Wiederherstellen eines naturnahen Zustands durch gelenkte oder ungelenkte Sukzession; dazu müssen zum Beispiel Gehölze durch Entkusseln oder Pfeifengras durch Heidschnucken-Beweidung zurückgedrängt werden;
- Regeneration als Endziel, so daß die hier ehemals moortypische, torfbildende Vegetation wieder gedeiht.

Selbst wenn eine Regeneration offenbar geglückt scheint, wird die ursprüngliche Flora und Fauna wohl kaum wieder vollständig vorhanden sein. Ganz besonders für die Moore gilt daher, daß die Erhaltung bestehender Biotope stets Vorrang vor einer Neuschaffung haben muß.

Hochmoor

Kennzeichen: Vor allem von Torfmoos-Arten gebildete Torflagerstätten mit ständig hohem Wassergehalt, ausschließlich von Niederschlagswasser gespeist. Sehr nährstoffarme Biotope in saurem Milieu, Kälteinseln. Im typischen Falle ist die Oberfläche eines Hochmoores uhrglasförmig aufgewölbt, weil im nasseren Zentrum das Moorwachstum rascher vor sich geht.
Vorkommen: Norddeutsches Flachland, Höhenlagen der Mittelgebirge und Alpenvorland. Nur in Gebieten mit kühlem Klima bei mindestens 800 mm Jahresniederschlag.
Entstehung: Durch Überschuß nährstoffarmen Regenwassers auf wenig oder nicht durchlässigem Untergrund, so daß die Zersetzung abgestorbener Pflanzen gehemmt wird. Hochmoore können sich auch aus Nieder- und Übergangsmooren entwickeln, wenn diese aus dem Einflußbereich nährstoffreicheren Wassers herauswachsen. Die mitteleuropäischen Hochmoore entstanden nach der letzten Eiszeit und sind häufig zwischen 5000 und 9000 Jahre alt. Höhenwachstum im Schnitt 1 mm pro Jahr.

Bedeutung: Intakte Hochmoore besitzen ein kleinräumiges Mosaik aus erhöhten (trockeneren) Bulten und nassen Schlenken. Vor allem Torfmoos-Gesellschaften mit Wollgräsern, Sonnentau, Moosbeere und im Bergland der Rasenbinse. Lebensraum hochgradig spezialisierter Arten, darunter 120 bis 150 nur hier vorkommende Wirbellose der Schwimmkäfer, Gnitzen, Libellen, Lauf- und Blattkäfer, Ameisen und Spinnen.
An Moorkiefernwäldern Hochmoorgelbling, Rauschbeerenspanner und Moosbeeren-Grauspanner. Die stets große Naturschutz-Bedeutung steigt mit ihrer Flächengröße.
Gefährdung: Extremer Rückgang durch Entwässerung, Torfabbau und landwirtschaftliche Nutzung, in Schleswig-Holstein auf 1 % des ursprünglichen Bestands. Anhaltende Gefahren durch Nutzung einschließlich Fremdenverkehr und durch Nährstoffeintrag aus der Luft und von angrenzenden Nutzflächen.
Schutz: Bedingungsloser Erhalt aller noch verbliebenen Hochmoorreste mit 300 bis 500 m breiten Pufferzonen. Versuch der Renaturierung und Regeneration abgetorfter und anderweitig genutzter Flächen.

Moorheide

Kennzeichen: Von Heidearten geprägte, relativ trockene Torfflächen. Der wenigstens zeitweise Luftzutritt läßt den Torf in Oberflächennähe zersetzen und in sich zusammensacken, so daß eine Nährstoff-Anreicherung eintritt. In noch feuchten Bereichen mit Glockenheide, in trockenen Besenheide. Vor allem durch Brand wird die Ausbreitung des Pfeifengrases gefördert, das im Hochmoor ein typischer Degenerations-Anzeiger ist.
Vorkommen: Als Folgegesellschaft in gestörten Hochmoor-Komplexen, mithin vor allem im Norddeutschen Flachland und im Alpenvorland.
Entstehung: Durch Entwässerung von Hoch- und Übergangsmooren. Anthropogen bedingt. Bereits bei geringfügiger Absenkung des mooreigenen Wasserspiegels werden Zwergsträucher und andere Bultpflanzen begünstigt. Bei zunehmender Entwässerung bildet sich ein Moorheide-, ein Pfeifengras-Heide- und schließlich ein reines Heidestadium.
Bedeutung: Für die typische Flora und Fauna intakter Hochmoore weitgehend unbedeutend, an deren Stelle jedoch schutzwürdige Heidearten treten. Reste der ursprünglichen Lebewelt können sich in feuchten Senken oder alten Torfstichen mehr oder weniger erhalten. Bedeutsam für Arten der Heidebiotope. Im Verbund mit weniger degradierten Hochmoor-Bereichen typischer Brutplatz von Großem Brachvogel, Goldregenpfeifer, Bruchwasserläufer, Birkhuhn, Sumpfohreule und Wiesenweihe, im Voralpenraum auch für Berglaubsänger.
Gefährdung: Verbuschung und Bewaldung bei fehlender Nutzung, Zerstörung durch weitergehende Entwässerung und/oder Inkulturnahme als Grünland oder Acker.
Schutz: Erhaltung und Extensivpflege für solche Moorheiden, deren Wiedervernässung im Sinne eine Moorregeneration nicht sinnvoll oder möglich erscheint. Verzicht auf alle Maßnahmen, die weitere Entwässerung, Umwandlung der Heide in besser nutzbare Flächen oder Erholungsnutzung bedeuten. Entkusseln verbuschender Heiden und Wiedereinführung einer schonenden Beweidung mit Moor-/Heidschnukken.

Niedermoor

Kennzeichen: Torflagerstätten mit sehr verschiedenartiger Vegetation, häufig sogenannte »Grasmoore« mit Schilfröhricht, Groß- oder Kleinseggenrieden, teilweise mit Bruchwald, in welchem meist die Schwarzerle als Torfbildner vorherrscht. Drei Typen werden nach ihrem Nährstoff- und Kalkgehalt unterschieden:

- ▸ eutrophe Niedermoore, besonders in tieferen Lagen mit Steifseggen- und Schlankseggen-Rieden; bei Gehölzsukzession mit Falbaum- und Weidengebüschen sowie Erlenbruchwald;
- ▸ oligotrophe, kalkreiche Niedermoore, meist an Sumpfquellen der subalpinen Stufe im Gebirge und mit Kalk-Kleinseggenrieden;
- ▸ oligotrophe, kalkarme Niedermoore mit sauren Klein- und Schnabelseggenrieden sowie Birken-Erlen- und Fichten-Erlen-Bruchwald.

Vorkommen: In den meisten Landschaften vorkommend, häufiger vor allem im Voralpenraum.

Entstehung: Verlandung am Rande von Seen, indem im Flachwasser abgestorbene Reste von Schilf, Rohrkolben und Seggen infolge gehemmter Zersetzung aufgehäuft werden. Der Verlandungsgürtel rückt immmer weiter in Richtung der Seemitte vor, bis der See »erblindet«, wenn die letzte offene Wasserfläche (das Moorauge) verschwindet. Neben solchen Verlandungsmooren gibt es Versumpfungsmoore in Geländesenken, Überflutungsmoore in Flußauen, Quellmoore an Quellaustritten und Überrieselungsmoore an Berghängen.

Bedeutung: Niedermoore sind generell wichtige Lebensräume, jedoch je nach vorherrschendem Vegetationstyp in unterschiedlicher Hinsicht (Bruch- und Sumpfwald → S. 137, Pfeifengraswiese → S. 194, Groß- und Kleinseggenried → S. 197).

Gefährdung: Entwässerung, Überdüngung und Nutzungsintensivierung, bei einigen Typen auch durch Nutzungsaufgabe.

Schutz: Vollständige Sicherung aller erhaltenen Niedermoore unter gebietsspezifischer Festschreibung eventuell erforderlicher Pflegemaßnahmen.

Übergangsmoor

Kennzeichen: Nährstoffarme (oligo- oder dystrophe, also huminstoffreiche) Moorbiotope als Übergang eines Niedermoores zum Hochmoor oder im weniger nassen Randbereich eines Hochmoores. Außer von Regenwasser auch durch Überrieselungswasser, Grundwasser oder Wasser eines verlandenenden Sees gespeist. Fast ebenso saures Milieu wie im Hochmoor, Gehalt an Kalk und anderen Mineralstoffen sehr gering. Höchstens schwach aufgewölbt. Oft als Schwingrasen ausgebildet, d. h. als auf der Wasseroberfläche nährstoffarmer Gewässer schwimmende Rasen oder im Randsumpf von Hochmooren. Auch als Zwischenmoor bezeichnet.

Vorkommen: Vor allem im Norddeutschen Flach- und süddeutschen Alpenvorland sowie in Mittelgebirgs-Hochlagen.

Entstehung: Durch zunehmende Torfanhäufung aus Niedermooren, die somit über den Einflußbereich nährstoffreicheren Grund- und Oberflächenwassers hinauswachsen; oder im Randbereich eines Hochmoores, wo der Wasserhaushalt das Torfmoos-Wachstum begrenzt, etwa durch Mischung nährstoffarmen Moorwassers mit nährstoffreicherem Umgebungswasser (Lagg oder Randsumpf).

Bedeutung: Hoher Wert für moortypische Pflanzen und Tiere, wobei je nach Vegetationstyp Arten der Hochmoore (→ S. 201), Niedermoore (→ S. 203) oder Bruchwälder (→ S. 137) dominieren. Vegetation mit starkem Übergangscharakter zwischen beiden Moortypen, im nordwestlichen Deutschland oft mit Glockenheide, sonst Fadenseggen-Ried, Schnabelried-Gesellschaften, Schlenken mit beginnender Ausbreitung von Torfmoosen oder Bruchwald: Birkenbruch im westlichen, Kiefernbruch im östlichen Deutschland.

Gefährdung: Entwässerung und Inkulturnahme, touristische Nutzung (besonders Boote auf Gewässern mit Schwingrasen), forstwirtschaftliche Eingriffe in Bruchwäldern, Nährstoffeintrag aus Luft und Verdriftung von angrenzenden Nutzflächen.

Schutz: Sicherstellung aller verbliebenen Übergangsmoor-Reste unter Einschluß einer breiten Pufferzone, großflächige Wiedervernässung und Versuche zur Regeneration.

Torfstich

Kennzeichen: Stehende Gewässer bzw. Feuchtbiotope in torfigem Milieu als Überbleibsel früherer Torfgewinnung. Darin können sich vielfach letzte Reste der ehemaligen moortypischen Flora und Fauna halten. Häufig jedoch nicht mehr mit der hochmoortypischen Nährstoffarmut, daher wandelt sich das Artenspektrum im Vergleich zum Ausgangszustand des Moores. Je nach Tiefe und Wasserqualität können zum Beispiel Torfmoos-Rasen, offene Wasserflächen mit Weihercharakter oder Schwimmblattpflanzen-Gürtel entstehen.
Vorkommen: An Moorbiotope gebunden.
Entstehung: Durch Torfabbau in kleinbäuerlichem oder größerem Maßstab bilden sich Hohlformen, die durch Niederschlags- und/oder Grund- und Oberflächenwasser gefüllt werden.
Bedeutung: Weitgehend unberührte Moorkomplexe besitzen für den Naturschutz generell höhere Bedeutung als alle Folgebiotope des Torfabbaus. Nach bereits erfolgter Abtorfung können jedoch wertvolle Sekundärlebensräume entstehen. Je nach Ausprägung und Umgebung Ähnlichkeiten zu Hochmoorweihern und größeren Schlenken: als Libellen etwa Alpen- und Hochmoor-Mosaikjungfer, Kleine Moosjungfer, Alpen- und Arktische Smaragdlibelle; verschiedene Schwimmkäfer der Gattungen *Agabus*, *Dytiscus* und *Hydroporus*. Typisch ist vielfach der Torfmoos-Wasserläufer.
Daneben verschiedene Amphibienarten wie der Moorfrosch und weniger moorspezifische Vogelarten der Wasserflächen (Enten, Rallen, Röhrichtbewohner).
Auch bei der Vegetation je nach Nährstoffgehalt des Wassers unterschiedliche Ausprägungen von Hochmoor-»Restarten« bis zu Arten der meso- bis eutrophen stehenden Gewässer (→ S. 206ff.).
Gefährdung: Zerstörung durch weitergehende Abtorfung/Entwässerung, Nutzung als Angelteiche und Badegewässer, Eutrophierung infolge angrenzender landwirtschaftlicher Nutzung.
Schutz: Einbeziehung in Schutzflächen angrenzender Moorreste, Gewässer und Feuchtgrünlands unter weiträumiger Ausschaltung aller Nutzungsansprüche.

Als Stillgewässer werden solche Gewässer-Lebensräume bezeichnet, deren Wasser im Unterschied zu den Fließgewässern nicht beständig talabwärts fließt, sondern in Hohlformen unterschiedlichster Art steht. Dies schließt nicht aus, daß auch Stillgewässer von einem Fließgewässer durchströmt werden.

Stehende Gewässer bildeten sich in abflußlosen Senken jeglicher Größe durch Zusammenfließen des Niederschlagswassers, an quelligen Orten, in Bach- und Flußtälern mit natürlichen Staustufen, in von Fließgewässern abgeschnittenen Altarmen, am Rande abtauenden Gletschereises, im Moor und vielen anderen Situationen. Während menschliches Tun einerseits durch Entwässern und Verfüllen einen großen Teil dieser Gewässer zerstörte, bewirkte es andernorts die Entstehung neuer Stillgewässer: Baggerteiche, Stauseen, Dorf- und Feuerlöschteiche, Fischteiche, Tümpel in Sand- und Tongruben, wassergefüllte Wagenspuren usw.

Gewässerökologisch bedeutsame Faktoren beruhen auf chemischen Zusammenhängen. Als wichtige Größen sind vor allem Sauerstoff, Nährstoffe, pH-Wert, Wasserhärte und Salze zu nennen.

Die Zufuhr von Sauerstoff in Gewässer erfolgt in erster Linie durch die Photosynthese der Wasserpflanzen, die von Temperatur, Sonneneinstrahlung und Nährstoffgehalt des Wassers abhängt. Die Wassertemperatur – die gerade in kleinen, flachen Stillgewässern extrem variiert – entscheidet über die Menge an Sauerstoff, die maximal im Wasser gelöst werden kann: Mit steigender Temperatur nimmt der höchste mögliche Sauerstoffgehalt ab. Zusätzlich werden mit steigender Wärme auch die sauerstoffzehrenden Abbauprozesse toter organischer Substanz beschleunigt – die Gefahr eines »Umkippens« des Gewässers steigt.

Die wichtigsten Nährstoffe für das pflanzliche Wachstum sind Stickstoff und Phosphor. Von Natur aus werden nur relativ geringe Mengen an Nährstoffen über Niederschläge, Erosion, Zuflüsse und die Tätigkeit von Mikroorganismen in die Gewässer eingetragen. Menschliche Aktivitäten bewirken heute jedoch eine enorme Nährstoffanreicherung (Eutrophierung) auch und gerade der Gewässerbiotope. Wichtigste Quellen für solche Belastungen liegen in der Auswaschung von Düngemitteln aus landwirtschaftlich genutzten Böden, in Abwässern (unter anderem Fäkalien und Phosphate aus Wasch- und Reinigungsmitteln) und in der globalen Luftverschmutzung. Auf die Anreicherung von Nährstoffen reagieren vielen Pflanzen-

Verschiedene ökologische Faktoren entscheiden darüber, welche Tiere ein Stillgewässer besiedeln (nach Blab aus Jedicke 1988).

und Tierarten direkt oder indirekt sehr empfindlich, so daß es zu deutlichen Artenverschiebungen kommt.
Der pH-Wert als Ausdruck der Konzentration von Wasserstoffionen beschreibt die saure, neutrale oder alkalische Reaktion. Luftschadstoffe bewirken über den sauren Regen auch hier eine Verschiebung in den stärker sauren Bereich, eine Versauerung von Gewässern. Ohnehin bereits saure Moorrandgewässer können dadurch so stark versauern, daß sich zum Beispiel der Laich von Moorfröschen durch Verpilzung nicht mehr entwickeln kann.
Die Wasserhärte wird durch den Kalzium- und Magnesium-Gehalt des umgebenden Gesteins bestimmt.
Anhand des Nährstoffgehalts stehender Gewässer lassen sich vier Haupttypen unterscheiden:

- oligotroph = nährstoffarm, blau oder bräunlich bis grünlich gefärbtes Wasser mit großer Sichttiefe und den Nährelementen Stickstoff und Phosphat nur in Spuren; meist steile Ufer;
- mesotroph = mittleren Nährstoffgehaltes (zwischen oligo- und eutroph stehend);
- eutroph = nährstoffreich mit mehr als 1 mg/l Stickstoff und über 0,5 mg/l Phosphat; schmutziggrau bis blaugrün gefärbtes Wasser, geringe bis mäßig große Sichttiefe; oft flache Ufer;
- dystroph = humusreich und nährstoffarm, durch starken Humusgehalt in der Nähe von Hochmooren gelblich bis tiefbraun gefärbtes Wasser, sehr geringe Sichttiefe, nahezu frei von Stickstoff, weniger als 0,5 mg/l Phospat.

Auch von Natur aus verlanden Gewässer, allerdings meist sehr langsam: Zu Boden sinkende tote, nicht vollständig abgebaute Pflanzen- und Tierreste sowie Einschwemmungen von außen führen zu einer Verkleinerung des Volumens des Gewässers, sofern der Wasserspiegel nicht gleichzeitig ansteigen kann. Kleine Gewässer verschwinden auf diese Weise eines Tages völlig, bei etwas größeren kommt es zur Bildung eines Bruchwaldes und/oder zur Entstehung eines Flachmoores. Die Uferlinie mit dem Röhrichtgürtel rückt dabei immer weiter in Richtung zur Gewässermitte vor. Je kleiner, flacher und eutropher ein Gewässer ist, desto rascher schreitet die Verlandung voran. Die anthropogen bedingte Anreicherung des Wassers mit Nährstoffen und die gerade in den Ackerbaugebieten immens vergrößerte Bodenerosion führen zu einer starken Beschleunigung von Verlandungsprozessen.

Ohne die verschiedenen Uferformen und Nährstoffhaushalte von Stillgewässern in Betracht zu ziehen, lassen sich generell verschiedene Zonen der Gewässer untergliedern. Diese wiederum werden von charakteristischen Pflanzengesellschaften eingenommen, deren wichtigsten die folgenden sind:

- Wasserlinsen-Gesellschaften wurzeln im freien Wasser vor allem eutropher Kleingewässer. Die artenarmen dichten Decken werden von Arten wie Vielwurzeliger, Dreifurchiger, Kleiner und Buckliger Wasserlinse, Schwimmfarn und Kleinsternlebermoos gebildet.
- Froschbiß-Krebsscheren-Gesellschaften im Tiefland zeigen Verlandung an – mit Krebsschere, Froschbiß und zum Teil Gemeinem Wasserschlauch.
- Unterwasser-Laichkraut-Gesellschaften mit Glänzendem, Durchwachsenblättrigem und anderen Laichkraut-Arten sowie Wasserpest wachsen in 0,3 bis maximal 2,5 m Tiefe.
- Schwimmblattpflanzen-Gesellschaften werden von Seerose, Teichmummel, Wasserknöterich, Schwimmendem Laichkraut, Seekanne und Wasserhahnenfuß charakterisiert.
- Röhricht-Gesellschaften entwickeln sich entlang von flachen Ufern mit Breit- und teils auch Schmalblättrigem Rohrkolben, Teichbinse, Igelkolben, Schilf, Rohrglanzgras, Pfeilkraut, Froschlöffel, Wasserschwaden, Wasserschwertlilie und Wasserminze.
- Großseggen-Riede siedeln im Übergangsbereich zwischen Wasser und Land (→ S. 197).
- Zweizahn-Ufersäume finden sich am Ufer von Tümpeln, Teichen und Talsperren, sie entwickeln sich auf trockengefallenen Schlamm- und Sandflächen.

Neben den eigentlichen Gewässertypen werden nachfolgend auch drei wichtige Teilbiotope der Gewässer eigenständig behandelt, nämlich Schwimmpflanzen-Biotop, Röhricht und vegetationsarmes Ufer. Moorgewässer bzw. Torfstiche wurden bereits unter den Moorbiotopen besprochen (→ S. 205ff.). Abgrabungsgewässer sind unter den Abgrabungs- und Bergbaubiotopen zu finden (→ S. 274).
Gefährdungen von Gewässerbiotopen ergeben sich allgemein aus übermäßigem Eintrag von Nährstoffen durch Abwässer und Düngung, die Einschwemmung von Schadstoffen, die Beseitigung typischer Ufer- und Verlandungszonen, Grundwasser-Absenkungen, Müllablagerungen, Verfüllung und vollständige Beseitigung.

See

Kennzeichen: Großflächiger Wasserkörper mit mehr als 2 m Tiefe. Von Weihern durch Vorhandensein einer lichtlosen (lichtarmen) Tiefenzone unterschieden. Je nach Ufergestalt und Nutzung vielfach mit Röhricht- und Schwimmblattpflanzen-Gürtel, stets mit großer, offener Wasserfläche.

Vorkommen: Verbreitet in der ostholsteinischen und der mecklenburgischen Seenplatte sowie im Voralpenraum. Einzelne Seen in vielen anderen Landschaften.

Entstehung: Häufig als Folge von eiszeitlicher Gletschertätigkeit (als Gletscherzungenbecken bzw. Rinnenseen) oder als Folge abschmelzender Toteisblöcke, die Mulden im Gelände zurückließen.

Bedeutung: Abhängig vom Nährstoffhaushalt und vom Fehlen menschlicher Störungen. In oligotrophen, klaren Seen eine arten- und individuenarme, besonders selten gewordene Flora und Fauna mit den Fischarten Groppe, Bachforelle, Seesaibling und Maränen-Arten, Zuckmücken der Gattung *Tanytarsus*, Brunnenkrebs und Höhlenassel. In meso- und eutrophen Seen Brassen (Blei), Ukelei und Zander, Zuckmücken der Gattung *Chironomus*, Gemeine Federkiemenschnecke, Sumpfdeckelschnecke *Viviparus contectus* und Teichmuschel.

Ornithologisch bedeutsam sind – abgesehen von freien, ungestörten Wasserflächen als Ruhezonen – die Flachwasserbereiche als Brut-, Durchzugs-, Rast- und Mausergebiet. Kontakt zu Röhrichtzonen (→ S. 216) wirkt wertsteigernd. Typische Vögel zum Beispiel Stockente, Tafel- und Reiherente; andere Entenarten, Bleßralle, Haubentaucher und Gänsesäger (als Brutvogel an oligotrophen Seen), Schwarzmilan, Fisch- und Seeadler sowie Lachmöwe.

Gefährdung: Eutrophierung und Gewässerverschmutzung besonders im Falle oligotropher Seen, Störungen durch Wassersport, Angelsport, Jagd, Badebetrieb und andere Freizeitaktivitäten, intensive Bewirtschaftung durch Fischerei.

Schutz: Klare Trennung von großflächigen Tabuzonen und Freizeitnutzung, Aufteilung möglichst auf verschiedene Gewässer. Berücksichtigung von 200 bis 500 m breiten Pufferzonen aufgrund der hohen Fluchtdistanzen von Wasservögeln.

Weiher

Kennzeichen: Natürlich entstandene, flache, im allgemeinen maximal 2 m tiefe, seeähnliche Stillgewässer, die das ganze Jahr über Wasser führen. Der gesamte Gewässergrund kann infolge der geringen Wassertiefe von fest verwurzelten höheren Pflanzen bewachsen sein – sofern nicht nackter Fels, Schotter oder arme Sande den Untergrund bilden. In sehr eutrophen Weihern kann starke Schlammbildung den Pflanzenbewuchs verhindern. Hohe Wassertemperaturen (am Grund bis über 20 °C) beschleunigen Bakterien-Tätigkeit und Abbau der toten organischen Substanzen.

Vorkommen: Häufiger in ehemals vergletscherten Gebieten des Norddeutschen Flachlandes und des Voralpenraumes.

Entstehung: Sehr unterschiedlich, häufig in Geländesenken ohne Zu- und Abfluß, z. B. in Toteislöchern oder zwischen Grundmoränen nach Rückzug von Gletschern. Auch durch Verlandung von Seen, deren Wanne zusedimentiert (Weiterentwicklung zum Niedermoor).

Bedeutung: In der Regel sehr hohe Bedeutung für den Artenschutz durch üppiges Wachstum von Unterwasser-, Schwimmblatt- und Röhrichtpflanzen; zoologisch betrachtet sind naturnahe Weiher der artenreichste Typ von Binnengewässern.

Im Gewässerboden wurzeln Seerose, Teichmummel, Krebsschere, Froschbiß, Pfeilkraut, Laichkräuter und Tausendblatt, im oft breiten Röhrichtgürtel vor allem Schilf, Rohrglanzgras und Rohrkolben. Oft reiche Vermehrung des pflanzlichen Planktons.

Vielfältige Fauna mit Köcherfliegen-Larven, Libellen, Kleinkrebsen, Stabwanzen und Wasserskorpionen sowie der wasserlebenden Raupe des Zünslers, einer Schmetterlingsart. Die Vogelwelt wird von Teich- und Bleßralle, Schwimmenten wie Stock-, Krick-, Knäk- und Löffelente, Lappentauchern wie Zwerg-, Rothals-, Schwarzhals- und Haubentaucher geprägt. Reiche Amphibien- und Fischfauna.

Gefährdung: → S. 208.

Schutz: Ausweisen von Tabuzonen für Fischerei, Jagd und Freizeitnutzung; Verringern von Gewässerverschmutzungen.

Teich

Kennzeichen: Vom Menschen angelegte Stillgewässer unterschiedlicher Größe und Tiefe, die in normalen Jahren nicht austrocknen. Funktion und Gestalt verschieden, zum Beispiel als Naturschutz-, Dorf- und Zierteich. Ähnliche Gewässer wie Klärteiche, Abgrabungs- und Moorgewässer werden gesondert behandelt (→ S. 214, 274 und 205).

Vorkommen: In den meisten Landschaften. Besonders verbreitet in typischen Teichlandschaften wie Ostholstein.

Entstehung: Anlage durch den Menschen zu Zwecken der Fischzucht, als Löschwasser-Reservoir, zur Garten- und Parkgestaltung oder auch aus Gründen des Naturschutzes.

Bedeutung: Abhängig von der Nutzungsintensität und Anlage des Teiches. Sehr bedeutsam sind naturnahe Teiche mit ausgedehnten Flachwasserzonen, einer vielgestaltigen Uferlinie und ohne Nutzfisch-Besatz. Typische Bewohner sind dort eine Reihe von Schwimmkäfern, als heimische Fischarten Schlammpeitzger, Karausche, Moderlieschen und Zwergstichling. In eutrophen Teichen leben die Schneckenarten Schlamm-, Kleine Teller-, Kammkiemen-, Ohrförmige Schlamm- und Sumpf-Schlamm-Schnecke. Naturnahe Teiche bilden vielfach die wichtigsten Laichgewässer für Amphibien, vor allem Grünfrösche, Gras-, Moor- und Springfrosch, Erdkröte und Molche. Wichtiger Vogellebensraum, etwa für Teich- und Bleßralle, Zwergtaucher, Stockente und Graureiher.
Intensiv genutzte Fischteiche zeigen durch steile Ufer, Überbesatz an Fischen, fehlende Ufer- und Bodenvegetation, winterliches Ablassen, Kalken und Düngen des Bodens eine verarmte Flora und Fauna. Bei Aufstau eines Fließgewässers stark negative Wirkung auf Nährstoff- und Temperaturhaushalt des unterhalb liegenden Bachabschnittes. Zierteiche mit betoniertem Untergrund ohne Bedeutung.

Gefährdung: Nutzung durch Angelsport und Fischzucht, Eutrophierung und Verschmutzung, lokal Freizeitnutzung.

Schutz: Möglichst extensive Nutzung von Fischteichen, keine Neuanlage in Talauen, Lenkung von Erholungsaktivitäten, Verbessern der Gewässerqualität. Naturnahe Gestaltung von Teichufern.

Tümpel

Kennzeichen: Temporäre, nur periodisch vorhandene Kleingewässer, die jährlich ein- oder mehrmals austrocknen. Ökologisch gekennzeichnet durch geringe Wassertiefe, meist starke Temperaturschwankungen mit hohen Extremen und das weitgehende Fehlen echter Wasserpflanzen.

Vorkommen: Punktuell in allen Landschaften, häufiger in Abgrabungsgebieten mit Bodenverdichtungen.

Entstehung: In Geländesenken durch Niederschlags-, Fluß-, Grund- oder Schmelzwasser gespeist. Vielfältige Bildungsmöglichkeiten durch Überschwemmungen in Bach- und Flußauen, im Frühjahr durch Schneeschmelze, durch Bodenverdichtung in Abgrabungen und Wagenspuren der Forstmaschinen, durch hoch anstehendes Grundwasser in Naßwäldern.

Bedeutung: Je nach Umgebung. Sonnenexponierte Tümpel erwärmen sich schon im zeitigen Frühjahr rasch und sind bevorzugtes Laichgebiet für Grasfrosch, Berg-, Teich- und Fadenmolch. In Abgrabungstümpeln laichen Kreuzkröte und Gelbbauchunke, in Überschwemmungstümpeln mancher Flußauen (zum Beispiel Elbe) die Rotbauchunke.

Angepaßt an die Lebensbedingungen sind verschiedene Kleinkrebse und Wasserflöhe, deren Eier Trockenperioden im Schlamm überdauern, die sich bei Wasserbedeckung aber binnen zwei Wochen zum ausgewachsenen Tier entwickeln können. Wasserläufer, Schwimm- und Taumelkäfer wechseln ihren Lebensraum bei Austrocknung fliegend. Charakteristische Tiere der stark erwärmbaren Tümpel sind Strudelwürmer der Gattung *Derostoma* und Krebse wie Gemeiner Hüpferling, *Hemidiaptomus superbus*, *Lepidurus apus* und *Triops cancriformis*. Zur Vegetation in austrocknenden Tümpeln siehe vegetationsarmes Ufer (→ S. 217).

Kleinstgewässer in hohlen Baumstümpfen, Felsvertiefungen, Huftritten von Weidevieh usw. werden vor allem von Fadenwürmern, Mückenlarven und Muschelkrebsen bewohnt.

Gefährdung: Zerstörung durch Verfüllen, Entwässern und Grundwasser-Absenkung.

Schutz: Erhaltung und Neuanlage von Tümpeln an geeigneten Orten. Sichern von umgebenden Pufferzonen.

Altwasser

Kennzeichen: Meist eutrophes und mehr oder minder stark verlandendes, vegetationsreiches Stillgewässer in Talauen von Bächen und Flüssen, nur noch selten oder überhaupt nicht mehr durch Hochwässer überschwemmt. Je nach Stadium der Verlandung mit Weiher, Teich oder Tümpel vergleichbar.
Vorkommen: Ehemals in den meisten Talauen, durch Gewässerbegradigung und Intensivnutzung der Auen heute auf wenige Restbestände zurückgedrängt. Bekannte Beispiele noch am Oberrhein (zum Beispiel Rußheimer Altrhein und Kühkopf).
Entstehung: Durch Abschneiden von Bach- und Flußschlingen im Zuge der natürlichen Fließgewässer-Dynamik, bedingt durch die Verlagerung der Prallufer unter Durchbrechen einer immer enger werdenden Flußschlinge. Als Folge verkürzt sich dort die Fließstrecke, der ehemalige Fließgewässer-Abschnitt wird nicht mehr oder nur bei Hochwässern durchflossen.
Bedeutung: Häufig artenreiche Lebensgemeinschaften, je nach Größe der Wasserfläche ähnlich den Weihern, Teichen oder auch Tümpeln. Verlandungsfördernd wirken die meist vorhandenen Pflanzen der Röhrichtgürtel wie Rohrkolben, Schilf, Rohrglanzgras und Seggen.
Als Wirbellose zum Beispiel Wasserflöhe, Hüpferlinge und Libellen. Wichtige Laichgewässer und mit ihrer Umgebung zum Teil Jahreslebensräume für Molche, Kröten und Frösche verschiedener Arten sowie die Ringelnatter als Reptilienart. Altwässer größeren Ausmaßes dienen der Großen Rohrdommel, Zwergdommel, Blaukehlchen und Zwergtaucher als Lebensraum.
Gefährdung: Verfüllen, Nutzung als Fischteich, Eutrophierung durch unmittelbar angrenzende intensive Landwirtschaft, Entwässerung und Absenken des Grundwasserspiegels, Kiesabbau und natürliche Verlandung.
Schutz: Erhalt aller Altwässer unter Verzicht auf jegliche Nutzung, Anlage weiträumiger, ungenutzter Pufferzonen. Keine weiteren Entwässerungen in der Umgebung, nach Möglichkeit Wiederanheben des Grundwasserspiegels. Neuanlagen von Altwasser-Biotopen in Talauen sind relativ einfach möglich, da es sich von Natur aus um relativ nährstoffreiche Gewässer handelt.

Stausee

Kennzeichen: Durch Anstau eines Bachlaufs oder Flusses künstlich bedingte Wasserfläche in Form einer Talsperre oder eines Rückhaltebekkens. Besonders im Falle von Hochwasser-Rückhaltebecken starke Schwankungen des Wasserstandes, die zeitlich nicht der natürlichen Dynamik von Fließgewässern entsprechen. Zum Teil sehr tiefe Gewässer, häufig eutroph infolge starker Nährstoffeinträge durch die Fließgewässer.
Vorkommen: Insbesondere in den Mittelgebirgen, etwa Rheinisches Schiefergebirge, Harz und süddeutsches Keuperland.
Entstehung: Anstau durch künstlich angelegte Dämme oder Staumauern aus Gründen des Hochwasserschutzes (als Versuch, die Folgen von Flußbegradigungen zu mindern), der Energiegewinnung, der Schiffbarmachung unterhalb liegender Flußabschnitte, der Trinkwasserspeicherung oder Erholung.
Bedeutung: Negativ durch Zerstörung der Talaue, Erwärmung des Wassers im unterhalb liegenden Flußabschnitt und Folgenutzungen auch im Umfeld. Diese Wirkungen sind generell höher zu bewerten als mögliche positive Funktionen von Stauseen für Flora und Fauna, die kein Argument für den Neubau von Talsperren und Rückhaltebecken sein können.
Selbst als Brutgewässer unbedeutende, sommers intensiv genutzte Stauseen dienen Wasservögeln wie Enten, Sägern, Tauchern, Bleßralle, Schwänen, Fischadler und anderen als Rastplatz während des Durchzuges. Schutzzonen mit Flachwasserbereichen, Röhrichtgürtel und vegetationsarmen Schlammufern dienen vielen Wasservögeln auch als Brutareal; durch Absenkung des Wasserstandes trockenfallener Schlamm ist wichtig für Watvögel (Limikolen) wie Wasserläufer, Flußuferläufer, Kampfläufer, Bekassine und andere.
Gefährdung: Gefahren besonders für die Wasservögel gehen von Wassersport, Badebetrieb, Anglern, Jagd und Gewässerverschmutzung allgemein aus.
Schutz: Keine Neuanlage von Stauseen, jedoch möglichst naturnahe Gestaltung vorhandener Gewässer und Abgrenzung großflächiger Naturschutzgebiete ohne jede Nutzung (für Wasservögel im allgemeinen über 100 ha mit 200 bis 500 m breiter Pufferzone).

Rieselfeld und Klärteich

Kennzeichen: Der Reinigung von Abwässern dienende Teichanlagen unterschiedlicher Ausdehnung, und zwar vor allem in drei verschiedenen Formen:

- Nachklärbecken, in denen das vorgereinigte Abwasser noch einige Stunden bis Tage verweilt;
- Teiche zur Wurzelraumentsorgung, einer dezentralen Art der Abwasserreinigung mit Hilfe einer dichten Vegetation von Binsen, Teichsimse und anderen;
- Rieselfelder, auf denen die Reinigung ebenfalls auf biologischem Wege in großflächigen Flachteichen erfolgt.

Die meisten Rieselfelder werden heute nur noch mit (vor)gereinigtem Wasser beschickt. Klärteiche und Rieselfelder sind infolge der Speisung mit Abwässern ein polytropher, also extrem nährstoffreicher Biotop.

Vorkommen: Vereinzelt in den meisten Landschaften. Besonders bekannt sind als großflächiges Areal die Rieselfelder im westfälischen Münster.

Entstehung: Anlage durch Kommunen, Firmen und auch Privatleute zur Reinigung von Abwässern. In jüngster Zeit entstehen kleinere Anlagen der Wurzelraumentsorgung zur Klärung der Abwässer isolierter Einzelhöfe und kleiner Siedlungen.

Bedeutung: Der extreme Nährstoffreichtum fördert die Vermehrung von Algen und das Entstehen von Röhrichtgürteln (→ S. 216). Je nach Größe und Röhrichtbeständen kommen als Brutvögel häufiger Löffelente, Tafelente, Teich- und Bleßralle vor, ferner verschiedene Wasservögel (zum Beispiel Lachmöwe) als Durchzügler. Schlammflächen dienen dem Flußregenpfeifer als Brut-, der Uferschnepfe und anderen Watvögeln als Rastareal.

Gefährdung: Chemische Belastungen durch im Abwasser enthaltene Schadstoffe. Nutzungsaufgabe und Verfallen der Rieselfelder, die somit ihre Funktionen für Wasservögel nicht mehr erfüllen können.

Schutz: Erhalt alter Rieselfelder und deren Weiterbetrieb unter Auflagen des Naturschutzes. Naturnahe Gestaltung von Klärteichen. Wo möglich, Bevorzugung der Wurzelraumentsorgung gegenüber konventionellen Kläranlagen.

Schwimmpflanzen-Biotop

Kennzeichen: Von Wasserpflanzen mit auf der Wasseroberfläche schwimmenden Blättern geprägte Abschnitte stehender Gewässer, vor allem im flachen Bereich von Seen, in Weihern und älteren Teichen. Häufig einem Röhrichtgürtel vorgelagert. Neu angelegte Gewässer benötigen meist über 50 Jahre, bis sie einen vielfältigen Gürtel an Schwimmblattpflanzen ausbilden.
Vorkommen: In stehenden, seltener auch langsam fließenden Gewässern unterschiedlicher Typen in geringeren Wassertiefen bis maximal etwa 4 m.
Entstehung: Durch natürliche Ansiedlung der nachfolgend genannten Pflanzenarten in halbwegs ungestörten Gewässern.
Bedeutung: Wichtiger (Teil-)Lebensraum für viele Pflanzen, Wirbellose, Amphibien, Wasservögel und andere Tiergruppen der Gewässer. Pflanzendecke vor allem aus Schwimmendem Laichkraut, Wasserknöterich, Froschbiß, Weißer Seerose, Gelber Teichrose oder Mummel, Wasserhahnenfuß sowie den oft Reinbestände bildenden Wasserlinsen wie Kleine Wasserlinse als häufigste Art, Dreifurchige Wasserlinse und Teichlinse. Mit ihrem Vorkommen verringern die Schwimmpflanzen die Sediment-Bewegung. Tieren bieten die Schwimmblattpflanzen Verstecke, sie dienen als Laich- bzw. Eiablageplatz, Rast- und Nahrungsgebiet. Wichtige Einstände und Laichbiotop für viele Fische, deren Laich von der Sauerstoff-Abgabe der Schwimmblattpflanzen (Photosynthese) profitieren kann: Karpfen, Karausche, Hecht, Rotfeder und Schleie. Laichgebiet für Amphibien, Grünfrösche sitzen gern auf schwimmenden Blättern. Lebensraum vieler Libellen wie Hauben-, Speer-, Mond-, Hufeisen- und Fledermaus-Azurjungfer, Große Königslibelle, Großes Granatauge und Plattbauchlibelle. Nahrungsgrundlage vieler anderer Wirbellose.
Gefährdung: Zerstörung durch menschliche Eingriffe und Wassersport, Verschmutzung.
Schutz: Erhalt aller Schwimmpflanzen-Bestände unter Zurückstellung konkurrierender Nutzungsansprüche. Verbessern der Wasserqualität. Bei Räumung verlandender Gewässer behutsames, abschnittsweises Vorgehen. Gezielte Neuanlage.

Röhricht

Kennzeichen: Verlandungsbiotop im flachen Wasser stehender und sehr langsam fließender Gewässer, meist nur von wenigen Pflanzenarten gebildet. Hochwüchsige, kräftige Gräser dominieren in der Regel. Unterschieden werden

- See-, Weiher- und Teichröhricht aus Schilf, Teichbinse und Rohrkolben;
- Bach- und Flußröhricht an langsam fließenden Gewässern aus Wasserschwaden, Igelkolben und Rohrglanzgras;
- Kleinröhrichte zum Beispiel aus Pfeilkraut, Sumpfsimse und Tannenwedel.

Vorkommen: Im Flachwasser stehender und langsam fließender Gewässer. Schilfröhrichte zum Beispiel in der Oberrheinebene und im Alpenvorland.

Entstehung: Durch natürliche Entwicklung verlandender Gewässer, meist über 50 Jahre alt. Schilf-Ansiedlung an neuen Gewässern kann lange dauern, da es sich vorwiegend über Rhizome und kaum über Samen verbreitet.

Bedeutung: Sehr wichtig besonders für den Vogelschutz. In Baden-Württemberg 35 Brutvogelarten (davon 71 % der Roten Liste), etwa Hauben-, Schwarzhals- und Zwergtaucher, Zwerg- und Rohrdommel, Schnatter-, Krick-, Stock-, Knäk-, Löffel-, Kolben-, Tafel- und Reiherente, Rohrweihe, Wasser-, Teich- und Bleßralle, Tüpfel- und Kleines Sumpfhuhn, Rohrsänger, Bartmeise und Rohrammer. Wichtiger Rast- und Nahrungsbiotop für ziehende oder angrenzend vorkommende Singvögel: Rauch- und Mehlschwalbe, Star, Wiesenpieper, Schaf- und Bachstelze.

Reiche Insektenfauna, hohle Schilfhalme dienen Asseln, Spinnen, Milben, Springschwänzen, Ameisen, Lauf- und Kurzflügelkäfern zur Überwinterung. Brutplatz für Wildbienen und Schilfgallenfliegen, Raupenfutter für Falter.

Gefährdung: Früher durch Flußbegradigung und Altwasser-Zerstörung. Auch heute noch durch Verfüllen, Entwässern, Landwirtschaft, Freizeitnutzung durch Bade- und Bootsbetrieb, Segler, Surfer und Angler; Problem des Schilfsterbens.

Schutz: Priorität für Naturschutz gegenüber anderen Nutzungen für alle Röhrichte, Versuch der Regeneration, lokal sporadisch abschnittsweises Mähen.

Vegetationsarmes Ufer

Kennzeichen: Randflächen verschiedenster Gewässer, die häufig überflutet sind und nur zeitweise trockenfallen. Weitgehend ohne oder mit nur lückigem Bewuchs durch höhere Pflanzen. Je nach Substrat von unterschiedlicher Ausprägung mit Schlamm, Sand, Kies oder Geröll.
Vorkommen: Wenigstens lokal und zeitweise an allen Stillgewässer-Typen, entlang von Fließgewässern während Trockenperioden.
Entstehung: Durch Schwankungen des Wasserstandes und natürliche Umlagerung von Bodenmaterial sowie durch Brandung an Seeufern. Durch menschliche Aktivität bedingt sind das Trockenfallen von Teichböden oder nackte Ufer von Stauseen.
Bedeutung: Vor allem von faunistischem Wert. Standort angepaßter, seltener Pflanzen. Typisch sind Zweizahn-Ufersäume mit Wasserpfeffer, Kleinem Knöterich, Nickendem und Dreiteiligem Zweizahn, Sumpfkresse und Kriechendem Hahnenfuß. Auf trockengefallenen Teichböden siedeln Schlammling und Gelbweißes Ruhrkraut. Äußerst bedroht sind Strandlings-Gesellschaften am Rande oligotropher Seen mit Wasserlobelie und Brachsenkraut.
Wichtiger Nahrungs- und Rastbiotop für Watvögel (Limikolen) wie Rot- und Grünschenkel, Bruch- und Waldwasserläufer, Flußuferläufer, Bekassine, Uferschnepfe und andere. Brutplatz für Flußregenpfeifer und Flußseeschwalbe. Saugplatz für Insekten (Schmetterlinge, Bienen), Grabstelle für Schwalben und Mörtelbienen, Aufheizstelle für Reptilien und viele wärmeliebende Insekten. Lebensraum einer hochspezialisierten, noch kaum untersuchten Wirbellosen-Fauna.
Gefährdung: Vielfältig, zumal solche Lebensräume kaum beachtet werden. Besonders im Falle oligotropher Gewässer durch Nährstoffeintrag, Abwasser und andere Verschmutzung. Bade- und Bootsbetrieb, Angeln. In den Flußauen großflächig zerstört durch Gewässerverbau (Uferbefestigung, Staustufen) und Flußbegradigung.
Schutz: Umfassende Maßnahmen zur Verbesserung der Wasserqualität, Renaturierung von Gewässern, Betretungsverbot für empfindliche Areale. Für Limikolen lokal gezieltes Absenken des Wasserstandes zu den Hauptzugzeiten.

Alle Gewässer mit einer mehr oder weniger starken Strömung werden als Fließgewässer bezeichnet. Als Netz von Gerinnen ganz unterschiedlicher Dimension sorgen sie für den oberirdischen Wasserabfluß und bilden damit einen Baustein des globalen Wasserkreislaufs. Daneben bewirken sie den Transport zum Beispiel von Sedimenten und gelösten Substanzen (Nähr- und Schadstoffe), und sie dienen für Tier- und Pflanzenarten als Wanderungslinien und damit ihrer Ausbreitung.

In aller Regel nimmt das Gefälle eines Fließgewässers von der Quelle zur Mündung hin ab. Damit sinken zugleich Fließgeschwindigkeit und die Größe des vom Wasser transportierten Materials. Ebenso ändern sich die gesamten Lebensbedingungen und somit das Spektrum der typischen Pflanzen- und Tierarten: Fließgewässer bilden längs ihrer Fließrichtung ein Kontinuum – ein zusammenhängendes Ganzes mit langsamer Abwandlung von Faktoren wie Wasservolumen, Abflußregime, Strömung, Erosion und Ablagerung, Untergrund, Temperatur, Sauerstoffgehalt, Gewässerchemismus usw. Gleichzeitig ist jedoch gerade hinsichtlich der Fließgeschwindigkeiten des Wassers ein extrem kleinräumiger Wechsel zu beobachten. Die allgemeine Abnahme der Fließgeschwindigkeit – im Längsprofil von oben und unten, im Querprofil von der Mitte in Richtung der Ufer und der Gewässersohle – wird modifiziert durch Hindernisse wie Felsen oder Pflanzenbestände. Auf diese Weise entstehen ruhige Auskolkungen und turbulente Strudelbereiche.

Limnologisch grob gegliedert läßt sich die Bachregion der Flüsse (Rhitral) von dem Mittel- und

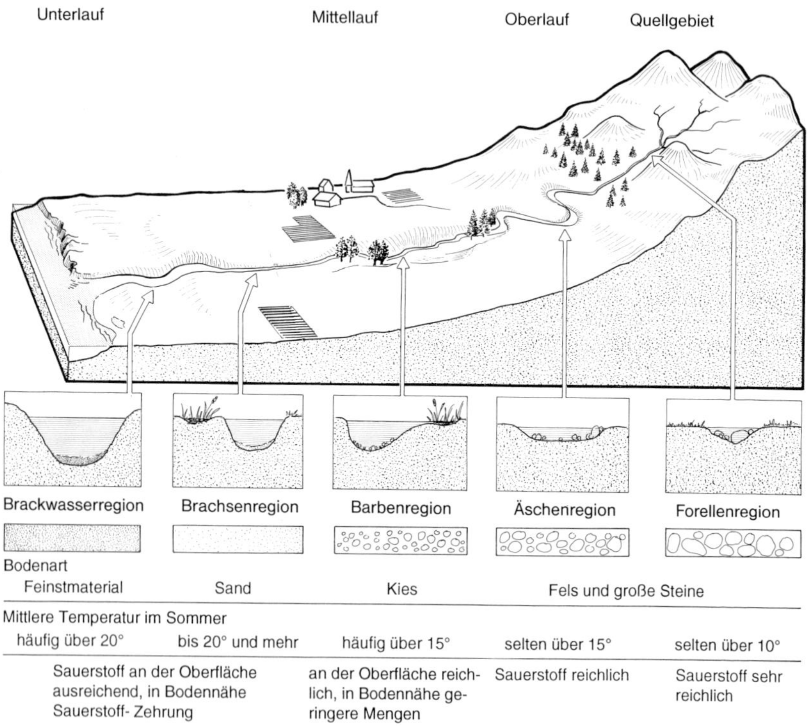

Zonierung der Fließgewässer anhand ihrer Leitfische mit den abiotischen Faktoren Bodenart, mittlere Wassertemperatur und Sauerstoff-Gehalt.

Unterlauf der Flüsse (Potamal) unterscheiden. Stärker differenziert anhand der Biotopansprüche von Fischarten, deren Vorkommen zugleich die Existenz bestimmter ökologischer Faktoren signalisiert, werden die Fließgewässer in fünf Zonen eingeteilt:

- ▶ Forellenregion als oberster Abschnitt unterhalb des Quellbereichs mit der Bachforelle als Leitfisch und den Begleitern Groppe, Elritze, Schmerle, Bachneunauge und Bachsaibling;
- ▶ Äschenregion mit der Äsche als Leitfisch und den Begleitern Bachforelle, Huchen, Nase, Quappe, Hasel und Lachs;
- ▶ Barbenregion mit der Flußbarbe als Leitfisch und den Begleitern Rotfeder, Nase, Hasel, Aland, Lachs, Wels und Flußaal;
- ▶ Brachsenregion mit Brachsen oder Blei als Leitfisch und den Begleitern Karpfen, Schlei, Aland, Güster, Karausche, Wels, Zander und Aal;
- ▶ Brackwasserregion im gezeitenbeeinflußten Mündungsbereich mit Flunder und Kaulbarsch als Leitfische und den Begleitern Stint, Brachsen, Güster, Rotauge oder Plötze, Zander und Aal.

Die Brackwasserregion wird im Abschnitt der Fließgewässer nicht gesondert behandelt, da sie innerhalb der Küstenbiotope den Brackwasserbiotopen (→ S. 235) zugeordnet wurde.

Auch wenn dieses und vergleichbare Schemata an der Art und den Charakteristika des eigentlichen Gewässernetzes festgemacht werden, darf man dieses nicht isoliert sehen. Grundwasserströme, Überflutungen und davon ausgelöste Veränderungen und Nahrungsketten beispielsweise wirken weit in die Umgebung hinein. Die Fließgewässer sind folglich sehr intensiv mit umgebenden Lebensräumen wie Auenwäldern, Feuchtwiesen und Schluchtbiotopen verzahnt – auch wenn diese aus Gründen der besseren Übersicht im Zusammenhang mit anderen Biotopgruppen besprochen werden.

Bestimmender ökologischer Faktor in allen Biotoptypen der Gruppe der Fließgewässer ist das mehr oder weniger rasch fließende Wasser, welches die Lebensräume – teilweise auch die angrenzenden – vor allem infolge seiner Bewegung und wechselnden Menge immer wieder wandelt. Diese natürlichen Gewässern eigene Dynamik mit ständigem Werden und Vergehen der verschiedensten Kleinbiotope störte der Mensch durch intensive Eingriffe seit Beginn des 19., extrem verstärkt in den 50er bis 80er Jahren des 20. Jahrhunderts: durch Begradigung unter starker Verkürzung der Laufstrecke, durch Verbauen des Ufers und des Gewässerbetts und durch Verrohren der kleineren Fließgewässer. Die grundlegenden ökologischen Funktionen der Fließgewässer wurden damit fast überall radikal ruiniert. Hinzu kommen Schadstoff-Belastungen der meisten Fließgewässer durch un- oder nicht ausreichend geklärte häusliche Abwässer, Einleitungen industrieller Abwässer und Einschwemmung von Düngern, Pestiziden und anderen Schadstoffen von angrenzenden Flächen.

Fließgewässer jeglicher Art mit ihren Lebensgemeinschaften müssen damit heute generell als bedroht und höchst schutzwürdig gelten. Alle Fließgewässernetze als von Natur aus entwikkelte Biotopverbundsysteme erfordern massive Bemühungen zur behutsamen Renaturierung, also der Rückführung in einen weitestmöglich naturnahen Zustand. Dabei müssen stets 5 bis 10 m breite Uferrandstreifen aus der intensiven Nutzung herausgenommen werden, um Schadstoffeinträge vor allem aus landwirtschaftlicher Düngung und Pestizid-Anwendung wenigstens teilweise fernzuhalten.

Außer den Fließgewässern im engeren Sinne werden hier auch die Quellen, Flußstaustufen, Kanäle und Gräben besprochen, da sie in engem Zusammenhang miteinander stehen – auch wenn sie teilweise eher den Charakter von Stillgewässern annehmen.

Quelle

Kennzeichen: Nasse Kleinbiotope, in denen Grund- oder Hangwasser aus dem Untergrund an die Oberfläche quillt. Unterscheidung nach Art des Wasseraustritts:

- ▸ Sturzquellen (Rheokrenen), deren Wasser aus Gesteinsspalten quillt und sofort steil talabwärts stürzt;
- ▸ Tümpelquellen (Limnokrenen) füllen ein Quellbecken von unten her, das überlaufende Wasser speist den Quellbach;
- ▸ Sickerquellen (Helokrenen) bilden Quellsümpfe, indem das Wasser verteilt durch das Erdreich hervorsickert.

Seltene Sonderformen nur lokaler Verbreitung bilden Thermal-, Mineral-, Humus- und Schmelzwasserquellen.

Typisch sind die ganzjährig fast konstante Temperatur (außer bei warmen Quellen meist der lokalen Jahresmitteltemperatur entsprechend), Sauerstoff- und Nährstoffarmut des Quellwassers. Auch in strengen Wintern eisfrei.

Vorkommen: Punktuell in allen Landschaften, in Karstgebieten wenige, große Karstquellen. Im Bergland überwiegen Sturz- und Sickerquellen, im Flachland meist Tümpel- und Sickerquellen.

Entstehung: Wasseraustritt infolge von wasserstauenden Schichten im Untergrund, die an der Erdoberfläche ausstreichen.

Bedeutung: In Europas Fauna 1500 Quell-Spezialisten; Rückzugsraum für Arten nährstoffarmer (oligotropher) Gewässer. In Sturzquellen Arten des Fließwassers und überrieselter Felsen (→ S. 221). Als Insekten Schwimmkäfer, als Amphibien sind Feuersalamander-Larven spezialisiert auf Quelltümpel.

Sickerquellen mit Quellfluren floristisch bedeutend, oft Einzelarten wie Bitteres Schaumkraut, Milzkräuter und Sumpfmiere dominierend. Laufkäfer *Carabus variolosus nodulosus* und Randring-Perlmutterfalter.

Gefährdung: Quellfassung, Verschütten und Überbauung, Nutzung als Viehtränke, Überdüngung durch Landwirtschaft, Absenkung des Grundwasserspiegels.

Schutz: Unterschutzstellung aller Quellen mit Pufferzonen; keinerlei Eingriffe, da Neuschaffung unmöglich. Versuche zum naturnahen Rückbau gefaßter Quellen.

Wasserfall

Kennzeichen: Über Felsen und ähnliche steile Geländeabbrüche senkrecht hinabstürzendes Wasser von Bachläufen oder Flüssen. Das dabei zerstäubende Wasser läßt auf angrenzenden Felsen und Oberflächen ein besonderes Milieu entstehen, das sich durch ständige Feuchte und teils hohe physikalische Belastungen durch die Gischt auszeichnet. Am Fuße eines Wasserfalls entsteht ein unterschiedlich tiefer Kolk.
Vorkommen: Vor allem in Hoch- und Mittelgebirgen mit stärkeren Höhenunterschieden des Geländes.
Entstehung: Auslösend wirken geologische Faktoren wie Verwerfungen (Brüche im Gestein durch Verschiebungen in der Erdkruste), punktuell härtere Gesteinsstufen, die der Erosion stärkeren Widerstand leisten als die umgebenden Schichten, oder eiszeitliche Abtragungen. Mit Ausnahme von Wasserfällen mit kalkhaltigem Wasser, bei denen durch Ablagerung von Kalksinter die Gefällkante vorverlegt werden kann, wird diese Stufe durch rückschreitende Erosion stetig zurückverlegt. Durch Auskolkung am Fuße kann Gesteinsmaterial nachbrechen und die Steilheit wiederherstellen, oder aber ein Wasserfall wandelt sich durch Verflachung zu einer Stromschnelle.
Bedeutung: Wichtig sind vor allem die überrieselten Felsen für Algen, Moose (Lebermoose) und einige spezialisierte Tiere wie den Laufkäfer *Nebria jockischi*, Langtaster-Wasserkäfer, die Kurzflügelkäfer *Atheta aquatilis* und *Dianous coerulescens*. Larven der Köcherfliegen-Gattungen *Stactobia* und *Tinodes*, der Tastermücken *Dixa* und der Dunkelmücke *Thaumalea testacea*.
Gefährdung: In Einzelfällen durch bauliche Eingriffe und überdimensionierte touristische Erschließung, allgemein durch Faktoren der Gewässerverschmutzung.
Schutz: Verzicht auf jegliche anthropogenen Veränderungen der natürlichen Dynamik; nur behutsame Wegerschließung, Maßnahmen zur Verbesserung der Wasserqualität im Oberlauf der betreffenden Fließgewässer.

Berglandbach

Kennzeichen: Bandartig entwickelte Biotope mit starkem Gefälle und kräftiger Wasserströmung (teils > 2,5 m/s), die eine stetige Umgestaltung des Gewässerbetts bewirkt. Vor allem im Ober- und Mittellauf oft enge, tiefe Taleinschnitte (Schluchten) mit Steinblöcken, Geröll, Schotter und Kies. Niedrige Wassertemperatur bei hohem Sauerstoffgehalt.
Im Unterlauf durch abnehmendes Gefälle breitere Talprofile, bei fehlender Bewaldung häufig Erwärmung und Trübung des Wassers, damit höherer Nährstoff- und geringerer Sauerstoffgehalt.
Vorkommen: Mittel- und Hochgebirge, in allen hügeligen/bergigen Landschaften.
Entstehung: Oberflächlich ablaufendes und Bachläufe bildendes Wasser bewirkt Erosion (Abtragung von Boden und Gestein). Ausbildung verschiedener Bach- und Talformen je nach Topographie (Geländegestalt), Geologie und Klima, vielfach modifiziert durch menschliches Eingreifen.
Bedeutung: Höhere Wasserpflanzen fehlen in engen Tälern der Oberläufe; dann oft nur Moose und Flechten auf Steinen. Sonst teils Wasserhahnenfuß und Quellmoos. Verzahnung mit angrenzenden Pflanzengesellschaften wie Schlucht- und Bachauenwäldern, quelligen Feuchtwiesen und Pestwurzfluren.
Der starken Strömung angepaßte Fauna in Abhängigkeit von der Wasserqualität: Strudelwürmer, Larven von Eintags-, Stein- und Köcherfliegen. Fische vergleiche Forellenregion (→ S. 219). Lebensraum für Flußperlmuschel, Wasseramsel, Eisvogel und Gebirgsstelze.
Gefährdung: Bachbegradigung und Gewässerausbau, Verrohrung, Teichanlagen (Fischteiche) und andere Eingriffe in Bachauen. Fischbesatz, Wasserverschmutzung, Eintrag von Schadstoffen, intensive Land- und Forstwirtschaft.
Schutz: Abwehr von allen schädigenden Eingriffen, Verbessern der Wasserqualität, Abgrenzen > 5 m breiter, ungenutzter Uferrandstreifen, behutsame Bachrenaturierung; Erhaltung und Neuanlage von Kleinbiotopen im und am Gewässer wie Uferabbrüche, Kolke und Gehölzsäume.

Flachlandbach

Kennzeichen: Fließgewässer mit deutlich geringerer Strömung (im Mittel 0,4-0,5 m/s) als die meisten Berglandbäche. Zudem wechseln Abschnitte stärkerer mit solchen schwächerer Fließgeschwindigkeit miteinander ab. Wichtige Biotopelemente sind neben den eigentlichen Naßlebensräumen auch Sand-, Schlamm- und Kiesbänke sowie oft eine üppige Vegetation. Vielfach Ausbildung ausgeprägter Mäander durch Verlagerungen von steilem Prall- und flachem Gleithang. Es treten starke Schwankungen der Wassertemperatur und des Sauerstoffgehalts auf.
Vorkommen: Netzförmig entwickelt in allen Flachlandgebieten.
Entstehung: → S. 222.
Bedeutung: Wasserpflanzen, die im Stillwasser rundliche Blätter tragen, bilden im langsam fließenden Wasser der Flachlandbäche teils lang flutende, grasähnliche Blätter: zum Beispiel Krauses, Glänzendes, Schimmerndes und Durchwachsenes Laichkraut, Pfeilkraut, Pfennigkraut, Wasserhahnenfuß und Kanadische Wasserpest. Typische Gräser dieses Biotoptyps sind der Aufrechte Igelkolben, Rohrglanzgras, Wasser- und Flutender Schwaden.
Faunistisch zeigen Flachlandbäche einen größeren Artenreichtum als schnellfließende Berglandbäche; in langsam bewegtem Wasser finden sich auch Arten der Stillgewässer. In ruhigen Buchten leben Stoßwasserläufer und der Taumelkäfer *Orectochilus villosus.* Besiedlungsbestimmend wirken neben der Wasserqualität die Art des Bodensubstrats und die Struktur der Pflanzenbestände.
Weit verbreitet sind Larven von diversen, reißendes Wasser meidenden Arten der Eintags-, Stein- und Köcherfliegen. Ferner Strudelwürmer, Erbsen- und Kugelmuschel sowie Larven von Fließwasser-Libellen wie Gebänderte Prachtlibelle, Zweigestreifte Quelljungfer und Gemeine Keiljungfer (in beschatteten, vegetationsarmen Abschnitten).
Besonders bei steinigem Gewässerbett Wasseramsel, steile Uferabbrüche verlangt der Eisvogel. Zu typischen Fischarten → S. 218f.
Gefährdung, Schutz: → S. 222.

Fluß

Kennzeichen: Größerer Wasserlauf ohne definierte Abgrenzung zu den Bächen. Die Durchflußmenge in mitteleuropäischen Flüssen schwankt im Jahreslauf um etwa das Fünf- bis 50fache, sie bedingt eine hohe Dynamik der Fluß- und angrenzenden Auenbiotope. Wichtige kurzlebige Kleinbiotope sind zum Beispiel unbewachsene Schlamm-, Sand- und Kiesflächen, austrocknende Tümpel, Staudenfluren und Gebüsche. Fünf Flußtypen:

- Alpenflüsse mit rascher Strömung, Kiessedimenten, überwiegender Erosion, fehlenden Verlandungsbereichen; der Flußlauf teilt sich oft in viele Rinnen;
- Voralpenflüsse mit mittlerer Strömung, Sand, Erosion und Sedimentation; Fluß oft mit mehreren Armen und leichten Mäandern;
- Mittelgebirgsflüsse mit mittlerer Strömung, Sedimentation, aber überwiegender Erosion;
- Flachlandflüsse mit langsamer Strömung, lehmigen Sedimenten bei überwiegender Sedimentation und zahlreichen Verlandungszonen; viele Schlingen;
- Flußmündungen in die Nordsee mit Gezeiteneinfluß und Schlick-Sand-Sedimenten (siehe Brackwasserbiotope, → S. 235).

Vorkommen: Bundesweit.

Entstehung: Durch Zusammenfließen kleinerer Fließgewässer aus Grund- und Niederschlagswasser. Das Wasser folgt der Schwerkraft in durch den Bau der Erdkruste (tektonisch) bedingten und/oder vom Fluß geschaffenen Tälern.

Bedeutung: Arteninventar je nach Flußregion: mit Wasserkontakt in Alpentälern Alpenknorpelsalt-Kiesbettflur und Tamariskenflur; vom Alpenvor- bis Flachland Wasserpfeffer-Zweizahn-Gesellschaft, Acker-/Gartenwildkraut-Gesellschaften (an nährstoffreichen Spülsäumen) und recht weit verbreitet Rohrglanzgras-Röhricht.

Fischfauna → S. 219 (Barben-, Brachsen-, Brackwasserregion). Spezialisierte Insekten: Hakenkäfer *Elmis maugetii*, Eintagsfliege *Siphlonurus aestivalis*, Steinfliegen *Isoperla grammatica* und *I. obscura*. Ferner Maler- und Teichmuschel; auf Kiesinseln brüten Flußregenpfeifer und Flußseeschwalbe.

Gefährdung, Schutz: → S. 222.

Flußstaustufe

Kennzeichen: Durch künstlich angelegte Dämme oder Sperrwerke aufgestaute Flußabschnitte. Folglich verminderte Fließgeschwindigkeit, größere Wassertiefe, stärkere Sauerstoffzehrung, im Winter schnellere und länger andauernde Vereisung. Oft Ablagerung von Faulschlamm am Gewässergrund.
Vorkommen: An den meisten größeren Flüssen, die schiffbar sind.
Entstehung: Baumaßnahmen der Wasserwirtschafts- und Schiffahrtsämter, um das Gefälle und damit die Fließgeschwindigkeit des Wassers zu vermindern; teils auch zur Elektrizitätsgewinnung genutzt.
Bedeutung: Aus Sicht des Naturschutzes überwiegt eindeutig die Negativwirkung von Flußstaustufen. Positiv ist ihre häufige Funktion als bevorzugte Liegeplätze für Wasservögel im Winter, vor allem für Tafel- und Reiherente, die störungsarme Binnengewässer bevorzugen. Vereinzelt Brutgewässer für häufigere Schwimmvögel wie Bleßralle, Stockente und Höckerschwan. Flußstaustufen wirken sich auf das gesamte Fließgewässer negativ aus. Die Vorkommen von Fischarten ober- und unterhalb werden voneinander isoliert, die lebensnotwendigen Laichwanderungen etwa von Lachs, Aal, Aland, Hecht und Sterlett unterbunden. Unterhalb von Staustufen können sich kaum mehr Kies oder Auenlehm als Sedimente ablagern. In kleineren Fließgewässern löst die erhöhte Wärme des Wassers unterhalb des Stauwehres das Verschwinden von Kaltwasser-Arten aus.
Schlammablagerungen infolge der reduzierten Fließgeschwindigkeit bewirken einen radikalen Wandel der Bodenfauna: Fließwasserarten verschwinden zugunsten ökologisch wenig spezialisierter (euryöker) Arten wie Schlammröhrenwürmer, Zuckmückenlarven, Hüpferlinge und die eingebürgerte Wandermuschel.
Gefährdung: Entfällt.
Schutz: Verzicht auf den Bau neuer Staustufen als starke, kaum zu rechtfertigende Eingriffe in Fließgewässer-Ökosysteme. Vorhandene Staustufen, die als Schwimmvogel-Rastplätze dienen, sind möglichst gut von menschlichen Störungen abzuschirmen.

Kanal

Kennzeichen: Künstliches Gewässer als Schifffahrtsstraße mit geradlinigem Verlauf, oft stehendem Wasser, trapez- bis parabelförmigem Profil und monotoner Ufergestalt. Vielfach hochgradig naturferne Betonrinnen, Uferverbau mit senkrechten Spuntwänden, Steinschüttungen/-wänden, Pflasterböschungen. Ökologisch vergleichbar sind viele rein technokratisch ausgebaute Flüsse, die als Bundeswasserstraßen dienen; ferner Kanäle mit anderen Funktion wie Abwasserträger oder zur Be- und Entwässerung.
Vorkommen: Vor allem im Norden der Bundesrepublik, zum Beispiel Nord-Ostsee-, Elbe-Lübeck-, Ems-Jade-, Mittelland-, Dortmund-Ems-, Oder-Havel-Kanal; ferner Rhein-Main-Donau-Kanal.
Entstehung: Anthropogen unter rein technisch-funktionalen Gesichtspunkten.
Bedeutung: Stark negative landschaftsökologische Auswirkungen als biotopzerschneidende Linie: Spuntwände, naturfernes Gewässerbett und Dämme können viele Tierarten nicht mehr überwinden, Populationen werden voneinander isoliert. Spuntwände wirken als Todesfallen, weil sich ins Wasser gestürzte Tiere (Säugetiere, Amphibien, Insekten usw.) nicht mehr befreien können. Folgen von Kanalbauten sind zum Beispiel unmittelbare Zerstörungen von Feucht- und anderen Lebensräumen sowie Absenkungen des Grundwasserspiegels in der umgebenden Landschaft.
Im Gewässer treten eine starke Erwärmung und vermehrtes Algenwachstum auf, da beschattender Baum- und Strauchbewuchs an den Ufern in der Regel fehlt. Fragmentarisch können sich am Ufer Flußröhricht und Schlammfluren mit Ufersaum-Wildkrautgesellschaften entwickeln, darin viele Neubürger unserer Flora. In solchen Säumen dominieren Zaunwinde, Erzengelwurz und Weidenblättriger Ampfer. In Steinschüttungen wasserunabhängige Arten der Mauerfugen.
Gefährdung: Herbizidanwendung als Unterhaltungsmaßnahme.
Schutz: Abkehr von allen naturfernen Baumaterialien, möglichst naturnahe Gestaltung der vorhandenen Kanäle, Reduktion der Pflege und Verzicht auf Herbizidanwendung. Keine neuen Kanalbauten.

Graben

Kennzeichen: Lineare und geradlinige Feuchtbiotope mit stark anthropogener Prägung. Je nach Wasserführung unterscheiden sich drei Typen:

- Gräben mit deutlicher Strömung und ständiger Wasserführung, den kleinen Bachläufen am ähnlichsten;
- Gräben mit geringer Strömung und ständiger Wasserführung, zu den stehenden Kleingewässern überleitend;
- Gräben mit periodischer Wasserführung, am ehesten mit Tümpeln vergleichbar.

Vorkommen: Vor allem in Niederungen, Bach- und Flußauen der Agrarlandschaften.
Entstehung: Durch menschliche Tätigkeit, zu Zwecken der Entwässerung angrenzender Flächen und zur schnellen Abführung des oberflächlich auftretenden Grund- und Niederschlagswassers zum nächsten Fließgewässer angelegt.
Bedeutung: Für den Naturschutz je nach Intensität menschlichen Eingreifens negativ oder positiv. Grabenbiotope können wichtige Verbindungsfunktionen für lokale Biotopverbundsysteme übernehmen (zum Beispiel für den Grasfrosch). Es kommen sowohl Arten der Feucht- und Naßwiesen als auch der Still- und Fließgewässer vor. Als Pflanzen häufig Sumpfdotterblume, Rohrglanzgras, Flutender und Großer Schwaden, Knäuelbinse. Laichgewässer für Berg-, Teich- und Fadenmolch, Grasfrosch, Gelbbauchunke; Vorkommen von Stichling und Libellen. Viele auf eine Pflanzenart oder -gattung angewiesene (monophage) Insekten wie Käfer der Gattung *Donacia*, Kleinschmetterlinge *Nymphula* und *Paraponyx*.
Gefährdung: Maßnahmen der Unterhaltung wie Grabenräumung und Befestigung sowie Intensivnutzung der Uferstreifen.
Schutz: Verzicht auf die Anlage neuer Entwässerungsgräben. Vorhandene Gräben sind zu optimieren: durch Herausnehmen von Sohlbefestigungen, Abgrenzen beiderseitiger ungenutzer Pufferstreifen, stellenweises Verbreitern und Einbau von naturnahen Sohlschwellen. Ziel ist ein Mindern des Gefälles und die Verbesserung der Wasserführung in Trockenperioden. Stellenweise Bepflanzung mit Gehölzen (z. B. Schwarzerle), um Verkrautung einzuschränken.

Als Küstenbiotope werden in diesem Abschnitt all jene Lebensräume an den bundesdeutschen Abschnitten der Nord- und Ostsee besprochen, in deren Ökologie der Einfluß des Meeres eine herausragende Rolle spielt. Diese stark vom Meerwasser geprägten Biotope unterscheiden sich vielfach, auch wenn sie teils zu einem Biotoptyp zusammengefaßt werden, durch zwei Faktoren: An der deutschen Nordseeküste weisen die Gezeiten einen mittleren Tidenhub (Differenz von Hoch- und Niedrigwasser) zwischen 1,6 und 3,5 m auf, während sie an der Ostseeküste kaum meßbar sind: in der Kieler Bucht 70 mm, an der polnisch-deutschen Grenze nahe Swinemünde gerade 11 mm. Jahreszeitliche Differenzen, durch starke Winde bedingt, betragen etwa in Flensburg 2,5 m.
Zum anderen enthält das Wasser der Nordsee mit durchschnittlich 34 ‰ bzw. im Küstenbereich 30 bis 33 ‰ deutlich mehr Salz als das der Ostsee, dessen Salinität gen Osten immer weiter abnimmt: Bei Kiel schwankt sie zwischen 13 und 20 ‰, bei Rügen um 8 ‰.
Je nach Intensität des Meerwasser-Einflusses lassen sich die eigentlichen Küstenbiotope im engeren Sinne gliedern in drei Zonen:

▸ Das **Sublitoral** bleibt auch bei normalem Niedrigwasser überspült, es fällt niemals oder nur bei extrem tiefen Wasserständen kurzzeitig trocken. Neben der freien Nord- und Ostsee zählen dazu im Wattenmeer auch die Priele und Wattströme, die ständig Wasser führen und im Gezeitenwechsel die höherliegenden Wattgebiete be- und entwässern.
▸ Das **Eulitoral** wird durch die mittleren Hoch- und Niedrigwasserlinien begrenzt, ist also eine auf das Wattenmeer der Nordsee beschränkte Zone. Dieses Schwemmland wird periodisch im Wechsel von Ebbe und Flut überschwemmt und fällt anschließend wieder trocken; knapp viermal täglich wird es von der Grenzlinie Land – Wasser überrollt.
▸ Im **Supralitoral** oberhalb der mittleren Hochwasserlinie schwächt sich der Einfluß des Salzwassers kontinuierlich ab, bis er – im Falle der Nordseeküste – in 120 bis 150 cm Höhe ökologisch nahezu unbedeutend wird. In diese Zone gehören die Salzwiesen, Sandstrände und teilweise Brackwasserbiotope, Küsten- und Wanderdünen.
Die bundesdeutsche Wattenmeerküste bildet gemeinsam mit kleineren Abschnitten auf niederländischem und dänischem Territorium mit bis zu 20 km Breite und 450 km Länge die weltweit größte Wattenlandschaft. Das flache Schwemmland gehört zu den produktivsten Gebieten der Erde, dessen Biomasse der eines gedüngten Weizenfeldes und tropischer Regenwälder ähnelt. Sechs bis neun Millionen Vögel aus einem großen nördlichen und östlichen Einzugsgebiet rasten hier zu den Zugzeiten im Frühjahr und Herbst. Rund 250 Tierarten bzw. -rassen sind existenziell auf das Wattenmeer angewiesen, sie können in keinem anderen Lebensraum überleben.
Die globale Entstehung und Entwicklung der Wattbiotope wurde bereits geschildert (→ S. 28ff.). Weitere Hinweise, insbesondere zur Ostsee, finden sich bei den einzelnen Biotoptypen.
Nicht als eigener Biotoptyp berücksichtigt wurden die sogenannten Windwatten an der Ostseeküste, also sandige bis schlickige Flächen, die durch ablandige Winde freifallen und wichtige Nahrungsbiotope zum Beispiel für Watvögel darstellen.
Generell wirksame Umweltfaktoren in allen Biotoptypen der Küsten sind häufig auftretende starke Winde, die zusammen mit dem Tidenhub der Nordsee schnelle und tiefgreifende Veränderungen vielfacher Lebensbedingungen verursachen, und der mehr oder weniger hohe Salzgehalt von Wasser, Luft und Boden. Beeinträchtigt werden fast alle Biotoptypen durch eine mangelhafte Wasserqualität sowie durch intensive anthropogene Nutzung der Küsten.

Sublitoral der Nord- und Ostsee

Kennzeichen: Nahezu ganzjährig von Meerwasser überfluteter, flacher Küstenabschnitt, der niemals oder nur selten durch extreme Niedrigwässer kurzzeitig trockenfällt. In der Nordsee schließt sich das periodisch trockene Eulitoral mit Sand-, Schlick- und Felswatt an, in der Ostsee unmittelbar die Uferlinie. Im Watt der Nordsee zählt zum Sublitoral auch das Netz der Priele und Seerinnen.
Vorkommen: Nord- und Ostsee.
Entstehung: Im nordfriesischen Watt bildeten sich seit dem frühen Mittelalter mächtige Wattströme, die stetig Material abtransportieren – Erosion überwiegt gegenüber der Sedimentation. Umgekehrt dienen die Sandbanksysteme zwischen Eider- und Jademündung mit entstehenden Sand- und Düneninseln als Sedimentfallen, ebenso die Buchten von Jadebusen und Dollart. Auch nahe den ostfriesischen Inseln dominiert die Sedimentation.
Bedeutung: Lebensraum vieler Speisefische, vor allem für Jungtiere von Hering, Sprotte, Scholle und Seezunge (in der Ostsee selten). Typische Wirbellose des Sublitorals sind Bäumchenröhrenwurm und Echte Garnele (selten in der Ostsee). Priele der Nordsee sind im Tidenrhythmus Zu- und Abwanderungswege für Fische, Krebse und andere Tiere sowie Rückzugsraum bei Niedrigwasser.
Für Schwimmvögel, Möwen und Seeschwalben sowie für die Meeressäuger Seehund, Kegelrobbe und Schweinswal unersetzbar. In der Nordsee gedeiht als einzige Blütenpflanze das Echte Seegras.
Gefährdung: Akkumulation von Schadstoffen aus Wasser und Luft (Schwermetalle, chlororganische Verbindungen, Öl, Nährstoffe wie Stickstoff- und Phosphor-Verbindungen). Störungen durch den Tourismus, Eindeichungen, Muschelfischerei, Jagd, militärische Übungen, Verklappungen, Giftmüll-Verbrennung, Öl- und Gasbohrungen.
Schutz: Globale Minderung aller Umweltbelastungen. Einrichtung von ungenutzten und für die Öffentlichkeit unzugänglichen Uferrandstreifen an allen Binnengewässern. Jagdverbot, Begrenzen wirtschaftlicher Nutzungen.

Sand- und Schlickwatt

Kennzeichen: Flache Schwemmlandküste mit periodischem Wechsel von Überflutung und Trockenfallen im Gezeitenbereich der Nordsee. Gliederung in

- Sandwatt (> 90 % Sand),
- Mischwatt (50 bis 90 % Sand) und
- Schlickwatt (15 bis 50 % Sand).

Der Gezeitenrhythmus bewirkt extreme Schwankungen der Temperaturen und des Salzgehalts im Wattboden. Starke, in ihrer Richtung alternierende, bodennahe Wasserströmungen und damit verbundener Sedimenttransport.
Vorkommen: Nordseeküste.
Entstehung: Holozäne, bis 30 m mächtige Ablagerungen auf überfluteten ehemaligen Landflächen infolge eines nacheiszeitlichen Anstiegs des Meerespiegels. Räumlicher und zeitlicher Wechsel von Sedimentation und Erosion. Das vorgelagerte Barrierensystem aus Inseln, Halligen und Sandbänken ist notwendig zur Wattbildung, indem es die Wasserbewegung in diesem Bereich mindert und beruhigt.
Bedeutung: Rund 400 Arten einzelliger Kieselalgen leben auf der Bodenoberfläche und/oder freischwebend im Wasser, bei massenhaftem Auftreten bilden sie bräunliche Überzüge. Diese sind ökologisch wichtig, indem sie durch Schleimabsonderung den Schlick festigen und vor erneutem Abtrag schützen. Ferner weitere Mikroalgen, wenige große Grün- und Braunalgen wie Meersalat und Blasentang. Wichtigste Blütenpflanze ist das Zwergseegras, nahe der mittleren Hochwasserlinie auch Queller und Schlickgras.
Viele Kleintiere graben sich ein, etwa Pierwurm, Schlickkrebs und die meisten Muschelarten. Mies- und Herzmuschel bauen in Prielnähe Muschelbänke auf; gemeinsam bilden beide Arten über 30 % der tierischen Biomasse im Watt. Strand- und Wattschnecke beweiden Algenrasen.
Hauptlebensraum für Flunder; Nahrungsbiotop und Ruhezone für Millionen von Wat- und Schwimmvögeln, Mauserplatz der Brandgans.
Gefährdung: → S. 229.
Schutz: → S. 229; ferner Begrenzung von Wattwanderungen auf abgesteckte Routen.

Felsküste

Kennzeichen: Bis 59 m hohe, steile Felsklippen der Hochseeinsel Helgoland mit vorgelagertem Felswatt, dem flachen Felssockel der Insel, welcher im Wechsel der Gezeiten periodisch trokkenfällt.
Vorkommen: Auf Helgoland beschränkt.
Entstehung: Aufwölbung der Sandsteine aus dem mittleren Buntsandstein über einem Salzstock der Zechsteinschichten. Die Salze hoben sich infolge ihrer geringeren Dichte und schleppten dabei mesozoische Gesteine mit (Buntsandstein, Muschelkalk und Kreide). Bereits im Keuper lag Helgoland über der Erdoberfläche; vor 1,8 Millionen Jahren endete der Aufstieg. Die Tafelform der heutigen Hochseeinsel geht auf eiszeitliche Abtragung zurück. Erst vor 4000 Jahren löste sich Helgoland infolge des Meeresspiegel-Anstiegs vom Festland.
Bedeutung: Für Deutschland einzigartige Tier- und Pflanzenwelt; zahlreiche Arten besitzen ihr nächstgelegenes Vorkommen erst an den englischen und norwegischen Felsküsten. Extrem hoher Algenreichtum, Brutkolonien von Hochseevögeln. Fünf Zonen mit typischer Flora und Fauna:
- Felsklippen: Brutplatz von je rund 2500 Paaren der Dreizehenmöwe und Trottellumme, 20 bis 30 Paaren des Eissturmvogels, vier bis fünf Paaren des Tordalks und neuerdings auch des Baßtölpels;
- Spritzzone bis mehrere Meter über der Hochwasserlinie: Rotalge *Bangia fuscopurpurea*, Grünalge *Enteromorpha lingulata*, Kleine Strandschnecke und Küstenhüpfer, ein Flohkrebs;
- Blasentangzone als schmaler Streifen mit dem Blasentang;
- Sägetangzone bis zur Niedrigwasserlinie: Sägetang, der Borstenwurm *Fabricia sabella* und viele andere spezialisierte, am Felsen festsitzende Schnecken, Würmer, Krebse und Flohkrebse;
- Laminarienzone bis in 6 bis 10 m Wassertiefe: Palmentang (lateinisch *Laminaria*).

Gefährdung: Störungen und Schäden durch Tourismus; Meeresverschmutzung.
Schutz: → S. 229.

Sandstrand

Kennzeichen: Offene Sandflächen oberhalb der mittleren Hochwasserlinie, durch Wasser und Wind häufig umgelagert. Stellenweise Ansätze einer Dünenbildung (Primärdünen). Nährstoffreiche Spülsäume. Ähnlich sind die Strandwälle der Ostsee (→ S. 234).
Verbreitung: Geestinseln Amrum, Sylt und Föhr, ostfriesische Inseln, Sandbänke und kleine Sandinseln wie Norderoog und Trischen. An der Nordsee-Festlandsküste bei St. Peter-Ording und Schobüll.
Entstehung: Durch die Meeresströmung herbeitransportierte Sande lagern sich bereits bei einer relativ starken Strömungsgeschwindigkeit des Wassers ab; die kleineren Schluff- und Tonteilchen bleiben länger in der Schwebe und sedimentieren erst in ruhigeren Bereichen. Sand bildet generell den Untergrund im Sublitoral; wo das Meer relativ wenig gebremst in Flachwasser trifft, bilden sich Sandwatt und anschließend Sandstrand. Auswürfe des Meeres (zum Beispiel losgerissene Pflanzen und Tierreste) akkumulieren sich zu Spülsäumen. Nasser Sand verklebt durch Grün- und Kieselalgen, so daß er stellenweise auch von einjährigen Blütenpflanzen besiedelt werden kann. Austrocknen des Sandes löst erneuten Transport und Dünen-Bildung aus.
Bedeutung: An länger unveränderten Spülsäumen siedelt sich eine stickstoffliebende Einjährigen-Flora mit Meersenf, Salzkraut und Salzmiere an. Rund 20 Springschwanz-, 15 Mücken-, 35 Fliegen- und 30 Käferarten bilden eine spezialisierte Wirbellosen-Fauna der Spülsäume. Sandstrände dienen Sand- und Seeregenpfeifer als bevorzugter Brutplatz, auf Muschelschill und Kies in Wassernähe auch der Zwergseeschwalbe. Nahrungs- und Rastplatz vieler Seevögel wie Meeres- und Schwimmenten, Säger, Sing- und Zwergschwan, Möwen, Limikolen. Sandbänke werden von Seehund und Kegelrobbe als unverzichtbarer Ruhe- und Aufzuchtort für Jungtiere genutzt.
Gefährdung: → S. 229; vor allem Beseitigung des Spülsaums, direkte Störungen und Zertreten von Vogelgelegen.
Schutz: Belassen sämtlicher Spülsäume, Sperrung von > 10 % der Sandstrände, 400 m Schutzzone um alle Seehundbänke.

Steilküste

Kennzeichen: Vegetationsfreie oder -arme Abbruchkanten entlang der Küstenlinie in unterschiedlicher Exposition. Untergliederung in harte Feinsand-, weiche Lehm- und Schuttbereiche am Fuße des Steilufers. Vielfach verzahnt mit Quellaustritten, Halbtrockenrasen und trockenen Hangwäldern. Charakteristisch sind vielfach hohe Sonneneinstrahlung, durch Abstrahlung erhöhte Nachttemperaturen, Trockenheit und oft windgeschützte Lage.
Vorkommen: Steilufer von > 2 m Höhe tragen 148 km (29 %) der schleswig-holsteinischen Ostseeküste (mit Schlei und Fehmarn), davon befinden sich 74 km noch in Bewegung. Daneben in Mecklenburg-Vorpommern, besonders die berühmten Kreidefelsen auf Rügen. Selten an Uferabschnitten der Nordseeinseln Sylt (Rotes, Weißes und Morsum-Kliff) und Amrum (Nebel).
Entstehung: Die Brandung des Meeres nagt bei Sturmfluten am Fuße des steilen Geländeabfalls von hochgelegenen Landoberflächen. Durch Hangunterschneidung kommt es zum Nachbrechen von Bodenmaterial, so daß regelmäßig frische und steile Abbruchkanten entstehen. An Schleswig-Holsteins Ostsee-Steilküsten im Mittel 30 cm Landverlust pro Jahr (am Brodtener Steilufer 80 cm). Geologisch handelt es sich an der Ostsee zumeist um Geschiebelehme aus der Weichseleiszeit. Die älteste Steilküste bildet das Sylter Morsum-Kliff aus miozänen Meeresablagerungen.
Bedeutung: Ökologischer Wert als Materiallieferant für Strandwälle (→ S. 234) und die Bildung einer Ausgleichsküste mit Nehrungen, Haffs und Strandseen. Lebensraum (Nistplatz, Heizraum) für 45 Wildbienenarten und andere Hautflügler. Brutplatz der in Kolonien nistenden Uferschwalben. Typischer Erstbesiedler frisch abgebrochenen Moränenmaterials sind Huflattich und Ackerwildkräuter.
Gefährdung: Lokal Störungen der Uferschwalben durch Erholungssuchende, Bepflanzung.
Schutz: Sperrung der Küstenabschnitte an allen Uferschwalben-Kolonien zur Brutzeit. Verzicht auf Eingriffe in die natürliche Entwicklung (besonders Bepflanzung). Im Einzelfall eventuell gezielte Schaffung frischer Abbrüche im Winter.

Ostsee-Strandwall

Kennzeichen: Aus Geröll und meist auch sandigem Material aufgebauter Wall an der Ostseeküste, parallel zur Uferlinie verlaufend. Aus Gründen der touristischen Nutzung wurden die Steine vielerorts entfernt.
Bedeutsame Teilbiotope bilden Spülsaum und der trockene Strandwall selbst; landseitig können durch ausgeblasenen Sand Dünen entstehen. Im Gegensatz zu Strandwällen der Nordsee (siehe Sandstrand, → S. 232) seltener umgelagert.
Vorkommen: Entlang der gesamten Ostseeküste, auf Fehmarn und Rügen, jedoch vielfach geoder zerstört.
Entstehung: Die Brandung bewirkt an der flachen Küste den Herantransport von Sand und Geröll, die größtenteils aus dem Abbruch der Steilküsten stammen. Das Material wird an der Küstenlinie zu einem Wall aufgeworfen, der vor allem durch Hochwässer geprägt wird.
Bedeutung: Die Vegetation älterer, über Jahre nicht umgelagerter Strandwälle ähnelt jungen Ostsee-Dünen mit beiden Strandhafer-Arten als Pionierpflanzen. Später entwickeln sich teilweise Sanddorn-Gebüsche.
Der Spülsaum läßt die sogenannte »Tomatenzone« mit einjährigen, stark stickstoffliebenden Pflanzen entstehen, in der selbst angespülte Samen von Tomaten und Spargel keimen und üppige Pflanzen hervorbringen können. Diese Strandmelden-Gesellschaften mit Gänsefuß- und Melden-Arten enthalten vielfach leicht salzresistente Gartenwildkräuter. Etwas höher am Strand Meerstrandkohl, Meerstranddistel und Strandmiere. Zur Fauna vergleiche Sandstrand (→ S. 232).
Gefährdung: Hochgradig bedroht durch Entfernung von Geröll und Spülsaum (Schaffen eines »weißen« Sandstrands) sowie durch Vertritt und lagernde Erholungssuchende. Gerade die Flora reagiert auf solche Belastungen sehr empfindlich.
Schutz: Sperrung aller noch erhaltenen geröllreichen Strandabschnitte sowie von mindestens 10 % der sandigen Strände für den Bade- und Erholungsbetrieb. Ebenso wichtig ist das Belassen der Spülsäume.

Brackwasserbiotop

Kennzeichen: Gruppe verschiedenartiger Biotope, die durch Wasser mittleren Salzgehalts geprägt sind. Ihre Salinität schwankt zwischen der ozeanischen und limnischen Wassers (etwa 30 und < 0,5 ‰). Strandseen, Mündungen von Fließgewässern im Tidebereich der Nordsee sowie allgemein Gebiete mit zeitweisem Salzwasser-Einfluß. Der Nährstoffgehalt kann sehr unterschiedlich sein. Wichtige Biotopelemente sind unter anderem Röhricht, zeitweise wasserfreie Schlammböden, Flach- und Offenwasser-Zonen.
Vorkommen: Strandseen zum Beispiel der Hohwachter Bucht und Fehmarns an der Ostseeküste; zeitweilig meerbeeinflußte Biotope und Flußmündungen verschiedentlich an Nord- und Ostsee, etwa Elbe, Weser, Ems und Trave.
Entstehung: Unterschiedlich, je nach Art. An der östlichen Ostsee in Mecklenburg-Vorpommern ist die Salinität des Meerwassers bereits so gering, daß alle regelmäßig wasserbeeinflußten Küstenbiotope als Brackwasserbiotope zu bezeichnen sind. In Schleswig-Holstein infolge höherer Salinität entstehen diese erst bei nicht ständigem Ostsee-Einfluß. Typisch sind Haffs und Strandseen – Hochwässer sorgen dort unregelmäßig für erneute Salzzufuhr, ebenso wie auch in anderen Brackwasserbiotopen der Nordsee.
Bedeutung: Flora und Fauna mit limnischen und marinen Arten, daneben typische Brackwasser-Organismen. Charakteristische Pflanzengesellschaft der Ufer ist das Brackwasser-Röhricht mit Meerstrandbinse, Grauer Seebinse, Weißem Straußgras und Schilf. In brackigen Förden (Schlei) und Strandseen bis über 3 m hohes Röhricht aus Echter Engelwurz und Sumpfmilchdistel.
Spezifische Brackwasser-Tiere entwickeln sich optimal bei 3 bis 8 ‰ Salinität. Reiche Insektenfauna in nicht ständig überstauten Röhrichten; Ruhezone und teils Brutplatz für See- bzw. Wasservögel, besonders in Röhrichten.
Gefährdung: Besucherdruck, touristische Erschließung, Aussüßung infolge künstlichen Abschneidens vom Einfluß des Meeres.
Schutz: Sicherung aller Brackwasser-Biotope, besonders der Röhrichte. Besucherlenkung, Verzicht auf Eingriffe in den Wasserhaushalt.

Salzwiese

Kennzeichen: Feuchte Wiesen- oder Weidefläche im Einflußbereich salzigen Meer- oder Brackwassers; an der Wattenmeerküste bis maximal 1 bis 1,5 m über NN. Bedeutsam sind unter anderem natürliche Priele mit Abbruchkanten und un- oder nur extensiv beweidete Flächen.

Vorkommen: Vordeichs an der Nordseeküste, auf Halligen und Inseln; Flachküste der Ostsee, an brackigen Strandseen, in meeresnahen Flußauen.

Entstehung: Typischer Sukzessionsverlauf auf meist schlickigen Sedimenten, die durch Auflandung stetig über die mittleren Hochwasserlinie hinauswachsen. Marschboden-Entwicklung von Salz- über Kalk- und Klei- zur Knickmarsch. Dabei sinkt der Salzgehalt von rund 26 ‰ im Quellerwatt kontinuierlich auf 5 bis 1 ‰ beim Übergang zur Süßwiese bei > 100 bis 150 cm über der Hochwasserlinie.

Bedeutung: Lebensraum von 55 höheren Pflanzen- und rund 2000 Tierarten (knapp die Hälfte nur hier lebend). Viele monophage Tiere: 25 Arten fressen nur an der Strandaster, 27 am Küstenrotschwingel. Typische Pflanzengesellschaften sind Andelrasen, Strandflieder-, Boddenbinsen- und Strandbeifußwiese.

Einzige Nahrungsquelle im April und Mai für die Dunkelbäuchige Ringelgans; allein in nordfriesischen Salzwiesen rastet dann bis zur Hälfte des Weltbestandes. Brutbiotop für viele Seevögel, die ihre Nahrung im offenen Watt suchen, vor allem Austernfischer, Rotschenkel und Säbelschnäbler. Rastplatz für die meisten Seevögel während der Hochwasser-Perioden.

Gefährdung: → S. 235, vor allem Eindeichung, Vorlandgewinnung mit symmetrischem Netz von Entwässerungsgräben, Beweidung (mit der Folge eines kahlen, artenarmen »Golfrasens«) sowie Tourismus (direkte Störungen, Baumaßnahmen).

Schutz: Deichverstärkung anstelle neuer Vordeichungen, Vorlandgewinnung nur unter ökologischen Gesichtspunkten, Erhalt von natürlich mäandrierenden Prielen und Abbruchkanten in den Salzwiesen. Drastische Verringerung der Weideintensität, zu einem Drittel Brache.

Deich

Kennzeichen: Zum Schutz vor Sturmfluten angelegte Dämme an der Küste und auf Inseln (zu Binnendeichen an Flüssen → S. 174). Kronenhöhe an der Nordseeküste maximal 8 bis 9 m über der mittleren Hochwasserlinie, an der Ostsee niedriger. Deichkrone und beiderseitige Steilhänge meist von Grasnarbe bedeckt, von Schafen, teils auch Rindern intensiv beweidet. Lokal stattdessen naturferne Asphaltdeiche. Fußbreite 60 (alte) bis 130 m (neue Seedeiche), ökologisch als scharfe anthropogene Trennlinie zwischen Salzwiesen und binnendeichs gelegenen Marschen wirkend. Den Deichbiotopen ähnlich sind die Warften oder Wurten, künstlich erhöhte Hausstandorte auf den Halligen.
Vorkommen: Am überwiegenden Teil der Nordseeküste und an Nordseeinseln. Von der westdeutschen Ostseeküste ist rund ein Fünftel eingedeicht.
Entstehung: Produkt menschlicher Bautätigkeit. Heute meist mit Sandkern und 50 bis 100 cm starker Kleiauflage aus Marschenboden. Deichbau an der Nordseeküste begann um das Jahr 1000 in größerem Umfang; schon um 1100 bestand eine geschlossene Deichlinie, die immer wieder verkürzt und erhöht wurde.
Bedeutung: Ökologischer Störfaktor, der alle binnendeichs gelegenen Biotope nachhaltig verändert. Am Deichfuß seeseits oft Salzwiesenreste der Rotschwingelzone. Vertikal rascher Übergang in Süßweide; an dieser Grenze Herbstlöwenzahn und Gänsefingerkraut. Oberhalb davon meist Weidelgras-Weißklee-Weide mit Deutschem Weidelgras, Kammgras, Wiesenlieschgras und Weißklee. Schlafdeiche – hinter der heutigen Deichlinie gelegen – sind feuchter und tragen eine höhere Vegetation.
Deichfauna mit 800 bis 1000 Arten, teils aus Süßwiesen/-weiden, teils aus Salzwiesen stammend. Über 200 Käferarten, vor allem Kurzflügel- und Laufkäfer. Funktion als Windschutz und Überwinterungsplatz für Wirbellose, aber gravierende (auch mikroklimatische) Barriere.
Gefährdung: Zu intensive Beweidung reduziert Blütenflora und Wirbellosenfauna.
Schutz: Unbedeutend, da Landschaftsschaden. Eventuell Weidedruck mindern.

Eingedeichte Marsch

Kennzeichen: Durch Deichbau künstlich vom Einfluß des Meerwassers abgeschnittene Marschen. Je nach anthropogener Nutzung und Alter verschiedenartiger Lebensraum mit vom Grundwasser beeinflußten Böden.

Vorkommen: Im Schutze von Deichen entlang der Nordseeküste weit verbreitet, teils auch auf Inseln und Halligen. Im Tidebereich von Flußmündungen dringen ehemalige Seemarschen ins Binnenland vor, bis sie in vom Salz weitgehend unbeeinflußte Flußauenböden übergehen. An der Ostseeküste seltener.

Entstehung: Marschenbildung ursprünglich aus Küstensedimenten (meist Schlick mit toter organischer Substanz) unter dem regelmäßigen, mit zunehmender Aufhöhung zurückgehenden Einfluß des salzigen Meerwassers (siehe Salzwiesen, → S. 236). Deichbau riegelt den marinen Lebensraum von der Wirkung des Salzwassers ab.

Die im Zuge der Aufschlickung von Salzwiesen langsam vonstatten gehenden Prozesse der Bodenentwicklung wie Setzung (Abnahme des Porenvolumens), Entsalzung/Aussüßung, Entkalkung und Tonbildung werden durch Eindeichung radikal beschleunigt. In den oberen 10 cm des Bodens sinkt die Salininität in zwei bis drei Jahren bei Drainierung auf 5 bis 0 ‰, ohne Entwässerung nur auf 15 bis 10 ‰. In tieferen Bodenhorizonten besonders in Deichnähe auch nach vielen Jahren meerbeeinflußtes, versalzenes Grundwasser.

Bedeutung: Junge, kalkreiche Marschen sind höchst profitable Ackerböden. Ältere Knickmarschen mit hohem Tongehalt und wasserstauenden Horizonten infolge von Tonverlagerung hauptsächlich als Grünland genutzt. Salzwiesenarten verschwinden als Folge der Eindeichung zugunsten von Ubiquisten. Ackerbiotope sind weitgehend bedeutungslos, feuchte Grünlandbiotope Brutgebiet für wiesenbrütende Vögel wie Kiebitz, Rotschenkel und Braunkehlchen. Selbst ungenutzte Marschen mit Feuchtbiotopen können nach ihrer Eindeichung niemals die Funktionen ehemaliger Salzwiesen und Wattflächen übernehmen.

Gefährdung: Intensive Landwirtschaft.

Schutz: Maßnahmen des Biotopverbunds inklusive Minderung der Nutzungsintensität.

Küstendüne

Kennzeichen: Durch Ausblasung am Meeressandstrand aufgebaute Sandhügel (Quarzsand in einförmiger Korngröße) mit meist lückiger Vegetationsdecke. Wichtige Biotopelemente: offene lockere und feste Sandflächen im Mosaik mit bewachsenen Stellen, Windanrisse/Abbruchkanten, verschiedene Sukzessionsstadien, Dünen-Einbruchstäler und nährstoffarme (oligotrophe) Tümpel.
Vorkommen: An sanft abfallenden Außenküsten der Nord- und seltener der Ostsee, vor allem der Inseln, mit auflandigen Winden.
Entstehung: Durch Winderosion an mindestens oberflächlich ausgetrockneten Sandstränden. Stadien der Sukzession siehe unten.
Bedeutung: Jedes Dünenstadium mit typischer Flora (und Fauna):

- ▸ Vor-/Primärdüne: 10 bis 60 (bis 150) cm hoch, wenige Pflanzen von Strandquecke, Salzkraut und Salzmiere;
- ▸ Weiße/Sekundärdüne: hohe Dünen mit noch lückiger Vegetation aus Strandhafer und Strandroggen, beginnende Bodenbildung;
- ▸ Graudüne: zunehmende Graufärbung durch Humusstoffe; Rotschwingel, Silbergras, Sandsegge und Doldiges Habichtskraut;
- ▸ Braundüne: Braunfärbung durch weitere Humusanreicherung; Pflanzendecke ähnlich der von Magerrasen und Küstenheiden mit Krähenbeere und Besenheide.

Besonders in Ostfriesland treten im Laufe der Entwicklung auch Sträucher auf. An der Ostsee besiedelt Strandhafer bereits Primärdünen; als Endstadium Bewaldung.
In Dünenkomplexen oft große Vielfalt an Kleinbiotopen; Verzahnung mit Spülsaum steigert die Artenzahl. In schleswig-holsteinischen Küstendünen 400 Tierarten häufig (viele monophag). Seevogel-Kolonien, falls ungestört. In Dünentümpeln laicht die Kreuzkröte. Auf trockenen Sandflächen Ameisenlöwe und Grabwespen.
Gefährdung: Tritt und Störungen durch Erholungsbetrieb; Bepflanzung und Aufforstung, Bauprojekte.
Schutz: Betretungsverbot und Totalschutz für alle Dünen, Kanalisierung der Besucher auf wenigen Bohlenwegen. Verzicht auf Aufforstungen, Zulassungen natürlicher Dynamik.

Wanderdüne

Kennzeichen: Es handelt sich um weitgehend vegetationslose Sandberge, die durch den Wind laufend umgelagert werden und somit »wandern«. Geomorphologisch verschiedene Erscheinungsformen als

- Parabeldüne – wie Parabel gebogen, ihre Hohlseite dem Wind zugewandt, mit wanderndem Mittelteil und zwei seitlichen Armen;
- Strichdüne – langsamer wandernde, bei Durchbrechen des Parabelscheitels zurückbleibende Dünenflanken;
- Haldendüne – quer zur Hauptwindrichtung sedimentierte Düne ausgewehter Sande am Ende eines Dünentals.

Die wandernden Sandmassen sind auf ihrer windzugewandten Abtragungs- oder Luvseite (4 bis 12° Neigung) stets vegetationslos, auf der Ablagerungs- oder Leeseite (30 bis 35° Neigung) dagegen kämpfen wenige Pflanzen um das Überleben.

Vorkommen: Sehr selten. Größtes Wanderdünen-Gebiet Deutschlands bei List auf Sylt, kleinere Wanderdünen zum Beispiel auf Amrum, Trischen und Memmert.

Entstehung: Durch Zerstörung der Vegetationsdecke bedingt, in erster Linie infolge anthropogener Belastungen wie Lagern, Vertritt, Beweidung und Brände. Zuerst bilden sich rasch vergrößernde Windrisse als Hohlformen.

Bedeutung: Auf Flugsande spezialisierte Pflanzen- und Tierarten. An übersandeten Außenseiten häufig Strandhafer, der ebenso wie Sandsegge, Silbergras, Kleiner Sauerampfer und Doldiges Habichtskraut durch ständige Sproßverlängerung gegen die Übersandung ankämpft. Den Sand festlegend wirkt vor allem das Silbergras mit feinverzweigtem Wurzelsystem. Ihm folgen Flechten wie *Cornicularia tenuissima*; bei dauerhafter Ruhe Übergang zur Graudüne.

Spezialisierte Wirbellose tolerieren die extremen Temperaturen auf den offenen Sandflächen, zum Beispiel die Strandwolfsspinne.

Gefährdung: Erholungsbetrieb, Bepflanzung.

Schutz: Strikter Vorrang allein für die natürliche Entwicklung. Besucherlenkung durch randliche Bohlenwege.

Die große Höhenlage und das dadurch geprägte Klima bedingen in den Alpen die Ausbildung von Biotopen und Lebensgemeinschaften, die in allen anderen Landschaften fehlen. Oberhalb der Waldgrenze finden sich großflächig alpine Biotoptypen, die von Natur aus waldfrei sind. Allerdings übte auch hier der Mensch starken Einfluß aus: Durch Holznutzung und Weidewirtschaft drückte er die natürliche Waldgrenze in den Alpen um mehrere hundert Meter in die eigentliche Bergwaldstufe herunter. Die Almwirtschaft profitiert von diesem Flächengewinn auf Kosten der Waldflächen.

In der hochmontanen Stufe der Alpen gedeihen im Normalfall noch geschlossene, dichte Hochwälder. Diese lösen sich in der subalpinen Stufe in lichte Wälder und Krummholzgürtel auf. Zwergsträucher dominieren im Übergang zur alpinen Stufe, in welcher wiesenähnliche Biotope dominieren. Nach oben hin reduzieren sich die geschlossenen Rasen auf inselartige Gruppen, die schließlich zugunsten von Schutthalden und Felsbereichen ganz verschwinden. Die anschließende nivale Stufe zeichnet sich durch hohen Schneereichtum aus: Bezogen auf ebene Flächen, überwiegen hier Schnee-Niederschläge gegenüber dem Abschmelzen.

Der bayerische Teil der Alpen mit 4100 km^2 Fläche wird zu 61,5 % von Wäldern und Gebüschen eingenommen. Grünland-Ökosysteme umfassen 27,3 %, Felsbereiche 7,3 %, Siedlungen und sonstige Flächen 3,9 %. Diese Hauptökosysteme verteilen sich mit unterschiedlichen Schwerpunkten in den Höhenstufen der Alpen: Wälder und Gebüsche finden sich vorwiegend in der hochmontanen und subalpinen Zone; Wiesen, Weiden und alpine Rasen in der subalpinen (dort vielfach anthropogen bedingt) und der alpinen Zone; Felsbiotope im alpinen bis (sub)nivalen Bereich. Allerdings sind diese Höhenstufen oft nicht klar zu bestimmen, sie sind durch verwischte Übergänge miteinander verbunden. Weitere Verknüpfungen schaffen Lawinenbahnen, die zwischen Almwiesen und tiefer liegenden Bergwiesen vermitteln.

Mit zunehmender Meereshöhe wächst die klimatische Ungunst für die meisten Pflanzen- und Tierarten. Daraus erklärt sich die große Eigenständigkeit der alpinen Flora und Fauna: Die meisten Alpenpflanzen gedeihen nicht im Tiefland oder verlieren dort ihre charakteristische Gestalt. Umgekehrt zeigen im Tiefland verbreitete Spezies im Gebirge einen gedrungeneren Wuchs und eine intensivere Färbung. Doch handelt es sich dabei weniger um individuelle

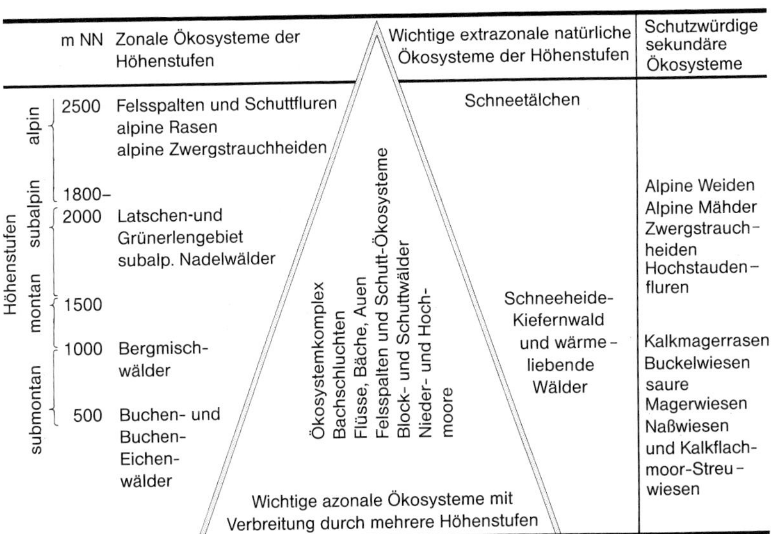

Höhenstufen und typischen Pflanzengesellschaften in den bayerischen Alpen (nach KAULE 1986).

Anpassungen der einzelnen Pflanze, sondern vielfach um eigene Ökotypen (an differenzierte Standorte angepaßte Formen), um eigene Rassen, Subspezies oder sogar Arten. Rund 400 Pflanzenarten treten in der alpinen Stufe in modifizierten oder erblich verschiedenen Populationen auf, weitere 400 Arten sind Hochgebirgspflanzen im engeren Sinne, die fast ausschließlich hier vorkommen. Ähnliche Spezialisierungen finden sich in der alpinen Fauna.

Auf alpine Biotope wirkt eine Vielzahl von Gefährdungsfaktoren: Freizeitaktivitäten und Wegeerschließung, Be- und Überweidung sind die wichtigsten Verursacher. Als Folgen entstehen zum Beispiel Trittschäden durch Wanderer, Bergsteiger und Mountain-Biker, direkte Störungen durch Flugdrachen, Gleitschirme und Ultraleicht-Flugzeuge, Bodenerosion durch Wintersport, Flächenverbrauch durch Parkplatz- und Straßenbau. Seilbahnen bedingen häufig eine erhöhte Belastung bislang nur von wenigen Wanderern erreichter alpiner Biotope.

Extensiv betriebene Weidewirtschaft auf Almwiesen und -weiden stellt eine traditionelle, auch im Sinne des Naturschutzes positive Nutzungsform dar. Übernutzung führt jedoch zur Blaikenbildung (Abrutschen von Grasschollen) und Bodenerosion. Diese kann umgekehrt jedoch auch durch das Brachfallen bisheriger Almwiesen ausgelöst werden. Manche natürlichen Rasenbiotope vertragen dagegen überhaupt keine Beweidung.

Großen Belastungen sind die Berwälder durch die Luftverschmutzung ausgesetzt. Schadstoffe akkumulieren sich besonders im Bereich von Hauptdurchgangsstraßen. Gerade in erosionsgefährdeten Steillagen kann das Waldsterben fatale Folgen hinsichtlich der Bodenerosion bis hin zu Bergrutschen zeigen.

Der Schutz der alpinen Biotope erfordert eine Lenkung der touristischen Aktivitäten mit allen ihren Ausprägungen. Hier ist eine Bündelung der Nutzungsansprüche unter Aussparung sensibler Bereiche anzustreben.

Die Biotope der Alpen könnten wesentlich differenzierter untergliedert werden. Es erfolgt jedoch eine Beschränkung auf die wichtigsten und vor allem alpenspezifischen Biotoptypen. Solche Lebensräume, die auch außerhalb der Alpen vorkommen und hier nur durch das Fehlen einiger Arten und ihren Ersatz durch andere zu unterscheiden sind – etwa Moorbiotope, Still- und Fließgewässer oder Feuchtwiesen –, werden hier nicht ein zweites Mal abgehandelt. In solchen Fällen schlage man in den anderen Kapiteln nach.

Subalpiner Bergwald

Kennzeichen: Zusammenfassung verschiedenartiger Waldtypen im subalpinen Raum, die sich von den Flachland- und Mittelgebirgswäldern durch ihre Zusammensetzung und Lebensbedingungen zum Teil stark unterscheiden. Laubmisch- oder Nadelwälder in meist steilem Gelände, im hochmontanen Bereich noch geschlossene Bestände bildend, die in der subalpinen Zone zunehmend lückig werden. Wichtig sind im deutschen Teil der Alpen vor allem folgende Typen:

- subalpine Bergahorn-Buchenwälder mit zahlreichen Hochstauden, besonders nahe der Waldgrenze, verwandt mit ahornreichen Schluchtwäldern;
- Tannenwälder in Rein- oder Mischbeständen, meist mit reicher Krautschicht;
- Fichtenwälder mit wenigen Pflanzenarten in der Krautschicht, vor allem Sauerklee, Wolligem Reitgras, Heidel- und Preiselbeere;
- Lärchen-Arvenwälder, vor allem in der oberen subalpinen Stufe der Zentralalpen, mit Lärche und Arve oder Zirbe;
- Bergkiefernwälder, ebenfalls in der oberen subalpinen Stufe, häufig nur von krüppeligem und lückigem Wuchs.

Vorkommen: In unterschiedlicher Ausprägung in der subalpinen, teils hochmontanen Stufe.

Entstehung: Als weitgehend natürliche Waldbiotope, jedoch häufig durch forstwirtschaftliche Nutzung verändert und dann artenärmer.

Bedeutung: Große Bedeutung als Schutzwald vor Bodenerosion, Hangrutschungen, Bergstürzen und Lawinen. Recht unterschiedliche Vegetation je nach Zusammensetzung und Lückigkeit der Baumschicht. Typischer Vogel ist der sibirisch-subalpin verbreitete Dreizehenspecht, insbesondere in naturnahen, altersgestuften Fichten-Tannen-Buchen-Mischwäldern mit hohem Totholz-Anteil. Diverse charakteristische Bockkäfer, ferner die Hirschkäfer-Art *Ceruchus chrysomelinus*, der Laufkäfer *Carabus auronitens* und verschiedene Spinnenarten.

Gefährdung: Forstwirtschaft (Alterklassenwald, Kahlschläge, monotone Forststruktur), saurer Regen, touristische Erschließung.

Schutz: Naturgemäße Forstwirtschaft bzw. Aufgabe der Nutzung, Verbessern der Luftqualität, Lenkung des Tourismus.

Latschen- und Grünerlen-Gebüsch

Kennzeichen: Von Latschen, Grünerlen, Weiden und anderen, meist vergleichsweise niedrigwüchsigen Gehölzen gebildete Gebüsche im Bereich der Baumgrenze. Am häufigsten sind die Latschengebüsche, pflanzensoziologisch als Alpenrosen-Legföhren-Gebüsch oder Schneeheide-Knieholz bezeichnet. Diese bilden auf Kalk 1 bis 3 m hohe Gebüsche mit vielen buntblühenden Zwergsträuchern und Stauden. Ferner Grünerlen-Gebüsche auf frischen, kalkarmen Böden an 10 bis 40° steilen, schattigen, nördlich exponierten Hängen, gern in Mulden; dichte Strauchschicht mit zahlreichen Hochstauden. Daneben verschiedene niedrige Weidengebüsche, zum Beispiel aus Knie- oder Braun-, Glanz-, Schlucht- und Spießweide.
Vorkommen: An der alpinen Baumgrenze auf Kalkgestein (Latschengebüsche) oder Silikatgestein und Tonschiefer (Grünerlen-Gebüsche).
Entstehung: Natürlich im Grenzbereich möglichen Baumwachstums.
Bedeutung: Wichtiger Erosionsschutz in Steillagen. Botanisch werden die Latschengebüsche gebildet durch Legföhre oder Latsche, Rauhblättrige Alpenrose, Zwergmispel, Gestreiftem Seidelbast, Schneeheide, Zwergwacholder, Preißel-, Heidel- und Rauschbeere, Blaugras sowie den Stauden Alpenlattich, Wiesenwachtelweizen und Silberwurz.
Grünerlen-Gebüsche stehen in Gesellschaft mit Grauem Alpendost, Rundblättrigem Steinbrech, Alpenmilchlattich, Alpenfrauenfarn, Behaartem Kälberkropf, Bergampfer, Fuchs' Kreuzkraut, Meisterwurz, Waldstorchschnabel und Zweiblütigem Veilchen.
Charakteristische Tiere der alpinen Gebüsche sind der Gelbfleckige Mohrenfalter, Alpenwollafter, Alpenringelspinner und Alpenwollspinner sowie die Wolfsspinne *Pardosa ferruginea.*
Gefährdung: Latschengebüsche werden durch Rodung in reine Alpenrosen-Bestände (→ S. 245) oder durch Beweidung im Rahmen der Almwirtschaft in Blaugrasrasen (→ S. 247) überführt.
Schutz: Verzicht auf Weide- und anderweitige Nutzung.

Zwergstrauchheide der Alpen

Kennzeichen: Von Zwergsträuchern geprägte Biotope oberhalb der Waldgrenze. Auf sauren, humusreichen Böden und meist über Silikatgestein, seltener über Kalkgestein. Wichtige Gesellschaften:

- Alpenrosenheide an Standorten mit ausgiebiger winterlicher Schneebedeckung in 1500 bis 2400 m Höhe;
- alpine Krähenbeer-Rauschbeerheide in 1650 bis 2400 m Höhe, meist in kleinflächigem Wechsel mit der zuvor genannten Gesellschaft;
- Alpenazaleen-Heide in kleinflächigen Beständen oberhalb der klimatischen Baumgrenze in 1750 bis 2600 m Höhe, gedeiht auch ohne den Schutz einer winterlichen Schneedecke.

Vorkommen: Subalpin bis alpin, überwiegend zwischen Wald- und Baumgrenze und teilweise darüber, meist in mehr oder weniger kleinflächigen Beständen und teilweise in die verwandten Borstgrasrasen übergehend.

Entstehung: Natürlich durch die Klimaungunst für höhere Sträucher und Bäume, aber auch durch Mensch und Weidevieh bedingte Folgegesellschaften der Wälder.

Bedeutung: Besonders die Alpenrosenheiden finden durch ihre Blütenpracht Beachtung; alle Gesellschaften sind durch ihre Eigenart schutzwürdig. Typisch für Alpenrosenheiden sind Rostblättrige Alpenrose und Heidelbeere in einer oberen sowie Preißelbeere, Moorheidelbeere und Krähenbeere in einer unteren Strauchschicht; daneben Waldsimse, Wolliges Reitgras, Zwergwacholder, Alpenlattich, Alpengoldrute und zahlreiche Moose und Flechten. Viele dieser Arten auch in der Krähenbeer-Rauschbeerheide. Alpenazalee, Rausch-, Preiselund Heidelbeere, Felsenstraußgras und viele Flechtenarten in Alpenazaleenheide.
Charakteristische Schmetterlinge sind Bergmohrenfalter und Heidekraut-Alpensackträger, Hochmoorgelbling und Violetter Silberfleckbläuling; die beiden letztgenannten treten auch außerhalb der Alpen in Rauschbeeren-Hochmooren auf.

Gefährdung: Überweidung und touristische Belastungen, Aufforstung.

Schutz: Erhaltung aller alpinen Heiden unter Nutzungsverzicht oder -begrenzung.

Almwiese und -weide

Kennzeichen: Durch menschliche Nutzung geprägtes Grünland im Gebirge oberhalb von 1200 m Höhe. Häufigste Typen sind:

- ▸ Horstrotschwingel-Weißkleeweiden als magerer Typ mit Übergängen zu anderen Pflanzen-Gesellschaften, neben Horstrotschwingel Kammgras, Feldsimse und Ruchgras, lokal Borstgras;
- ▸ Milchkrautweiden als nährstoffreiche Weiden in der Umgebung von Hütten, Unterkunftshäusern und Viehlagerplätzen, mit Milchkraut oder Rauhem Löwenzahn, Goldpippau, Weißklee, Alpenrispengras und Alpenlieschgras; in 1400 bis 2300 m Höhe;
- ▸ Lägerfluren an den Lagerplätzen des Viehs und natürlich an denen des Wildes, meist mit dominierendem Alpenampfer;
- ▸ Goldhaferwiesen in einer subalpinen Assoziation, die bis 1850 m hoch empor vorkommt, charakterisiert durch Goldhafer und Bärwurz.

Vorkommen: Verbreitet in der Almenregion der Alpen oberhalb der Waldgrenze.

Entstehung: Natürliche Gesellschaften in höheren Lagen und in Lawinenbahnen, jedoch durch intensive Nutzung häufig verändert. Anthropogen entstanden durch Waldweide und Waldrodung, in deren Zuge die Waldgrenze teils um mehrere hundert Meter nach unten verschoben wurde.

Bedeutung: Floristisch um so reichhaltiger, je magerer (und damit ertragsärmer) und extensiver genutzt. Fauna vielfach ähnlich den alpinen Rasen (→ S. 247), doch je nach Nutzungsintensität oft artenärmer. Als typische Schmetterlinge dieser Lebensräume Langsporn-Veilchen- und Alpen-Scheckenfalter, Alpenweißling, Grauer Fleckenbär, Gelbes Alpen-Flechtenbärchen, Fleckenbärchen, Sackträger und Alpen-Wurzelbohrer.

Gefährdung: Überweidung, Düngung und Herbizideinsatz (zum Beispiel gegen Ampfer), aber auch völlige Nutzungsaufgabe, die zum Abrutschen der Grasnarbe und des Bodens führen kann. Aufforstung. Saure Niederschläge verändern die Pflanzenarten-Zusammensetzung.

Schutz: Gewährleisten einer extensiven Weiterbewirtschaftung. Verbessern der Luftqualität.

Alpiner Rasen

Kennzeichen: Von Gräsern und Kräutern gebildete Rasen oder Wiesen, die ohne Beweidung durch Nutztiere langfristig als solche erhalten bleiben. Vier Typen sind als wichtigste zu unterscheiden:

- Blaugras-Horstseggen-Rasen auf trockenen, flachgründigen, oft südexponierten Hängen über Karbonatgestein in 1600 bis 2400 m Höhe, mit blumenbuntem, lockerrasigem Charakter;
- Rostseggenrasen auf tiefgründigen, frischen Nordhängen über Karbonatgestein in etwa 1600 bis 2000 m Höhe, kenntlich an den wie gekämmte Haare hangabwärts gebogenen Blättern der Rostsegge;
- Polsterseggenrasen auf flachgründigen Karbonatböden zwischen 840 und knapp 2600 m Höhe, typisch durch die harten immergrünen Halbkugel-Polster der Polstersegge;
- Borstgrasrasen auf kalkarmen Lehmböden mit saurem Humus in 1000 bis 2000 m Höhe.

Vorkommen: Vorwiegend in der alpinen Stufe der Kalk- bzw. Silikatalpen oberhalb der Baumgrenze.

Entstehung: Als Naturrasen oder Urwiesen natürlich ohne die Weide- oder Wiesennutzung, die für die übrigen Grünland-Biotope fast stets Voraussetzung ist.

Bedeutung: Floristisch ist besonders der Blaugras-Horstseggenrasen reich an Blütenpflanzen. Immergrüne Segge und Blaugras herrschen vor, hinzu kommen Berg-Fahnenwicke, Edelweiß, Brillenschötchen, Geschnäbeltes Läusekraut, Stengelloser Enzian, Alpenaster, Alpenwundklee, Silberwurz und zahlreiche andere.
Typischer Lebensraum von Murmeltier, Schneemaus, Alpenschneehase und Alpenschneehuhn. Auf trockenen Rasen Alpengelbling, bei feuchten Quellfluren Alpenapollo. Zahlreiche typische Schmetterlinge (siehe Almwiesen, → S. 246), als Heuschrecken Sibirische Keulen- und Gewöhnliche Gebirgsschrecke.

Gefährdung: Beweidung verändert die Artenzusammensetzung, Überweidung kann Bodenerosion und noch weitergehende Störungen verursachen. Tourismus, vor allem durch Trittschäden und Skisport.

Schutz: Begrenzung der Weideintensität oder völliges Freihalten von Nutzungen. Wegegebot für Wanderer.

Felsspalten und Schuttflur

Kennzeichen: Massive Felsen und Felsschutt, weitgehend ohne Feinboden, der sich nur vereinzelt und kleinflächig oder in Felsspalten in geringen Mengen ansammeln kann. Vor allem von Flechten besiedelte Steinoberflächen, höhere Pflanzen nur an den Stellen, wo sich etwas Bodenmaterial akkumulierte. Unterschiedliche Vegetation in Abhängigkeit vom Gestein: als Karbonat-Felsspaltenfluren Stengelfingerkraut-Felsflur in tieferen Lagen, Schweizer Mannsschild-Felsflur in der alpinen Stufe; als Silikat-Felsspaltenfluren entsprechend Haarprimel- bzw. Vielblütenmannsschild-Felsflur. Auf Schutthalden zum Beispiel Täschelkraut- und Berglöwenzahnhalde (Kalkgestein) bzw. Alpenmannsschildhalde (Silikatgestein).
Starke mikroklimatische Differenzen zwischen sonnenexponierten Felsfluren, die sich tagsüber stark aufheizen, und schattig-feuchten, kühlen Felsfluren.
Vorkommen: In allen Teilen der Alpen, insbesondere in den höchsten Lagen, der subnivalen und nivalen Stufe.
Entstehung: Schutt- und Spaltenbildung durch Verwitterung der Gesteine. Natürliche Besiedlung zuerst mit Flechten, dann Moosen und höheren Pflanzen.
Bedeutung: Einziger Lebensraum für eine spezialisierte alpine Flora und Fauna. Schneemaus und Alpenbraunelle sind typische Wirbeltiere. Als Schmetterlinge Eismohrenfalter, Alpensamtfalter, Dunkelgrauer Alpen-Bänderspanner, Püngelers Alpen-Blattspanner, Brauner Alpen-Bindenspanner und Strandfuß's Zackenbindeneule; ferner die Wolfspinnen *Pardosa cursoria* und *P. ludivici* sowie andere Spinnen und Weberknechte.
Gefährdung: Trittschäden und Störungen durch Klettersport und Wanderer; stellenweise Beweidung, wo Felsfluren an Almen angrenzen.
Schutz: Begrenzung von Kletter-Aktivitäten auf ausgewählte Felsen. Besucherlenkung an stärker frequentierten Felsbiotopen, in Einzelfällen Sperrung besonders sensibler Bereiche. Abzäunung im Falle von Weideschäden.

Menschliche Aktivitäten und deren Folgen bilden in den Städten und Dörfern den wohl wichtigsten Umweltfaktor für dort vorkommende Lebensgemeinschaften. Sehr hohe Flächenanteile sind durch Gebäude, Straßen und Plätze mit Beton und Asphalt versiegelt. Das verändert zahlreiche ökologische Faktoren einschneidend, zum Beispiel Klima, Böden und Wasserhaushalt.

In städtischen Verdichtungsgebieten liegt die jährliche Mitteltemperatur um 0,5 bis 1,5 °C höher als in der unbebauten Umgebung, lokal können sich maximale Temperaturunterschiede von 3 bis 10 °C ergeben. Die winterliche Frostperiode ist gegenüber dem Umland um ein Viertel kürzer, die Globalstrahlung um ein Fünftel geringer. Gehäufte Emissionen und Immissionen führen zu einer oft zehnfach größeren Luftbelastung als in der Umgebung. Die Windgeschwindigkeit ist im Mittel auf drei Viertel des Vergleichswertes reduziert, die Zahl der windstillen Tage verdoppelt sich. Umgekehrt können zwischen hohen Gebäuden in enger Bebauung auch Düseneffekte auftreten, so daß die Windgeschwindigkeiten höher sind. Taufall schrumpft infolge der geringeren Luftfeuchtigkeit sogar auf 35 %. Solche klimatischen Differenzen zum unbebauten Umfeld gelten für größere Stadtkomplexe. In Kleinstädten und erst recht in Dörfern sind die Unterschiede wesentlich geringer und in sehr kleinen Siedlungen höchstens punktuell meßbar. Doch auch dort bewirkt Bodenversiegelung kleinräumig durchaus respektable Erwärmungen. Wo die Böden im Siedlungsraum nicht versiegelt sind, ergeben sich Veränderungen durch Verdichtung infolge des Befahrens mit schweren Fahrzeugen, die Böden sind reicher an Karbonat und anderen, den pH-Wert erhöhenden Stoffen, an Stickstoff und anderen pflanzlichen Nährelementen, aber auch an Schadstoffen wie Schwermetallen oder Natriumchlorid aus der Streusalz-Verwendung im Winter.

Stadtböden sind deutlich schlechter mit Wasser versorgt als vergleichbare Standorte außerhalb der Siedlungen. Dazu tragen verschiedene Faktoren bei: Das trockenere Stadtklima, der hohe Versiegelungsgrad, Bodenverdichtungen (dadurchallerdings lokal etwas Staunässe) und bei Baumaßnahmen häufig Eingriffe in den Wasser-

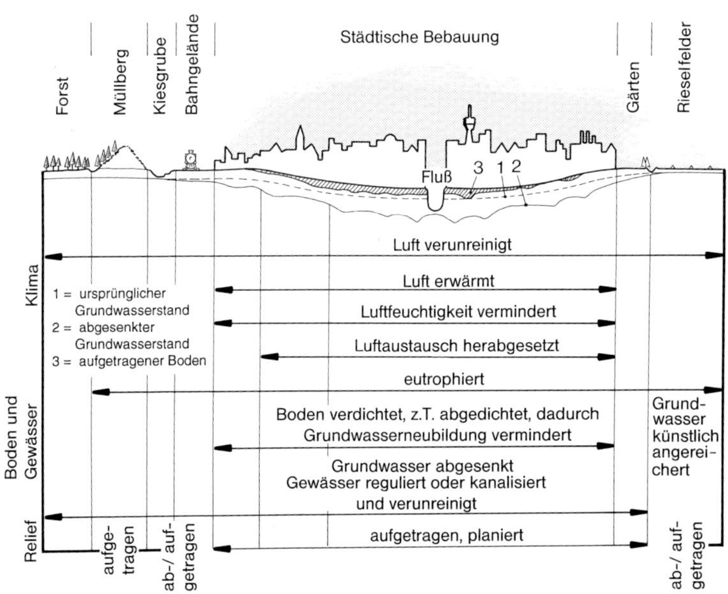

Ökologische Faktoren in Städten (nach Sukopp aus Plachter 1991, verändert).

haushalt – einschließlich der Kanalisierung von Fließgewässern und permanenten Abpumpens zum Beispiel bei U-Bahn-Systemen – führen insgesamt zu einer deutlichen Absenkung des Grundwasserspiegels. Zusätzlich tragen dazu Trinkwasser-Entnahmen im näheren Stadtumfeld bei, um den Wasserbedarf im Ballungsraum zu decken. Zugleich erfolgen im Zuge von Baumaßnahmen häufig Auffüllungen, da die Einfuhr von Baustoffen zumeist höher als deren Ausfuhr ist.

Solche Veränderungen der abiotischen Umweltfaktoren wirken sich stark auf die Biozönosen der Siedlungen aus, die zusätzlich häufigen Störungen durch Anwesenheit von Menschen und deren Eingreifen ausgesetzt sind. Somit findet man in den Städten und Dörfern stets mehr oder minder gestörte Biotope und Lebensgemeinschaften.

Unter den kurz angerissenen Umweltbedingungen hat sich eine Vielzahl an Biotopen herausgebildet, die teils sehr typisch für Siedlungen sind bzw. nur hier auftreten, teils in sehr ähnlicher Form in der freien Landschaft zu finden sind. In den nachfolgenden Biotopbeschreibungen werden 17 Biotoptypen der Siedlungen unterschieden. Dabei stehen bewußt übergeordnete Biotopkomplexe wie Stadtkern, enge und Einzelhaus-Wohnbebauung, Dorfkern und Gewerbegebiet neben Kleinbiotopen wie die oft nur fragmentarisch ausgebildeten Typen Brachland, Mauer, Dorf- und Hofbaum.

Neben den hier besprochenen Biotoptypen können zahlreiche weitere innerhalb der Siedlungen vorkommen, die anderen Biotopgruppen zugeordnet wurden. Eine wichtige Rolle spielen vor allem

- ▶ Gehölzbiotope (→ S. 151–165), insbesondere ungeschnittene Hecken, Allee und Obstwiese;
- ▶ trockene Offenbiotope (→ S. 166–178) wie Bahnanlage, Sand-, Schotter- und grüner Weg, Hohlweg sowie Ruderalflur;
- ▶ Stillgewässer- (→ S. 206–217) und Fließgewässer-Biotope (→ S. 218–227);
- ▶ Abgrabungs- und Industriebiotope (→ S. 268–279), vor allem Industriebrache.

Die Größe der bebauten Fläche hat seit Beginn des 20. Jahrhunderts stark zugenommen. Besonders sprunghaft stieg der Flächenverbrauch seit 1950 an. Heute liegt ihr Anteil an der Flächennutzung in den westlichen Ländern der Bundesrepublik bei gut 12 %, die Verkehrsflächen eingerechnet.

Siedlungsbiotope spielen damit in allen Landschaften eine wichtige Rolle. Dennoch wurden sie von der ökologischen Forschung spät entdeckt und eingehender untersucht. Ebenso gewinnt der Naturschutz in Dörfern und Städten erst jetzt an Bedeutung, nachdem der Wert vieler Siedlungsbiotope für den Erhalt von Pflanzen- und Tierarten, besonders aber auch für das Naturerlebnis und die Erholung des Menschen sowie für das Stadtklima erkannt wurde.

Gefahren für wertvolle Stadtbiotope drohen in besonderem und vielfältigem Maße. Einerseits auf menschliche Störungen angewiesen, droht andererseits immer wieder die völlige Zerstörung durch Baumaßnahmen. Naturschutz im Siedlungsraum sieht sich häufig dem Konflikt zwischen dem Erhalt bestehender Siedlungsbiotope und der Erschließung neuer Bau- und Gewerbegebiete im Außenraum konfrontiert – sollen Stadtbiotope in Baulücken geopfert und für eine Bebauung freigegeben werden, oder sollen sie erhalten bleiben, so daß die Bebauung weiter in die freie Landschaft ausufert? Solche Fragen müssen im konkreten Einzelfall abgewogen werden.

Nicht vergessen werden darf, daß die Entstehung von Siedlungsbiotopen stets auf Kosten anderer Lebensräume geschieht. So bildet die Ausweitung der Siedlungen eine maßgebliche Rückgangsursache zum Beispiel für Rebhuhn, Uhu, Steinkauz, Schwarzkehlchen, Rotkopf- und Raubwürger. Gerade traditionell dorfnahe Biotope wie Obstwiesen wurden durch ausufernde Siedlungsareale stark dezimiert.

Stadtkern

Kennzeichen: Innerstädtische Verdichtungszone mit enger Bebauung durch Kaufhäuser, Geschäfts-, Büro- und Wohnhäuser, mit dichtem Netz von Straßen und einem extrem hohen Versiegelungsgrad nahe 100 % der Bodenoberfläche. Das Klima ist hier besonders stark verändert mit erhöhten Temperaturen und gravierender Luftverschmutzung. Infolge hoher Grundstückspreise und/oder historisch enger Bebauung sind Grün- und Freiflächen vielfach auf minimale Reste zurückgedrängt. Begrünung beschränkt sich weitgehend auf gepflanzte und gepflegte Anlagen sogenannten Splittergrüns: Beete mit Immergrünen, z. B. Cotoneaster, und anderen Zierpflanzen, Blumenkübel und einzelne Straßenbäume.
Vorkommen: Innenbereich der Städte in allen Landschaften.
Entstehung: Historisch gewachsene oder auch in jüngerer Zeit angelegte Bebauung als Wohn-, Arbeits-, Produktions- und Einkaufsstätten des Menschen. Splittergrün, falls vorhanden, meist künstlich angelegt, lokal auch Sukzession auf zeitweise brachliegenden Grundstücken.
Bedeutung: Für heimische Pflanzen und Tiere gering. Die dichte Bebauung wird von Vögeln der »Kulturfelsen« besiedelt, zu denen Haustaube, Haussperling, Mauersegler und Hausrotschwanz, örtlich auch Turmfalke und Dohle zählen. Sind Grünanlagen eingeschlossen, kommen weitere Vogelarten hinzu (→ S. 262). Insgesamt besteht die Fauna nur aus vergleichsweise wenigen, anpassungsfähigen Arten.
Das gilt ebenso für die spontan auftretende Flora (vielfach Neophyten). Am häufigsten sind Liegendes Mastkraut, Einjähriges Rispengras, Vogelknöterich, Behaartes Franzosenkraut, Gewöhnliche Gänsedistel und Kanadischer Katzenschweif.
Gefährdung: Schädigung oder Zerstörung des verbliebenen Splittergrüns durch Streusalz, Überbauung, Herbizideinsatz oder Pflanzung von Ziergrün.
Schutz: Förderung der Durchgrünung mit Bäumen, Entsiegelung von Baumscheiben, Fassaden- und Dachbegrünung. Belassen spontan angesiedelter Vegetation.

Geschlossene Blockbebauung

Kennzeichen: In sich zur Straßenfront weitgehend geschlossene Wohnblocks mit meist unversiegelten Innenhöfen. Der Straßenraum enthält häufig Bäume mit Baumscheiben und seltener auch einen unversiegelten Randstreifen. Die Innenhöfe – vom Straßenraum aus nur selten einsehbar und daher wenig beachtet – dienen vielfach als Zier- und Nutzgärten, oft mit altem Baumbestand; teilweise als Rasenflächen oder Parkplatz gestaltet, in anderen Fällen ungenutzt.

Vorkommen: In allen größeren Städten.

Entstehung: Bebauung als Wohngebiete seit der Gründerzeit.

Bedeutung: Straßenseitig ist dieser Biotoptyp mit Stadtkernen vergleichbar, auch hier leben Vögel der »Kulturfelsen«. Auf unversiegelten Baumscheiben und -streifen treten zum Beispiel Liegendes Mastkraut, Vogelknöterich, Einjähriges Rispengras, Breitblättriger Wegerich, Weidelgras, Mäusegerste, Taube Trespe sowie verschiedene weitere Ruderalpflanzen auf. Wichtiger als Lebensraum sind die Hinterhöfe, auf denen teilweise alte Bäume und Gehölze erhalten sind, zum Beispiel frühere »Modearten« wie Flieder, Jasmin, Linden, Kastanie und Knöterich als Rankpflanze. Nicht genutzte Höfe werden von vielen spontan auftretenden Pflanzen besiedelt. Feuchte Mauern zeigen Mauerfugen-Vegetation (→ S. 257).
In der Marburger Südstadt mit hohem Anteil von Blockbebauung und Hinterhöfen sind Mauersegler, Amsel und Haussperling mit 31 bis 27 Revieren pro 10 ha Fläche die häufigsten Vögel. Je nach Gehölzanteil und »Verwahrlosung« auf den Hinterhöfen kommen hier Singvögel wie Kohl- und Blaumeise, Grünfink, Zilpzalp, Türkentaube und andere hinzu. Ihr Auftreten wird durch räumliche Nähe zu größeren Gehölzflächen wie Parks gefördert.

Gefährdung: keine.

Schutz: Möglichst naturnahe Gestaltung der Hinterhöfe. Belassen von Mauerlöchern bei Gebäudesanierungen als Brutplätze für Mauersegler und andere. Pflanzung und Erhaltung von Hof- und Straßenbäumen auf ausreichend großen Baumscheiben, Duldung der Spontanvegetation. Fassadenbegrünung durch Kletterpflanzen.

Aufgelockertes Wohngebiet

Kennzeichen: Wohngebiet mit deutlichem Anteil an Grünflächen zwischen den Häusern. Unterscheiden lassen sich

- ▸ Siedlungen mit Mehrfamilienhäusern (Zeilen- und Hochhaus-Bebauung), die von großzügigem Abstandsgrün – meist Rasenflächen, seltener mit Einzelbäumen – oder von Nutzgärten (Arbeitersiedlungen) umgeben sind;
- ▸ Villenviertel mit oft altem Baumbestand und hohen Hecken;
- ▸ Neubaugebiete mit Ein- oder Zweifamilienhäusern und mehr oder minder kleinen Zier-, seltener auch Nutzgärten.

Vorkommen: In allen Städten, infolge der zunehmenden Verstädterung der Dörfer auch am Rande der dörflichen Siedlungen.

Entstehung: Bau von Ein- und Mehrfamilienhäusern, um dem gestiegenen Bedarf an Wohnraum nachzukommen. Klassische Villenviertel entstanden überwiegend um 1900. Siedlungen mit Mehrfamilienhäusern wurden in großem Umfang in den 50er, 60er und 70er Jahren gebaut.

Bedeutung: Sehr unterschiedlich, zunehmend mit Naturnähe und Größe der Grünflächen sowie mit dem Alter des Baumbestandes. In den meisten Mehrfamilienhaus-Siedlungen dominieren Rasenflächen (→ S. 260) mit geringem Wert. Vogelwelt vor allem von Amsel, Haussperling und Hausrotschwanz gebildet.

Sehr wertvoll können Villenviertel sein, besonders mit altem Baumbestand (Kastanie, Platane, Linden, Eichen, Ahorn, Obst-Hochstämme), mit begrünten Häusern und fugenreichen Mauern. Neben Zierpflanzen vor allem Brennessel-Giersch-Fluren und Knoblauchsrauken-Kälberkropf-Säume; typische Vögel sind Grünfink, Singdrossel, Ringeltaube, Grauschnäpper und Distelfink.

In Neubaugebieten kaum spontane Vegetation, botanischer Wert gering. Vogelbestand hängt vom Gehölzreichtum ab.

Gefährdung: Intensive Grünanlagen-Pflege, Pflanzung fremdländischer Ziergehölze, Bebauung, Versiegelung für Verkehrsflächen.

Schutz: Naturnahe Gestaltung und Pflege der Grünflächen, Belassen spontan auftretender Vegetation. Hausbegrünung, gezielte Hilfe für einzelne Tierarten.

Gewerbe- und Industriegebiet

Kennzeichen: Vorwiegend an den Stadträndern angesiedelte Areale mit Gewerbebetrieben und Industrieanlagen, wobei sich zwei Typen differenzieren lassen:

- Gewerbegebiete mit verschiedenen Einkaufszentren (Bau-, Möbel- und Supermärkte, Autohäuser), Handwerks- und kleineren Industriebetrieben;
- Industriegebiete auf großen, für die Öffentlichkeit meist nicht zugänglichen Arealen, vor allem mit Produktionsanlagen der Groß- und Schwerindustrie.

Ausgeklammert bleiben hier die Industriebrachen (→ S. 277).

Vorkommen: Gewerbegebiete in den meisten Städten und zunehmend auch größeren Dörfern, Industriegebiete vor allem in den großen Städten, gehäuft zum Beispiel im Ruhrgebiet und im Raum Leuna/Bitterfeld.

Entstehung: Als Dienstleistungs- bzw. Produktionsareale zur Versorgung der Menschen mit Konsumgütern und verschiedenen Materialien der weiterverarbeitenden Industrie.

Bedeutung: Gewerbe- und Industrieflächen zeigen in hohem Maße versiegelte Böden, meist jedoch auch größere Rasenflächen, Zierpflanzungen und gepflanzte Bodendecker wie Cotoneaster. Floristisch und faunistisch sind gerade die Gewerbeflächen sehr artenarm, zumal spontan auftretender Vegetation nur selten Raum bleibt. Industriegebiete verursachen durch Schadstoff-Emissonen Umweltbelastungen, wobei der Bau hoher Schornsteine nur zu einer Umverteilung der Probleme führte. Relativ hohe Freiflächen-Anteile sind, als kurzgeschorene Rasen genutzt, weitgehend unbedeutend, der natürlichen Sukzession überlassen jedoch für die Flora unter Umständen sehr wertvoll.

Kies-Flachdächer werden vereinzelt von Haubenlerche und Flußregenpfeifer als Brutplatz genutzt; auch Pflanzen magerer, trockener Standorte.

Gefährdung: Intensivpflege der eingeschlossenen Grünflächen.

Schutz: Extensive Grünflächen-Pflege, Belassen von Brach- und Ruderalflächen bzw. allgemein aufkommender Spontanvegetation, Durchgrünung mit Bäumen, Haus- und Dachbegrünung.

Dorfkern

Kennzeichen: Kleinere, ehemals überwiegend landwirtschaftlich geprägte Siedlungen in ländlicher Umgebung. Dorfkern meist noch in lokaltypischer, enger Bebauung. Biotopkomplex einer großen Vielzahl von Kleinbiotopen, die sich zum Teil stark von Vorkommen in anderer Umgebung unterscheiden, zum Beispiel:

- dorftypische Gebäude wie Fachwerk, Reetdach, Kirche, Schuppen, Dachboden, Mauerfugen usw.;
- Plätze und Hofflächen (nur teilweise versiegelt) mit Hofbäumen, Wildkrautfluren und Pflasterfugen;
- Hausgärten mit Hühnerauslauf, Nutz- und Bauerngarten, alten Zierpflanzen;
- Obstwiesen und Gärten im Kontaktbereich zwischen Dorf und freier Landschaft.

Vorkommen: In allen Landschaften.
Entstehung: Historisch gewachsene, gebietsspezifische Siedlungsform des Menschen in ländlicher Umgebung.
Bedeutung: Dorftypische Kleinbiotope sind auch kulturhistorische Dokumente. Der Wert der Dörfer liegt umso höher, je weniger stark Böden versiegelt und umso mehr von Wildkräutern bestandene Ecken noch erhalten sind. An Standorten mit häufigen Störungen finden sich Gänsemalven-, Sophienkraut-, Mäusegersten-, Brennessel-Geißfuß- und Knoblauchrauken-Kälberkropf-Fluren sowie Stinkgänsefuß-Gesellschaft und Trittrasen. Auf beständigeren Flächen Rainfarn-Beifuß-Gestrüpp, Schwarznessel-, Guter Heinrich-, Natternkopf-Steinklee- und Eselsdistel-Fluren.
Typische Tiere der Dörfer sind Schleiereule, Rauch- und Mehlschwalbe, lokal der Weißstorch sowie Fledermäuse wie Breitflügel- und Zwergfledermaus, Braunes und Graues Langohr.
Gefährdung: Verstädterung, Verdrängen der Landwirtschaft, Bodenversiegelung, intensive Pflege von Gärten und Grünanlagen, Verschwinden alter Bauformen und Baumaterialien.
Schutz: Erhalt der dorftypischen Kleinlebensräume, Akzeptieren von »Unkraut«-Ecken, Hilfen für kleinbäuerliche Landwirtschaft, Einbringen von Naturschutz-Gesichtspunkten in die Dorferneuerung. Artenschutz zum Beispiel durch Einflugluken für Schleiereule und Fledermäuse.

Gebäude

Kennzeichen: Naturferne Bauwerke des Menschen verschiedenster Bauweise und Zweckbestimmung, vor allem Wohnhäuser, Kirchen, Türme, Scheunen, Ställe usw. Biotopelemente sind zum Beispiel Wände, Dächer, Dachüberstände und Dachböden.
Vorkommen: Verbreitetster Biotoptyp innerhalb aller menschlichen Siedlungen.
Entstehung: Bau als Lebensstätten des Menschen seit dessen Seßhaftwerden.
Bedeutung: Trotz ihrer Naturferne fungieren Gebäude als (Teil-)Lebensraum:

► Auf Reetdächern leben 19 Algen, 74 Flechten und 29 Moose; darin Schimmel- und Pillenkäfer, Larven von Schwärm- und Trauermücken sowie Gnitzen.

► Kiesdächer besiedeln Pflanzen der Felsen und Magerrasen (Scharfer Mauerpfeffer, Purpurrotes Hornzahnmoos); Brutplatz für Haubenlerche.

► In Lehmfugen und -gefachen nisten viele Wildbienen, zum Beispiel Masken-, Seiden-, Mörtel- und Pelzbienen.

► Mauerritzen, Hohlräume zwischen Balken und Mauerwerk sowie Abflußröhrchen an Fenstern bieten Nistplätze für die Mauerbienen *Osmia cornuta* und *O. rufa*, Hohlräume unter dem Dach für Baumhummel *Bombus hypnorum*.

► Dachböden von Kirchen, Häusern und Scheunen nutzen Fledermäuse wie Braunes Langohr, Fransen-, Breitflügel- und Zwergfledermaus sowie die Insekten Gemeine und Deutsche Wespe als Brut- und Winterquartier. Schläfer, Abendsegler, Zweifarb- und Rauhhautfledermaus sowie verschiedene Insekten überwintern.

► Höhlungen oder Dachböden dienen Schleiereule, Turmfalke, Dohle, Mauersegler, Haussperling, Hausrotschwanz als Brutplatz; an Gebäude gebunden auch Weißstorch, Rauch- und Mehlschwalbe.

► In Häusern und ihrer vegetationslosen Umgebung leben rund 450 Gliederfüßler.

Gefährdung: Verschließen aller Ritzen und Einflugmöglichkeiten, Wandel der verwendeten Baumaterialien, Störungen.
Schutz: Erhaltung und Anwendung historischer Bauweisen, Öffnen von Einflugmöglichkeiten, Nisthilfen, Verzicht auf für Fledermäuse tödlichen Holzschutz.

Mauer und Ruine

Kennzeichen: Schloß-, Burg-, Kloster- und Stadtmauern sowie Bruchsteinmauern in Gärten, Friedhöfen und Parks der Dörfer und Städte aus Kalkstein, Sandstein, Schiefer und anderen Gesteinen sowie Ziegelstein. Meist verfugt mit Kalkmörtel, in jüngerer Zeit auch Zement; Trockenmauern sind unverfugt. Ähnliche Lebensräume bieten alte Ruinen.
Vorkommen: Meist nicht sehr häufig in Städten und Dörfern aller Landschaften.
Entstehung: Anlage zur Abgrenzung und Abschirmung von Grundstücken oder ganzen Städten; Ruinen als mehr oder minder verfallene Überreste früherer Gebäude (Burgen, Kirchen usw.).
Bedeutung: Ersatzbiotop für Lebensgemeinschaften der Felsspalten. Besiedlung je nach Fugenreichtum, Exposition und Ausfugung: Feste Zementfugen können überhaupt nicht, Kalkmörtelfugen infolge hohen pH-Wertes erst nach Jahrzehnten von Pflanzen besiedelt werden; optimal sind Lücken, Spalten oder mit magerem, sandigem Bodenmaterial ausgefugte Mauern. Als Pionierbesiedler Algen, Moose und Flechten. In südlicher Lage Zimbelkraut-Gesellschaft, in nördlicher Mauerrauten-Flur mit Braunstieligem Streifenfarn. Je nach Substrat Kalkfugen- oder Silikatfugen-Gesellschaften. Typisch auf kalkigen Mauerkronen ist die Fingersteinbrech-Gesellschaft mit Flachem Rispengras. Am Mauerfuß Mäusegerste, Graukresse, Nickende Distel, Doppelsame, an der Nordseite Brennessel-Giersch-Gesellschaft.
Lebensraum von Eidechsen und (in verwitterten Mörtelfugen) von der Pelzbiene *Anthophora acervorum*, der Furchenbiene *Lasioglossum nitidulum* und der Seidenbiene *Colletes daviesanus*.
Gefährdung: Sanierung mit vollständigem Verfugen aller Hohlräume, Abriß oder Ersatz alter Mauern durch neue.
Schutz: Erhalt aller Mauern und Ruinen, nur schonende Sanierung durch abschnittsweises Vorgehen über mehrere Jahre, Belassen unverfugter Bereiche, Erhalt/Gestaltung einer zerklüfteten Mauerkrone, sandiges Fugenmaterial mit wenig Zement oder Kalkmörtel, Anlage von Erdfugen. Neuanlage besonders von Trockenmauern mit lokal gewonnenen Bruchsteinen.

Garten

Kennzeichen: Nutz- und/oder Ziergärten in den verschiedensten Übergängen, die zum größten Teil bewußt vom Menschen eingebrachte Pflanzen enthalten. Je nach Pflegezustand kann jedoch auch spontan auftretende Vegetation von Bedeutung sein. Sechs Typen können unterschieden werden:

- ▸ Ziergärten mit Rasen (→ S. 260), Blumen- und Zierstrauch-Rabatten, Hecken;
- ▸ Nutzgärten, in denen die Erzeugung von pflanzlichen Nahrungsmitteln des Menschen im Vordergrund steht;
- ▸ Obstgärten (→ S. 161);
- ▸ ländliche Bauerngärten mit vielfältigen Gemüse-, Beerenobst-, Gewürz- und Heil-, Schmuck-, Duft- und Blütenpflanzen;
- ▸ Schrebergärten als ausgedehnte Gartenkomplexe mit Rasen, Blumen- und Zierstrauch-Rabatten, Hecken und Bäumen;
- ▸ Naturgärten als naturnah gestaltete Nutz- und Ziergärten.

Vorkommen: In allen Siedlungsgebieten.
Entstehung: Planmäßige Anlage zum Anbau von Nutzpflanzen, als Ziergrün und wohnungsnaher, privater Erholungsraum.
Bedeutung: Sehr unterschiedlich; je naturnäher, desto größer. Die Wildkraut-Flora auf Gemüse- und einjährigen Sommerblumen-Beeten ähnelt den Hackfrucht-Äckern (→ S. 182), in Staudenbeeten teils Wiesenpflanzen. Auf unbefestigten oder mit Asche gestreuten Wegen fragementarische Trittpflanzen-Gesellschaften. Großer Anteil an einjährigen Pflanzen. Häufig sind Vogelmiere und Gewöhnliche Gänsedistel (Hackwildkraut-Gesellschaften), Brennessel und Beifuß (Hochstaudenfluren), Gänseblümchen und Rotschwingel (Rasenarten), Weidelgras und Breitblättriger Wegerich (Trittgesellschaften).
Vogelwelt stark von Hecken, Sträuchern und Bäumen abhängig; häufig sind Amsel, Hänfling, Grünfink, Kohl- und Blaumeise. Als Säuger Igel. Neben Naturgärten bieten alte Bauerngärten zum Beispiel für Wildbienen reiche Nahrung.
Gefährdung: Ausweitung von Rasenflächen und Nadelgehölzen. Pestizideinsatz.
Schutz: Verzicht auf übertriebene Gartenpflege, Pestizideinsatz und Koniferen, Gestaltung als Naturgärten.

Zierhecke

Kennzeichen: Vielfach nur aus einer Strauchart bestehende und regelmäßig geschnittene Hekken, vorwiegend im Siedlungsraum. Der Abgrenzung und Abschirmung von Grundstücken (Gärten, Parks, Friedhöfe, Spielplätze) dienend. Formschnitt ein- bis dreimal jährlich, jedoch auch »wilde«, nur in mehrjährigen Abständen gepflegte Hecken.

Unterscheidung nach Form, Farbe und Funktion folgender Zierhecken-Typen:

- Formschnitthecken als häufigster Typ aus Hainbuche, Rotbuche, Berberitze, Hartriegel, Zwergmispel, Weißdorn, Liguster und anderen;
- immergrüne Laubgehölz-Hecken aus Buchsbaum, Berberitze, Zwergmispel, Stechpalme, Lorbeerkirsche usw.;
- Koniferenhecken aus Eibe, Lebensbaum, Kiefern, Fichten, Wacholder und verschiedenen säulenartigen Züchtungen von Zypressengewächsen;
- Blütenhecken mit auffälligen, bunten Blüten wie Forsythie, Flieder, Buddleja, Kornelkirsche und Schneeball.

Vorkommen: Vorzugsweise im Siedlungsraum aller Landschaften, vor allem in privaten Gärten und öffentlichen Grünanlagen.

Entstehung: Durch gezielte Pflanzung von Ziergehölzen und deren Pflege.

Bedeutung: Für heimische Flora von untergeordnetem Wert, da es sich überwiegend um fremdländische (oft asiatische) Gehölzarten oder Züchtungen handelt. Häufige Arten sind Forsythie, Flieder, verschiedene Liguster- und Hasel-Zuchtformen, Bergkiefer und Hartriegel. Wo einheimische Arten Zierhecken bilden, verhindert oft intensive Anlagenpflege eine spontane Flora im Gehölzschatten.

Heimische Heckensträucher bieten Nist-, Nahrungs- und Ruheplatz für Singvögel wie Amsel, Hänfling, Grünfink, Heckenbraunelle und Grasmücken. Laubhaufen dienen dem Igel als Unterschlupf.

Gefährdung: Rückschnitt zur Brutzeit, Sauberkeit am Heckenfuß, Ersatz heimischer Sträucher durch fremdländische und Züchtungen.

Schutz: Pflanzung heimischer Sträucher wie Hain- und Rotbuche, Feldahorn, Liguster, Weißdorn u. a. Belassen von Laub und spontaner Vegetation am Heckenfuß.

Rasen

Kennzeichen: Angesäte und regelmäßig, zehn- bis über 25mal pro Jahr kurz gemähte Scherrasen zeigen ein recht einheitliches Bild. Einteilbar mit abnehmender Pflegeintensität in Teppich-, Gebrauchs-, Strapazier-, Landschafts- und Blumenrasen. Je intensiver die Pflege, desto eher werden Pestizide und Düngemittel eingesetzt.

Vorkommen: Sehr verbreitet in öffentlichen Grünanlagen, Gärten und Abstandsgrün in allen dörflichen und besonders städtischen Siedlungen.

Entstehung: Durch Ansaat und regelmäßiges Mähen auf einige Millimeter bis wenige Zentimeter Höhe.

Bedeutung: Sehr gering. Das häufige Mähen tolerieren nur wenige Pflanzenarten; charakteristisch sind trotz unterschiedlicher Samenmischungen durchweg Weidelgras, Rotschwingel, Weißklee, Gänseblümchen und Löwenzahn. Teilweise treten Fadenehrenpreis und Grüner Pippau hinzu, auf trockenen, wenig gedüngten Standorten auch Arten der Sandtrockenrasen wie Ackerehrenpreis, Quendelsandkraut, Gewöhnliches Ferkelkraut und Feldklee. Vergleichbare, aber kalkhaltige Standorte können Mittleren Wegerich und Frühlingsfingerkraut tragen. Kriechender Hahnenfuß, Gänse- und Kriechendes Fingerkraut, Gewöhnliches Eisenkraut und Weißes Straußgras weisen auf lehmig-tonige und verdichtete Standorte hin. Bei starker Trittbelastung wandelt sich die Vegetation zu echten Trittgesellschaften mit Großem Wegerich, Gleichblättrigem Vogelknöterich und Weidelgras.

Rasen bieten optimale Nahrungsgebiete für die Amsel; die Ausbreitung der Scherrasen ist ein Hauptgrund für die seit 1870 erfolgte Einwanderung der Amsel in die Siedlungen. Ähnlich dehnen Star, Wacholder- und Singdrossel ihre Biotoppräferenzen auf Rasenflächen der Siedlungen aus. Ansonsten sind Rasen faunistisch ohne nennenswerte Bedeutung.

Gefährdung: Weitere Intensivierung der Pflege, Pestizideinsatz, Düngung.

Schutz: Reduktion der Mahdhäufigkeit, Verzicht auf Pestizide, keine Düngung, nach Möglichkeit Umwandeln in Blumenwiese (siehe Extensiv-Grünanlage, → S. 261).

Extensiv-Grünanlage

Kennzeichen: Als Extensiv-Grünanlage wird hier im Gegensatz zum Rasen eine nur extensiv gepflegte Grünfläche verstanden, die im Sinne von »Blumenwiesen« nur ein- bis dreimal jährlich gemäht und nicht gedüngt wird. Ausgeklammert bleiben an dieser Stelle Gehölze (siehe Park und Friedhof, → S. 262; Zierhecken, → S. 259).

Vorkommen: Lokal in manchen Siedlungen, jedoch zunehmend.

Entstehung: In der Regel durch bewußtes Verringern der Pflegeintensität ehemaliger Rasenflächen; aber auch bereits seit längerer Zeit wiesenartig genutzte Bestände.

Bedeutung: Die Artenvielfalt an Pflanzen und Tieren ist um ein Vielfaches höher als auf Rasenflächen. Die Zusammensetzung der Pflanzendecke hängt stark vom Nährstoffreichtum des Bodens ab: je ärmer an Nährstoffen (vor allem aus früherer Düngung), desto reicher ist die Flora. Ähnlich den Grünlandbiotopen sind unter den Gräsern vor allem Rotschwingel, Wiesen- und Gemeines Rispengras, Deutsches Weidelgras, Wiesenlieschgras, Kammgras und Gemeines Ruchgras von Bedeutung.

Typische Blütenpflanzen sind zum Beispiel

- auf trockenen Standorten Karthäusernelke, Echtes Labkraut, Sonnenröschen, Spitzwegerich, Kreuzblume, Kleiner Ampfer, Kleiner Wiesenknopf, Tauben-Skabiose und Gamander-Ehrenpreis;
- auf frischen Standorten Günsel, Frauenmantel, Wiesenkerbel, Wiesenglockenblume, Wiesenstorchschnabel, Scharfer Hahnenfuß, Sauerampfer, Löwenzahn, Weißklee, Faden- und Persischer Ehrenpreis, Gemeines Hornkraut, Vogel- und Zaunwicke.

Vielfältige Fauna, zum Beispiel Käfer, Schmetterlinge (Raupenfutterpflanzen), Heuschrecken und Singvögel (Nahrung).

Gefährdung: Intensivierung der Pflege, Düngung, Bauvorhaben.

Schutz: Umwandlung aller nicht als Spiel- oder Liegeflächen genutzten Rasen in extensiv genutzte Wiesen unter Düngeverzicht und reduzierter Mahdhäufigkeit. Anfangs bei starken Nährstoff-Reserven im Boden drei- bis fünfmalige Mahd im Jahr, später zwei- oder einmal. Erste Mahd nicht vor Juni.

Park und Friedhof

Kennzeichen: Meist größere Grünflächen sehr unterschiedlicher Struktur und Nutzung. In der Regel mit Baumbeständen und Sträuchern; insbesondere junge Friedhöfe ohne größere Gehölze. Fast stets mit ausgedehnten Rasenflächen (→ S. 260), häufig Rabatten mit Zierstauden und -sträuchern. Unterteilbar in drei Gruppen: intensiv gepflegte Zierparks und Friedhöfe; Parks und Friedhöfe mit oft altem Baumbestand; parkartige Villengebiete mit großflächigen Gärten, in denen Bäume dominieren.
Vorkommen: Als Grüninseln in den Städten, jedoch Friedhöfe, kleinere Parkanlagen und Gutsparks auch in Dörfern.
Entstehung: Durch planmäßige Anlage als Erholungsgebiete, Friedhöfe als Orte der letzten Ruhe. Teils wurden bestehende Baumbestände zu Parks umgestaltet.
Bedeutung: Sehr variabel, je nach Naturnähe, Alter und Zusammensetzung des Baumbestandes sowie Vielfalt an Kleinbiotopen wie extensive Grünanlagen (→ S. 261), Mauern (→ S. 257), Totholz (→ S. 149), Hecken (→ S. 151ff.) usw. Je weniger intensiv gepflegt, eine desto größere Vielfalt an Pflanzen und Tieren kann sich entwikeln. Unter älteren Baumbeständen auch Pflanzen der Wälder wie Männlicher Wurmfarn, Frauenfarn, Waldziest, Braunwurz und Scharbockskraut. Häufig kommen Saumpflanzen vor wie Knoblauchsrauke, Heckenkälberkropf, Brennessel und Giersch.
Nahrungspflanzen für Wildbienen, gerade im zeitigen Frühjahr, etwa Lerchensporn und Blaustern. Hohe Siedlungsdichte von Singvögeln wie Amsel, Ringel- und Türkentaube, Kohl- und Blaumeise, Trauerschnäpper, Rotkehlchen, Zaunkönig, Buchfink, Kleiber, Gartenbaumläufer und Mönchsgrasmücke. Typische Säuger sind Eichhörnchen, Igel, Mäuse, Spitzmäuse und Fledermäuse.
Gefährdung: Intensivierung der Rasen-, Baum- und Zierpflanzen-Pflege, Ersatz heimischer, alter Gehölze durch exotische Neupflanzungen, Baumaßnahmen.
Schutz: Extensivierung der Pflege, Säume zwischen Gehölzen und Wiesen nur alle zwei bis drei Jahre einmal im Herbst mähen. Erhalt alter Baumbestände und von Totholz. Naturnahe Gestaltung von Zierpflanzungen.

Hof-, Dorf- und Stadtbaum

Kennzeichen: Einzeln oder in kleinen Gruppen stehende Bäume innerhalb des Siedlungsraumes, die maßgeblich das Erscheinungsbild des Dorfes oder Stadtteils/Straßenraumes prägen. Je nach Umfeld sind zu unterscheiden

- Hof- und Hausbäume, die einen Bauernhof oder ein einzelnes Haus bzw. deren Hof beschatten;
- Dorfbäume, die an einem zentralen Platz im Dorf stehen und vielfach den Mittelpunkt der Siedlung darstellen;
- Stadtbäume als Solitärbäume, Baumreihen oder Alleen, die Straßenzüge begrünen.

Traditionell handelt es sich bei Dorf- und Hofbäumen häufig um Linden (Sommer- und Winterlinde) oder Eichen, seltener auch Kastanie, Ahorn-Arten und Platane. Unter den Germanen galt die Lindenkrone als Wohnort von Freya, der Göttin des häuslichen Glücks und der Fruchtbarkeit.

Vorkommen: Haus-, Hof- und Dorfbäume in allen ländlichen Regionen, Stadtbäume in städtischen Räumen.

Entstehung: Durch Pflanzung, im ländlichen Raum gern zum Abschluß des Hausbaus oder zur Hochzeit; allgemein gepflanzt zur Begrünung des Ortsbildes.

Bedeutung: Wichtige Funktionen im Siedlungsraum; zum allgemeinen Wert für Tiere siehe Solitärbaum (→ S. 159). Ästhetische und soziale Bedeutung als Treffpunkt für Haus- bzw. Dorfbewohner. Klimatische und lufthygienische Verbesserungen: Deutlich verringerte Maximaltemperaturen in von Bäumen bestandenen im Vergleich zu unbegrünten Straßen; Filterwirkung für Schadstoffe, vor allem Staubteilchen sind bis zu viermal weniger vorhanden als in baumfreien Straßenzügen.

Gefährdung: Beseitigung, radikaler Rückschnitt. Schleichende Zerstörung durch Tiefbauarbeiten am Baumfuß (Beschädigung der Wurzeln), Versiegelung der Baumscheiben, Streusalz. Übertriebene baumchirurgische Arbeiten.

Schutz: Erlaß einer Baumschutzsatzung. Neupflanzung von Haus-, Hof-, Dorf- und Straßenbäumen, vor allem einheimischer und standortgerechter Arten. Entsiegeln von Baumscheiben (mindestens 4 m^2 oder 2 m breiter Streifen), durch Spontanflora oder Stauden begrünen.

Brachland der Siedlungen

Kennzeichen: Vorübergehend oder längerfristig ungenutzte Flächen einschließlich spontan von Pflanzen besiedeltem Splittergrün geringer Ausdehnung. In diesem Zusammenhang allein auf Brachland innerhalb der Städte und Dörfer bezogen.
Man kann unterscheiden zwischen Industrie-, Gewerbe-, Zechen-, Verkehrs-, Wohnbau- und Gartenbrachen. Industriebrachen werden an anderer Stelle abgehandelt (→ S. 277), bezüglich nährstoffreicher Brachebiotope sei auf Ruderalfluren verwiesen (→ S. 178).
Vorkommen: In allen Dörfern und Städten, besonders großflächig auf Industrie- und Zechengelände, häufig in Baulücken, Gleisanlagen der Eisenbahn und Häfen.
Entstehung: Durch Nutzungsaufgabe. Ursachen können zum Beispiel Bodenspekulation, Bauerwartung oder mangelnde Nutzungsmöglichkeit sein.
Bedeutung: Je nach Boden und vorheriger Nutzung entwickeln sich durch Sukzession unterschiedliche Pflanzengesellschaften – in jungen Stadien in der Stadt Essen zum Beispiel mit Kanadischem Katzenschweif auf Schotter, Scharfem Mauerpfeffer und Quendel-Sandkraut auf Sandböden, Rotem und Klebrigem Gänsefuß auf ruderalen Standorten, Weißem Gänsefuß auf humusreichen Aufschüttungen. Länger ungestörte Stadien können ruderale Wiesen mit Glatthafer, Rotschwingel und Wiesenrispengras (Subspezies *angustifolia*), eine Gesellschaft des Flachen Rispengrases, ruderale Trockenrasen, Beifuß-Rainfarn- oder Beifuß-Gesellschaften tragen. Gehölze meist erst nach Jahren; wichtig sind Hängebirke, Salweide, Zitterpappel, Robinie, Schwarzer Holunder und Buddleija.
Artenreiche Fauna, jedoch noch wenig untersucht; zum Beispiel Raupenfutterpflanzen der Schmetterlinge Silber- und Beifußmönch, Kamillen-, Lattich- und Rainfarn-Graumönch, Distelmönch, Labkrautschwärmer und Glänzende Erdeule. Verschiedene Rüsselkäfer der Gattung *Ceutorhynchus*, Blattkäfer und Natternkopf-Walzenhalsbock, ein Bockkäfer.
Gefährdung: Überbauung und sinnlose Zerstörung aufgrund falschen Ordnungssinns.
Schutz: Erhalt und Duldung »wilder« Natur der Brachflächen im Siedlungsraum.

Weg

Kennzeichen: Unbefestigte oder versiegelte Fuß- und Fahrwege, die normalerweise nicht für den öffentlichen Verkehr freigegeben sind. Grob differenzieren lassen sich »grüne« Wege mit durchgängigem Pflanzenwuchs, nackte, verdichtete Erdwege, mit Kies, Schotter oder Splitt befestigte Wege, Pflasterwege und Asphaltwege. Nicht berücksichtigt werden hier Wegränder (siehe Straßennebenflächen, → S. 267). Als Sonderfall werden die Hohlwege an anderer Stelle behandelt (→ S. 177).

Vorkommen: In allen Siedlungsgebieten, ebenso in Agrarlandschaften und Forsten (Feld- und Waldwege, Trampelpfade). Westdeutsche Agrarlandschaften sind pro 1 km^2 von durchschnittlich 4,8 km langen Feldwegen durchzogen; in Forstgebieten 2,8 km/km^2 Waldwege, davon ein Viertel bis ein Drittel asphaltiert.

Entstehung: Geplante Anlage als Verbindungswege, Trampelpfade entstehen meist ungeplant durch die Bevölkerung.

Bedeutung: Generell negativ als Störzone, die beiderseits liegende Lebensräume voneinander isoliert. Diese Isolationswirkung ist im Falle asphaltierter Wege besonders stark, viele weniger mobile Tierarten wie Schnecken können diese nicht überqueren; junge Erdkröten warten bei trockenem Wetter tage- oder wochenlang im feuchteren Randbereich, bis Niederschläge eine Überquerung erlauben. Die Bodenversiegelung beeinflußt den Wasserhaushalt negativ.
Andererseits dienen Wege auch als Lebensraum, insbesondere unversiegelte Flächen: Hier finden sich Trittgesellschaften mit Großem Wegerich, Weidelgras und Vogelknöterich. Zur Pflasterritzen-Besiedlung siehe folgende Seite.
Für die Fauna bieten besonders die »grünen« Wege und vegetationsfreie oder -arme Kies-, Schotter- und besonders Erdwege Lebensraum (→ S. 176).

Gefährdung: Befestigung, vor allem durch Asphalt. Intensive Pflege durch Mahd oder auch Herbizide.

Schutz: Wo vermeidbar, keine Neuanlage von Wegen. Wo notwendig, mit möglichst geringer Befestigung arbeiten und Selbstbegrünung tolerieren.

Straße und Platz

Kennzeichen: In der Regel asphaltierte, selten betonierte oder gepflasterte Verkehrswege sowie Park-, Dorf- und Stadtplätze hochgradiger Versiegelung. Eingeschlossen werden ein- und mehrspurige Straßen, Autobahnen und Flugplätze.

Vorkommen: Netzförmig weit verbreitet in allen Landschaften, besonders große Flächen einnehmend in den Siedlungen. Überörtliche Straßen besitzen in den alten Bundesländern durchschnittlich 694 m Länge pro km^2, in den neuen Ländern vor Beginn der Aus- und Neubau-Maßnahmen 436 m/km^2. Verkehrsflächen insgesamt nehmen 4,9 % des Areals Westdeutschlands ein.

Entstehung: Bau als Verkehrslinien bzw. Parkplätze für den ruhenden Verkehr.

Bedeutung: Sehr negative Auswirkungen auf den Naturhaushalt bis weit in die Umgebung unter anderem durch

- ▸ Zerstörung oder Verändern von wertvollen Biotopen, von Böden, Mikroklima, Gewässern und Grundwasser;
- ▸ Barrierewirkung auf viele Tiere, deren Populationen isoliert werden;
- ▸ direkten Straßentod, zum Beispiel von Insekten, Amphibien und Vögeln;
- ▸ weit in die Umgebung hineinreichende Belastungen durch Lärm, Streusalz und Schadstoff-Immissionen.

Minimale Funktionen als Lebensraum können gepflasterte Flächen mit breiteren Fugen besitzen: In Pflasterritzen siedeln sich Rasen-Birnmoos, Silbermoos, Niederliegendes Mastkraut, Vogelknöterich, Einjähriges Rispengras und Breitblättriger Wegerich an (Mastkraut-Silbermoos-Trittgesellschaft). Bei ausbleibendem Betreten und Befahren kommen Kanadischer Katzenschweif, später Beifuß und Keimlinge von Salweide und Hängebirke hinzu. In Pflasterritzen und zwischen Wegplatten Oldenburgs 22 Arten von Bienen, Grab- und Wegwespen, Ameisen, Bienen- und Spinnenameisen.

Gefährdung: Herbizideinsatz.

Schutz: Weitestmöglicher Verzicht auf Straßenneubauten, Rückbau und Renaturierung bestehender Straßen. Geringstmögliche Versiegelung, für Parkplätze reicht Schotterung oder Pflasterung aus. Begrünung von Plätzen.

Weg- und Straßen-Begleitgrün

Kennzeichen: Sogenannte Straßennebenflächen wie Bankette, begleitende Grünstreifen und Verkehrsinseln sowie Wegraine, sowohl inner- als auch außerhalb der Siedlungen. Teils von spontan auftretender Vegetation besiedelt, teils künstlich durch Rasenansaat begrünt. Straßenrand-Pflanzungen von Gehölzen bleiben hier ausgeklammert (→ S. 165).
Vorkommen: Überall weit verbreitet.
Entstehung: Als Abstandsflächen zu anderen Nutzungen entlang von Verkehrswegen angelegt und in der Regel noch zur Straßen- bzw. Wegeparzelle gehörend.
Bedeutung: Straßen und Wege sind biotopfremde Bänder in der Landschaft, und dies trifft meist ebenso auf ihre Randstreifen zu. Auch wenn diese artenreiche Lebensgemeinschaften zeigen, wirken sie zumindest innerhalb naturnaher Biotope als Störfaktoren. Stets, besonders im Falle von Straßen, sind die Randstreifen starken Belastungen durch Immissionen, Streusalz, Lärm, Verkehrstod von Tieren usw. ausgesetzt.
Vor allem breitere Randstreifen können außer Wiesen und Ruderalfluren auch ruderalisierte Magerrasen und Gebüsche tragen. An häufig gestörten Straßenrändern einjährige Wildkrautfluren, etwa mit der Mäusegerste. Frische Böschungen in den ersten zwei Jahren mit Ackerwildkräutern (Klatschmohn, Ackersenf).
Vielfältige Vegetation bedeutet häufig reiche Fauna, zum Beispiel Nist- und Nahrungsbiotop für manche Wildbienen. Stets ist die nachteilige Wirkung einer Straße und eines Weges deutlich höher als solche Lebensraum-Funktionen der Randstreifen.
Gefährdung: Widerrechtliches Beackern von Wegrainen durch Landwirte, Wildkraut-Beseitigung an Straßenrändern im Siedlungsraum, lokal Herbizideinsatz.
Schutz: Möglichst schmale Straßen- und Wegraine innerhalb naturnaher Biotope, wenn Straßen-/Wegebau nicht verzichtbar; breite Randstreifen nur in intensiv genutzten Ackerbaugebieten sowie Siedlungen. Vielfältige Modellierung statt Sollprofile, kein Mutterboden und keine Einsaat. Möglichst seltene Mahd, abnehmende Pflegehäufigkeit mit zunehmender Entfernung vom Straßenrand. Feldwegraine mindestens 3 bis 5 m breit.

In diesem Abschnitt sind verschiedene Sekundärbiotope zusammengefaßt, die durch starke menschliche Eingriffe in den Naturhaushalt unter Einsatz von Maschinen bedingt sind. Die Ankurbelung von Baukonjunktur und Industrie ließ solche Biotoptypen in größerem Umfang erst nach dem Zweiten Weltkrieg entstehen. Es handelt sich zum einen um Abgrabungen, also die Entnahmestellen oberflächennah lagernder Rohstoffe wie Kies, Ton, Sand, Festgestein und Braunkohle. Gesondert betrachtet werden dabei als wichtige Teilbiotope der Abgrabungen die hier vielfach entstehenden Gewässer, Steilwände und im Zuge der natürlichen Sukzession sich ansiedelnde Pioniergehölze. Zum anderen werden als typische Folgebiotope der Industrie im weiteren Sinne die Industriebrachen, Halden und – Konsequenz industrieller Produktion und der Wegwerfgesellschaft – Mülldeponien besprochen.

Gemeinsam ist den meisten Biotopen dieser Gruppe das Fehlen einer Humus- und oft auch einer Bodenauflage überhaupt. Zumindest in den jüngeren Stadien während und kurz nach

Profil durch eine aufgelassene Kiesgrube mit verschiedenen Kleinbiotopen (aus Wildermuth 1980).

1 = Steilwand mit Uferschwalben-Höhlen;
2 = Baggerteich als Laichplatz für Molche, Laubfrosch, Wasserfrosch und Erdkröte, Lebensraum von Wasservögeln und -insekten;
3 = flache Uferzone mit Laichkraut, Froschlöffel, Schilf, Rohrkolben, Lebensraum für Wasservögel, Amphibien und Wasserinsekten;
4 = wechselfeuchte Uferzone mit Schachtelhalmen, Binsen und Seggen;
5 = trockener Kiesboden mit Pionierpflanzen, Lebensraum für trockenheitsliebende Insekten und Spinnen, Brutplatz des Flußregenpfeifers;
6 = Steinhaufen, Versteck für Zauneidechse und Wirbellose;
7 = trockener Sandhaufen mit jungen Kiefern, Brutstätte für Wildbienen und andere wärmeliebende, grabende Insekten;
8 = Tümpel, Laichplatz von Kreuzkröte und Gelbbauchunke;
9 = sonnenexponierte Gesteinsblöcke, Aufheizraum für Reptilien und Insekten;
10 = südexponierter Steilhang mit vielfältigen Kleinbiotopen, Lebensraum für wärmeliebende Insekten (Wildbienen, Ameisenlöwe);
11 = trockener Kiefernwald.

der Abgrabungs-Tätigkeit des Menschen begründet dies die Vegetationsarmut. Verschiedene Pflanzen und Tiere meistern bzw. beanspruchen aber solche Situationen und finden hier anthropogen bedingte Ersatzbiotope für heute weitgehend zerstörte Elemente der Naturlandschaft: An kaum bewachsenen Steinbruchwänden finden sich Arten der natürlichen Felsen, auf Sandflächen solche der Dünen, auf Kiesflächen Arten der Schotterbänke in Flußauen. Beispiele dafür nennen die nachfolgenden Biotopbeschreibungen.

Die verschiedenen Industriebiotope mit ihrer eigenen Charakteristik dienen sowohl verschiedenen Rote Liste-Arten der heimischen Flora und Fauna als auch Neubürgern unserer Flora als Lebensraum. Nur noch wenige Spezialisten kommen mit den extremen Lebensbedingungen zum Beispiel auf Halden und Mülldeponien klar – dennoch sind auch solche offensichtlichen Landschaftsschäden ganz neutral ein Lebensraum.

Ganz deutlich muß unterstrichen werden, daß im allgemeinen die möglichen positiven Auswirkungen entstehender Sekundärbiotope die negativen Folgen neuer Abbauvorhaben auch nicht annähernd kompensieren können. Jede neue Abgrabung ist ein Eingriff in den Naturhaushalt, der zwar vielleicht in juristischem, aber nicht in naturwissenschaftlichem Sinne ausgleichbar ist. Ebenso können Industriebrachen zwar seltenen Arten Lebensraum bieten, aber so starke Schadstoff-Belastungen für Mensch und Grundwasser verursachen, daß ihre Sanierung wichtiger als der Erhalt einzelner Arten ist.

Generelle Gefahren drohen den Abgrabungsbiotopen durch eine schematische Rekultivierung, die entweder den Ausgangszustand der Flächen als landwirtschaftliche Nutzfläche oder Forst wiederherstellt. Oder es werden – besonders im Umfeld von Baggerseen – die Uferflächen einförmig modelliert, Mineralboden aufgebracht und eine standardisierte Rasen- oder Wiesenmischung eingesät. Stets werden auf diese Weise zwischenzeitlich entwickelte Sekundärbiotope unnötig zerstört. Weitere Belastungen ergeben sich durch Freizeitnutzungen wie Baden, Wassersport, Angeln, Jagd und Motocross sowie durch illegale Müllablagerungen.

Die Renaturierung unter Gesichtspunkten des Naturschutzes stellt vielfach die preiswerteste Methode der »Wiederherstellung« der Landschaft dar. Mindestens 30 % der Abbaugebiete sollten dem Naturschutz zur Verfügung stehen und frei von allen Nutzungsansprüchen gehalten werden. Wichtig ist dabei eine großräumige Abgrenzung, um Störungen von außen zu begrenzen; Naturschutz und Erholungs-Nutzung in einem Baggersee-Areal vertragen sich nur bei über 100 ha großen Flächen nebeneinander. Abgrabungen bieten die Chance, selten gewordene nährstoffarme (oligotrophe) Biotoptypen neu zu entwickeln. Es kommt darauf an, niemals Bodenmaterial einzubringen und in den meisten Fällen – abgesehen von einer naturschutzgerechten Anfangsgestaltung – die Entwicklung allein der natürlichen Sukzession zu überlassen. In diesem Sinne sind bei Abschluß der Abbautätigkeit nach Möglichkeit folgende Hinweise zu beachten:

- ▶ Schaffung vielgestaltiger, buchtenreicher Uferformen mit Flachwasserzonen, aber auch steilen Partien, in größeren Gewässern Inseln;
- ▶ keine Einleitung von Entwässerungsgräben oder Fließgewässern, um Nährstoffeinträge zu verhindern;
- ▶ Tümpel in Wagenspuren und kleinen Senken als wichtige temporäre Gewässer;
- ▶ abwechslungsreiches Relief der Bodenoberfläche, keine standardisierten Böschungswinkel, Gestaltung nur mit anstehendem Material;
- ▶ kein Auftrag von Mutterboden, keine Einsaat;
- ▶ Erhaltung und möglichst Neuschaffung von Steilwänden;
- ▶ Erhöhen der Vielfalt an Kleinbiotopen durch Lesesteinhaufen, Wurzelstöcke und größeres Totholz;
- ▶ außerhalb der Geländekante von Abgrabungen Abgrenzen von mindestens 10 m breiten Pufferstreifen zur landwirtschaftlichen und sonstigen Nutzung.

Pflegemaßnahmen sind, wenn überhaupt, nur sporadisch notwendig und müssen im Einzelfall entschieden werden. Um das Vorkommen etwa des Flußregenpfeifers zu erhalten, müssen gelegentlich vegetationsfreie Flächen auf Kies, Sand oder Ton erhalten werden. Brutwände von Uferschwalbe und Eisvogel müssen von Zeit zu Zeit steil abgestochen werden.

Höhle und Stollen

Kennzeichen: Natürliche Höhlen werden hier zusammengefaßt mit künstlichen Höhlen wie verlassene Stollen des Bergbaus, Schutzbunker sowie Brunnenschächte und sehr tiefe Felsen- und Weinkeller. Ihre ökologischen Charakteristika ähneln einander: Sonneneinstrahlung fehlt, Tages- und Jahresgang der Witterung sind nicht oder kaum zu spüren, die Temperatur ist das ganze Jahr über konstant (meist der lokalen Jahresmitteltemperatur entsprechend), das Mikroklima kühl und feucht. Organische Substanz als Nahrungsgrundlage für Tiere ist nur in sehr geringem Umfang vorhanden.

Vorkommen: Vor allem in Kalkgebieten (Schwäbisch-Fränkische Alb) finden sich natürliche Höhlen. Künstliche Höhlen nur lokal, etwa in ehemaligen Bergbaurevieren (zum Beispiel Erzgebirge, Harz und Lahn-Dill-Gebiet).

Entstehung: Als Karsterscheinungen bilden sich natürliche Höhlen durch Herauslösen von Kalk durch fließendes Wasser (oft Tropfsteinhöhlen); trockenfallend durch Änderung des Grundwasserspiegels. Ebenso durch Auslaugung entstehen Höhlen in Gips- und Anhydrit-Gesteinen. Stollen sind Folgen der Bergbau-Tätigkeit.

Bedeutung: Spezialisierte Flora (Algen, Moose, Pilze) und hochgradig spezialisierte Fauna mit mehreren hundert Einzellern, Würmern, Weichtieren, Spinnen, Krebsen, Tausendfüßlern und Insekten. Wichtiges Winterquartier für Fledermäuse (Hufeisennasen, Bartfledermäuse, Wimper-, Fransen-, Wasser-, Teich-, Nord-, Breitflügel-, Alpen-, Mops- und Langflügel-Fledermaus sowie Mausohr, Braunes und Graues Langohr); Wochenstube der Langflügel-Fledermaus. Winterquartier für Feuersalamander, Molche, Erdkröte sowie Falter wie Großer Fuchs, Tagpfauenauge, Zimteule und Kellerspanner.

Gefährdung: Versperren der Höhleneingänge, so daß diese auch für Tiere unpassierbar werden. Höhlentourismus, Ausbau zu Schauhöhlen und Besucher-Bergwerken (direkte Störungen für Fledermäuse, Ansiedlung einer Lampenflora etc.).

Schutz: Freilegung verschütteter Höhlen- und Stolleneingänge. Bei Vergitterung von Eingängen aus Sicherheitsgründen Durchflug für Fledermäuse offenhalten.

Kies- und Tongrube

Kennzeichen: Im Naßabbau betriebene Abgrabungen von Kies, Lehm oder Ton. Die entstehenden Hohlformen füllen sich mit Grund- und/oder Oberflächen- und Niederschlagswasser. Biotopkomplex aus Stillgewässern, vegetationsarmen Ufern und Rohböden, Steilwänden, mageren Rasen und mit zunehmendem Alter auch Schwimmpflanzen, Röhricht, Pioniergehölzen.
Vorkommen: Kiesgruben häufig im Bereich von Flußauen, etwa Donau, Lech, Isar, Rhein, Main und vielen anderen, auch kleineren. An Lagerstätten gebunden.
Entstehung: Anthropogen durch den Abbau von Kies, Lehm und Ton als Rohstoffe.
Bedeutung: Wertvolle Sekundärbiotope als Ersatz für Mager-, Rohboden- und Gewässerbiotope. Verwiesen sei auf Abgrabungsgewässer, Steilwände und Pioniergehölze (→ S. 274 ff.) und die Stillgewässer-Biotoptypen (→ S. 206ff.). Auf nährstoffarmen, trockenen Standorten Pflanzen der Schotter- und Sandfluren aus Flußauen, etwa Weiden, Sanddorn und Rosmarin-Weidenröschen. Bei stärkerem Nährstoffgehalt Fragmente von Ruderalfluren mit Natterkopf, Resede, Karde und Kratzdisteln. Mit zunehmendem Humusgehalt wandern Gräser, Wundklee, Wiesensalbei und teils Nelkengewächse und Orchideen von Magerrasen ein. Auf Rohböden können Ackerwildkräuter keimen.
Viele Arten profitieren von dem engen Nebeneinander der verschiedenen Biotoptypen im Spektrum von naß bis trocken.
Besonders charakteristisch sind Watvögel (Nahrungsplatz für die meisten Arten, Brutplatz für Flußregenpfeifer), Amphibien (insbesondere Kreuz- und Geburtshelferkröte sowie Gelbbauchunke), Laufkäfer wie Punktierter Ahlenläufer und Grüngestreifter Grundkäfer, Libellen wie Plattbauch und Kleine Pechlibelle, Heuschrecken wie Blauflügelige Ödland- und Blauflügel-Sandschrecke sowie viele Hautflügler, besonders Wildbienen.
Gefährdung: Rekultivierung, Erholungsbetrieb, Motocross, Belastungen durch Dünger und Agrochemikalien, Müll-Ablagerung.
Schutz: Begrenzen der Belastungen durch Erholungssuchende unter Einziehen eines Teils der Wege, klare Trennung zwischen Naturschutz- und sonstigen Flächen.

Steinbruch und Sandgrube

Kennzeichen: Im Trockenabbau betriebene Abgrabungen von Festgesteinen und Sand, d. h. außerhalb ständigen Wassereinflusses liegend. Auch hier teils Gewässer, meist in Form von Tümpeln, aber auch größeren und beständigen Typen. Kennzeichnend sind weitgehend unbewachsene Steilwände und mehr oder minder ebene Flächen anstehenden Gesteins; letztere können im Laufe der Zeit zunehmend bewachsen. Nachbrechen durch Verwitterung.
Typische Kleinbiotope in Steinbrüchen sind Felsfluren, Mauerfugen- und Felsspalten-Gesellschaften (siehe Felsen, → S. 173), Schuttfluren und trockene Saumbiotope, in älteren Stadien auch Magerrasen (→ S. 166–178), Gebüsche (→ S. 276) und Schluchtwälder (→ S. 134).
Vorkommen: Lokal in allen Landschaften, insbesondere den Mittelgebirgen.
Entstehung: Anthropogen durch Abbau von Gesteinen und Sanden.
Bedeutung: Steigend mit zunehmendem Alter, jedoch noch wenig untersucht. In einem Kalksteinbruch waren drei Stadien zu beobachten:

- Pionierstadium mit Flachem Rispengras sowie Wilder Möhre, Wiesenlieschgras und Huflattich;
- Trespenstadium im Alter von 30 bis 50 Jahren mit Aufrechter Trespe, Schafschwingel und Großer Braunelle, ähnlich einem Halbtrockenrasen;
- Fiederzwenken-Stadium, ähnlich einem Trokkenrasen, aber mit beginnender Ausbreitung der Kiefer.

An größeren Steilwänden können Wanderfalke und Uhu, häufiger Turmfalke und Hausrotschwanz nisten; in Sandgruben mit naher Wasserfläche Brutkolonie der Uferschwalbe. Auf Felsbändern typische Vegetation mit reicher Insektenfauna (Tagfalter, Wildbienen). Tümpel wichtig für Amphibien, besonders Kreuzkröte und Gelbbauchunke.
Gefährdung: Rekultivierung, Müllablagerung, Motocross-Betrieb, Nutzung für Freizeitanlagen, bei Vorhandensein von permanenten Gewässern auch Badebetrieb.
Schutz: Erhaltung von Fels- und Magerrasen-Biotopen. Bereitstellung eines deutlichen Teils stillgelegter Brüche und Gruben für den Naturschutz.

Braunkohle-Tagebau

Kennzeichen: Großflächige Folgebiotope der Gewinnung von Braunkohle im Tagebau mit Tiefen von 10 bis über 400 m unter der Geländeoberfläche. Unterbleibt das aufwendige Abpumpen des eindringenden Grundwassers, so entstehen große und meist sehr tiefe Seen, die im allgemeinen sehr nährstoffarm (oligotroph) sind.

Vorkommen: Bergbaugebiete in der Köln-Aachener Bucht (hier größtes zusammenhängendes Vorkommen Europas), im Gebiet Braunschweig – Helmstedt – Schöningen, Hoher Meißner, Gebiet Hameln – Pyrmont, Wetterau nordöstlich von Frankfurt, Westerwald östlich von Koblenz, Oberpfalz nördlich von Regensburg, Borna bei Leipzig, Niederlausitz und Zittauer Becken.

Entstehung: Gewinnung der Braunkohle von überwiegend im Tertiär entstandenen Lagerstätten im Tagebau.

Bedeutung: Braunkohle-Tagebau ist ein massiver Eingriff in den Naturhaushalt. Das über den Kohleflözen liegende Deckmaterial wird abgetragen und zur Auffüllung alter Restlöcher verwendet oder zu Halden aufgeschüttet. Großflächig gehen sämtliche Landschaftsstrukturen wie geomorphologische Erscheinungen, Fließgewässer, die verschiedensten Biotope bis hin zu ganzen Siedlungen des Menschen verloren. Damit ein Abbau überhaupt vonstatten gehen kann, muß der Grundwasserspiegel durch Abpumpen in Flüsse in großem Umkreis um zig bis hunderte von Metern abgesenkt werden. Das verändert und zerstört auch weit außerhalb der Abbauflächen liegende Biotope.
Nach Abbauende entsteht eine vollständig anthropogen gestaltete Kulturlandschaft. Durch Grundwasser gespeist, sind die Restseen oligotroph und repräsentieren einen selten gewordenen Seentyp. Sie bieten Wasservögeln sowie Pflanzen und Tiere nährstoffarmer Gewässer und Rohböden Lebensraum.

Gefährdung: Rekultivierung und Freizeit-Folgenutzung, Verfüllung. Verschmutzung des Grundwassers, Eutrophierung.

Schutz: Verzicht auf weitere Tagebaue. Sichern bestehender Braunkohle-Restseen für den Naturschutz und deren naturschutzgerechte Gestaltung. Pufferzonen zu Nutzflächen.

Abgrabungsgewässer

Kennzeichen: In Kiesgruben, Ton- und Sandabbau-Gebieten sowie Steinbrüchen und Braunkohlelöchern entstehende Stillgewässer unterschiedlicher Typen, die sich aus Grund-, Oberflächen- und/oder Niederschlagswasser speisen. Häufig noch vom Ausgangssubstrat ohne Bodenmaterial umgeben und arm an höheren Pflanzen. In der Regel stark besonnt, so daß sich das Wasser in flachen Zonen – sofern vorhanden – rasch und stark erwärmt.

Vorkommen: Im Bereich oberflächennaher Lagerstätten von Kiesen, Sanden, Tonen und abbauwürdigen Gesteinen. Kiesgruben finden sich häufig in Flußauen.

Entstehung: Folge des Abbaus oberflächennaher Rohstoffe unter Anschnitt des Grundwassers, teilweise auch nur durch Oberflächen- oder Niederschlagswasser gefüllte Hohlformen.

Bedeutung: Jede Abgrabung bildet einen Eingriff in den Naturhaushalt, besonders in den Talauen – entstehende Sekundärbiotope sind kein Argument, auch nur Reste wichtiger Auenbiotope für den Abbau zu zerstören. In gewisser Hinsicht können sie jedoch Biotope unverbauter Flußauen wie Altwässer und häufig umgelagerte Kiesinseln ersetzen.

Positive Bedeutung besitzen Abgrabungsgewässer als Lebensraum vieler Organismen, die auf Stillgewässer angewiesen sind. Die Artenzusammensetzung ähnelt je nach Gewässertyp deren von Seen, Weihern, Teichen oder Tümpeln (→ S. 206–217). Bei fortgeschrittener Entwicklung können sich Verlandungszonen mit Schwimmpflanzen, Röhrichten, Seggenrieden, Weidengebüschen und Feuchtwäldern bilden.

Typische Amphibien der Abgrabungsgewässer sind Kreuzkröte, Geburtshelferkröte und Gelbbauchunke, ältere Feuchtbiotope besiedeln auch viele andere Lurcharten. Wichtige Tiergruppen sind ferner Libellen und Wasservögel. Auf wassernahen Kies- und Sandflächen brüten Flußregenpfeifer und Flußuferläufer, in Steilwänden die Uferschwalbe.

Gefährdung: Freizeitnutzung, Eutrophierung, Verunreinigung des Grundwassers, Verfüllung.

Schutz: Sicherstellung einer optimalen Folgenutzung für den Biotopschutz, Trennung von Naturschutz und Erholung auf verschiedene Gewässer.

Steilwand

Kennzeichen: Vertikale Erdaufschlüsse unterschiedlicher Substrate wie Kies, Sand, Ton, Lehm oder Löß, meist nur lokal und kleinräumig ausgebildet. Bei Exposition in südliche Richtungen sehr trocken und intensiv durchwärmt.
Vorkommen: Abgrabungen unterschiedlicher Typen, vor allem im Kies-, Sand- und Tongruben, an ungenutzten Baugruben sowie Abbruchkanten an Wegen, besonders Hohlwegen. Natürlich an Bach- und Flußufern sowie an manchen Küsten (siehe Steilküsten, → S. 233).
Entstehung: Natürlich durch die erodierende Tätigkeit des Wassers an Küsten, Still- und Fließgewässern, anthropogen in Abgrabungen sowie an Wegen.
Bedeutung: Wertvolle Kleinbiotope für Pflanzen und besonders Tiere; die Besiedlung hängt von artspezifischen Präferenzen in bezug auf Substrattyp und -härte sowie Besonnung ab. Lückige bis fehlende Vegetation, diese nimmt bei zunehmender Verflachung des Profils durch Abbrechen und Nachrutschen von Material zu. Für Lößwände typische Pflanzen sind Wohlriechende Skabiose, Zypressen- und Steppen-Wolfsmilch, Edelgamander sowie Skabiosen-Flockenblume.
Bruthöhlen graben Uferschwalbe (in Brutkolonien) und Bienenfresser in Steilwände, in schattigen Wänden nahe Fließgewässern der Eisvogel. Insekten dienen Steilwände als Aufheizraum, Brut-, Ruhe- und Nistplatz. An Lößwänden des Kaiserstuhls wurden allein 82, in Niederösterreich 110 Wildbienenarten gefunden; nur ein Teil nistet oder schmarotzt hier, andere schlafen, ruhen oder wärmen sich dort. Beispiele sind verschiedene Pelz-, Furchen-, Mauer-, Blattschneider- und Kegelbienen sowie Faltenwespen. Insgesamt leben schätzungsweise 400 Tierarten an Steilwänden; vor allem Hautflügler, Springspinnen, Weberknechte, Tanzfliegen und Raupenfliegen.
Gefährdung: Zerstörung durch Rekultivierung, Ufersicherung, Flußverbau, Flurbereinigung, aber auch natürlicher Verfall.
Schutz: Erhalt einschließlich der natürlichen Dynamik, in Einzelfällen Nachstechen, um die für viele Tiere lebensnotwendige Steilheit zu erhalten.

Pioniergehölz

Kennzeichen: Oft monostrukturelle, von vielfach nur einer Gehölzart gebildete Bestände im Bereich früherer Abgrabungen oder Aufschüttungen, etwa im Gebiet von Kies- oder Tongruben sowie von älteren Industriebrachen. Bestandsbildend treten – regional verschieden – vor allem Salweide, Hängebirke, Robinie und Zitterpappel auf. Solche Pioniergehölze stellen noch keine Dauerstadien dar, sondern können sich zu stabileren Waldgesellschaften fortentwickeln, in welchen die Pioniergehölze fehlen.
Vorkommen: Auf ehemaligen Bodenverletzungen oder Aufschüttungen, aber auch Brachflächen verschiedener Art in fortgeschrittenem Sukzessionsstadium.
Entstehung: Infolge der natürlichen Sukzession auf Flächen, in denen der Mensch nicht mehr eingreift. Die Zeitspanne, bis auf ursprünglich gehölzfreien Flächen Holzgewächse auftreten, kann sehr unterschiedlich sein und hängt zum Beispiel von der Nähe zu geeigneten Besiedlungsquellen ab; liegen solche in unmittelbarer Nachbarschaft, so können Gehölze bereits die Initialbesiedlung des Standortes übernehmen.
Bedeutung: Über die Bedeutung von Pioniergehölzen ist noch wenig bekannt; in Ballungsräumen möglicherweise als Erholungsgebiete wichtig.
Durch Beschattung verdrängen die Gehölze Pflanzen des Offenlandes, während sie Waldpflanzen das Einwandern ermöglichen. Die Laubstreu läßt Zweiflügler-Larven und andere Wirbellose der Gehölzbestände einwandern. Ebenso treten zunehmend Vogelarten der Gebüsche und zum Teil auch der Wälder auf.
Solange die Gehölze in sich noch nicht geschlossen sind, verbleibt wenigstens punktuell noch eine üppige Krautschicht, in der häufig das Schmalblättrige Weidenröschen als typische Art der Vorwaldgesellschaften sowie Beifuß und Goldruten-Arten auftreten.
Gefährdung: Keine Aussage möglich.
Schutz: Im Einzelfall ist zu entscheiden, ob die Pioniergehölze erhalten oder zugunsten besonders schutzwürdiger anderer Biotope oder Arten zurückgedrängt werden sollen.

Industriebrache

Kennzeichen: Nicht genutzte Industrieflächen, vor allem der Groß- und Schwerindustrie. Mikroklimatisch handelt es sich häufig um Wärmeinseln – infolge hoher Anteile versiegelter Flächen, der Freisetzung von Wärme durch industrielle Produktion und vegetationsarmer unversiegelter Böden. Extreme Lebensbedingungen hinsichtlich Trockenheit, Nährstoffarmut und pH-Wert des Bodens. Häufig stark belastet durch Schadstoffe aus Emissionen der Industrieanlagen sowie den Substraten der oft viele Meter hoch aufgeschütteten Böden (Schlacke, Asche usw.).
Vorkommen: In allen alten Industrieregionen, vor allem Ruhrgebiet (rund 6000 ha), Halle/Leipzig, Berlin und Hamburg.
Entstehung: Folge des Brachfallens von bisher als Produktionsstätte oder Areal zur Ablagerung überflüssiger Produktionsreste genutzter Industrieflächen unter Ablauf der natürlichen Sukzession.
Bedeutung: Für Luft, Boden und Grundwasser gehen von Industrieanlagen vielfältige Gefahren aus. Industriebrachen können – ungeachtet problematischer Altlasten – wertvolle Lebensräume sein. Auf Industriebrachen in Essen 615 Pflanzenarten, darunter viele Neophyten (Arten, die seit dem Jahre 1500 im Gefolge des Menschen einwanderten). In den ersten Brachejahren ein- und zweijährige Pflanzen wie Dachtrespe, Klebriges Greiskraut und Kanadisches Berufskraut. Typisch für Eisen- und Stahlindustrie sind Unterbrochener Windhalm und Quendel-Sandkraut, für den Bergbau Klebriger Alant, Färberresede und Rote Schuppenmiere. Später dominieren Stauden wie Riesen- und Kanadische Goldrute, Natternkopf, Nachtkerzen, Steinklee und andere. Zur Fauna ist wenig bekannt, doch kommen zum Beispiel Kreuzkröte, Flußregenpfeifer und Wiesenpieper vor.
Gefährdung: Umwandlung in gepflegte Grünanlagen, Nutzungsumwidmung.
Schutz: Die Sanierung der auf Industriebrachen für Mensch und Grundwasser gefährlichen Altlasten muß Vorrang haben. Ansonsten sollten Industriebrachen jedoch ohne Nutzung als Lebensräume und zum Naturerlebnis der Bevölkerung erhalten bleiben. In Einzelfällen sporadische Pflegemaßnahmen.

Halde

Kennzeichen: Künstliche Aufschüttung großen, teils über 100 m hohen Ausmaßes mit steilen, rutschungsgefährdeten Hängen aus nicht verwertbarem Bergematerial wie Erzschlacken, Kohlehalden, Kalihalden usw. Separat besprochen werden auf der folgenden Seite die Mülldeponien.

Vorkommen: Im Bereich der Bergbaugebiete, etwa Harz und Erzgebirge, Braunkohlereviere in Kölner und Leipziger Bucht sowie Niederlausitz, Lahn-Dill-Erzgebiet, Kalihalden im Gebiet der Werra und um Staßfurt.

Entstehung: Durch Ablagerung nicht benötigten Abraum- und Bergbaumaterials in Form möglichst raumsparender »Berge«.

Bedeutung: Von vielen Halden gehen permanente Umweltgefahren aus, indem in großen Mengen enthaltene Schadstoffe per Staub von unbedeckten Oberflächen ausgeblasen oder durch Niederschlagswasser gelöst und in Still- und Fließgewässer ebenso wie in das Grundwasser eingeschwemmt werden. Bereits eine kleinere Eisenerz-Halde kann pro Jahr Tonnen an Blei und Cadmium in einen angrenzenden Fluß abgeben.

Andererseits können sich Halden durch natürliche Sukzession zu ähnlich wichtigen Lebensräumen entwickeln wie Industriebrachen (→ S. 277), etwa mit mageren Rasen. Zunächst können sich Pionierstadien ein- und zweijähriger Pflanzen in fleckigen Beständen bilden, es können jedoch auch sofort Gehölze wie die Hängebirke auftreten. Viele Neophyten. Bei erhöhten Gehalten an Schwermetallen finden sich typische Schwermetallrasen: zum Beispiel Hallers Grasnelken-Flur mit Hallers Grasnelke, Frühlingsmiere, Galmeitaubenkropf und Hallers Gänsekresse oder Zinkveilchen-Flur mit Galmei- oder Zinkveilchen, Galmeigrasnelke, Galmeitäschelkraut, Frühlingsmiere, Galmeitaubenkropf und Hallers Gänsekresse.

Gefährdung: Entfällt.

Schutz: Sanierung der Altlasten oder Vorkehrungen zum Schutz vor gravierenden Umweltbelastungen durch künstliche Begrünung ausblasungs- und Abdichtung auswaschungsgefährdeter Halden. Wo keine Sanierungsmaßnahmen notwendig sind, sollten die Flächen allein der natürlichen Sukzession überlassen bleiben.

Mülldeponie

Kennzeichen: Mit Abfällen verschiedenster Art, insbesondere Hausmüll, aufgeschüttete Halden. Sie bestehen aus einem inhomogenen Gemisch organischer und anorganischer Stoffe, zum Beispiel Papier, Küchenabfällen, Glas, Metall, Kunststoff, Steine, Porzellan, Holz, Leder, Gummi, Knochen, Asche usw. In jüngerer Zeit wird der Müll oft maschinell komprimiert, sonst mit sehr vielen Hohlräumen. Im Rahmen einer Rekultivierung wird vielfach versucht, durch Abdecken mit Boden und Pflanzungen eine Begrünung zu erreichen, jedoch infolge hoher Temperaturen und des Gasaustritts nur mit mäßigem Erfolg.
Vorkommen: In allen Landschaften vorkommend, jedoch nahm die Zahl der in Betrieb befindlichen Mülldeponien in den alten Bundesländern von 50 000 Anfang der 70er Jahre auf heute wenige hundert große Deponien ab. Jährlich fallen hier 25 bis 30 Millionen Tonnen Hausmüll und ähnliche Abfälle an, die zu 70 % deponiert werden.
Entstehung: Ablagerung von Abfällen.
Bedeutung: Viele Bestandteile der Deponien sind bereits einzeln umweltgefährdend, ihre Vermischung erhöht das Gefahrenpotential zusätzlich. Typische Mikroflora und -fauna in unabgedeckten Deponien (mikrobieller Abbau), charakteristische Makrofauna. Drei Viertel der Fauna stammt aus Ufer- oder Agrarbiotopen.
Viele Tiere der Mülldeponien sind eng an den Menschen gebunden und kommen sonst nur innerhalb von Siedlungen vor, zum Beispiel Hausgrille, Hausschabe, die Zwergspinne *Ostearius melanopygius*, die Trichterspinne *Tegenaria domestica*, der Kurzflügelkäfer *Philonthus thermarum* und der Blütenkäfer *Anthicus tobias*. Sie profitieren von den hohen Temperaturen auf Mülldeponien infolge der Zersetzungsvorgänge im Inneren. Nahrungsbiotop von Möwen (besonders Lach- und Silbermöwe), Raben-, Nebel- und Saatkrähen, Ratten und Mäusen, die als Nahrungstiere wiederum Greifvögel und Kleinraubtiere anlocken.
Nach Abdeckung können sich Staudenfluren, bei Vernässung Kriechrasen, auf Mutterboden Gebüsche und gepflanzte Forsten, auf nährstoffarmem Material Magerrasen entwickeln.
Gefährdung, Schutz: Entfällt.

Glossar

An dieser Stelle sollen nur die wichtigsten im Text verwendeten Fachbegriffe möglichst knapp erläutert werden. Zur Einordnung der genannten Erdzeitalter sei auf die Tabelle auf Seite 16ff. verwiesen.
Für die hier gegebenen Definitionen wurden vor allem folgende Bücher verwendet: Hohl (1981), Murawski (1983), Neef (1981), Schaefer und Tischler (1983), Scheffer und Schachtschabel (1984), Wimmenauer (1985).

Achat: Varietät der Quarzes in verschiedenen Farben, als Einlagerung in basischen Vulkanitgesteinen vorkommend.
Alaunschiefer: durch Pyrit dunkelgrau gefärbte, schiefrige Tonsteine, bei deren Verwitterung Alaun ausblüht, ein Doppelsalz aus Kalium- und Aluminiumsulfat.
Allmende: in Gemeinschaftsbesitz befindliches, mageres Weideland. Vor allem Heiden, lichte Kiefernwälder und Magerrasen, welche in der Vergangenheit alle Dorfbewohner extensiv nutzten. Heute aufgrund mangelnder Nutzbarkeit meist aufgeforstet, melioriert und landwirtschaftlich intensiver genutzt oder brachgefallen und so der Verbuschung ausgesetzt.
alpidische Orogenese: Gebirgsbildung der Alpen vor 195 bis 1 Million Jahren durch Überschiebung und Auffaltung eines ehemaligen Sedimentationsbeckens des Tethys-Ozeans als Folge der Kollision der afrikanischen gegen die europäischen Platte.
alpin: Höhenstufe und die in ihr lebende Flora und Fauna oberhalb der Baumgrenze im Hochgebirge, unabhängig von ihrer absoluten Meereshöhe.
Altmoräne → Moräne.
Amethyst: violettfarbige, mikrokristalline Varietät des Quarzes.
Anatexit: Gestein, welches infolge Druck- und Temperatur-Erhöhung teilweise aufgeschmolzen ist.
Andesit: helles Vulkangestein mit porphyrischer Struktur, überwiegend aus Feldspäten bestehend. Feinkörnige, glasige Grundmasse, grau, braun oder rötlich gefärbt.
anthropogen: durch den Menschen bedingt.
Assoziation: floristisch definierte Einheit der Vegetationsgliederung, eine durch bestimmte Charakter- und/oder Differentialarten von anderen Assoziationen abgrenzbare Pflanzengesellschaft.
Ausgleichsküste: Küstenform, bei der Flach- und Steilufer miteinander abwechseln (südliche Ostseeküste).
Badland: von Erosionsrinnen völlig zergliedertes Gelände, auf pflanzenarmen Flächen mit wenig widerstandsfähigem Gestein bei starken Regenfällen entstehend.
Basalt: dunkles Vulkangestein, grau bis schwarz oder graublau gefärbt. Wie alle basischen Vulkanite häufig in säulenförmigen Absonderungsgefügen.
Baumgrenze: Grenzlinie, über der im Gebirge als Folge von Kälte, zu geringer Sommertemperaturen, Trockenheit und anderer Faktoren keine Bäume mehr gedeihen.
Bims: schaumiges Gesteinsglas mit großem Porenanteil, hellgrau bis gelblich. Entsteht bei gasreicher und zähflüssiger Lava und raschem Erstarren.
Biotit: zu den Glimmern zählendes Mineral, Färbung dunkelbraun, dunkelgrün oder schwarz. Blättrig; wichtiges gesteinsbildendes Mineral, vor allem in magmatischen und metamorphen Gesteinen.
Biotop: räumlich abgegrenzter Lebensraum einer bestimmten Lebensgemeinschaft.
Biotopverbund: räumlicher Kontakt zwischen Lebensräumen, welcher eine funktionale Vernetzung zwischen Organismen in Form von Beziehungssystemen ermöglicht. Das Naturschutz-Konzept des Biotopverbunds strebt die gleichrangige Verwirklichung von vier Zielen an, um den räumlichen Kontakt zwischen Populationen wiederherzustellen: großflächige Schutzgebiete, puntuelle Trittsteinbiotope, linear erstreckte Korridorbiotope und eine flächendekkende Extensivierung der Nutzungsintensität in Land- und Forstwirtschaft.
Biozönose: Lebensgemeinschaft von Pflanzen und Tieren in einem gemeinsamen Lebensraum.

Bodenart: kennzeichnet die Zusammensetzung der mineralischen Bodensubstanz aus den verschiedenen Korngrößen (Sand, Schluff, Ton); die Eckpfeiler bilden mit fließenden Übergängen Sand-, Schluff-, Lehm- und Tonböden.
Bodentyp: bestimmte, wiederkehrende Erscheinungform von Böden, die sich anhand charakteristischer Horizontfolgen und Merkmale bestimmen lassen.
Börde: flache, fruchtbare Landschaft.
Braunerde: Bodentyp mit braun gefärbtem Horizont unter dem humosen Oberboden, der durch Verwitterung »verbraunte« und »verlehmte« (Bildung von Eisenoxiden und Tonmineralen). Vor allem in den Waldgebieten des Berg- und Hügellandes.
Cenoman: Stufe in der Oberkreide.
Diabas: alter → Basalt aus dem Paläozoikum; durch sekundäre Veränderungen wurden aus dunklen Mineralen Chlorite und Serpentine, dadurch grünliche Färbung.
Doline: Karsttrichter durch Auslaugung verkarstungsfähiger Gesteine (zum Beispiel Kalk) mit Durchmessern von wenigen Metern bis 1,5 km; Tiefe bis 300 m.
Drumlin: Aufschüttung von Grundmoränen (→ Moräne) in einem ehemaligen Gletschergebiet in Form eines langgestreckten Hügels mit elliptischem Grundriß (Walrücken). Typische Landschaften mit parallelen Höhenrücken, sumpfigen Niederungen und einzelnen Seen prägend.
dystroph: Humusreichtum und Nährstoffarmut von Gewässern im Einflußbereich von Hochmooren, Wasser durch Huminstoffe gelblich bis tiefbraun gefärbt.
Eislinse: linsenförmige, etwa horizontal liegende Eisanreicherung im Boden, vor allem in feinkörnigem Material an der unteren Bodenfrostgrenze.
Entkusseln: manuelles Entfernen von Gehölz-Jungwuchs auf Magerrasen oder trockenem Hochmoor, der in der Regel durch angeflogene Samen entsteht – infolge aufgegebener Nutzung im ersten, infolge Entwässerung im zweiten Fall.
Erdfall: etwa kreisförmige Senke an der Erdoberfläche, die durch Einstürzen unterirdischer Hohlräume entsteht; Folge des Herauslösens von Salzen, Gips oder Karbonatgesteinen.
Erosion: Verlagerung von Bodenmaterial durch Wasser und Wind. Niederschläge bewirken Wassererosion, wenn das aufprasselnde Wasser bei starkem Regen nicht in den Boden eindringen kann und an der Oberfläche abfließt. Winderosion ist besonders bei an Feinsand reichen Böden ein Problem.
euryök: Organismen mit wenig spezialisierten Ansprüchen an ihren Lebensraum, die starke Schwankungen von Umweltfaktoren ertragen (Gegensatz: stenök).
eutroph: nährstoffreich, auf Gewässer und Böden bezogen. Gegensatz: → oligotroph.
Eutrophierung: Nährstoffanreicherung in einem Lebensraum, dadurch meist höhere Produktion pflanzlicher Biomasse.
Exposition: Lage eines Hanges zur Himmelsrichtung und damit zu klimatischen Faktoren wie Sonneneinstrahlung, Temperatur, Wind und Niederschlag. Gemeinsam mit der Hangneigung (Inklination) bewirkt die Exposition starke kleinklimatische Änderungen, die sich in der Vegetation widerspiegeln. Südexponierte, oft trocken-warme Hänge werden durch andere Pflanzen und Tiere besiedelt als nordexponierte, schattig-feuchte Hänge.
Fauna: Gesamtheit der Tierarten eines Gebietes.
Feuchtezahl: Angabe in einer neunstufigen Skala als Maß des Vorkommens von Pflanzenarten im Gefälle von flachgründig-trockenen Felshängen (1) bis nassen Sumpfböden (9) nach Ellenberg.
Flandrische Transgression: vor etwa 7000 Jahren einsetzender Anstieg des Meeresspiegels der Nordsee, der für die heutige Küstengestalt verantwortlich ist.
Flora: Gesamtheit der Pflanzenarten eines Gebietes (vergleiche → Vegetation).
Flugsand: vom Wind verfrachtetes, sandiges Sediment, häufig auf vegetationsarmen Flächen nahe von Gletschern ausgeblasen.
fluvial, fluviatil: von Flüssen abgetragen, forttransportiert, abgelagert oder angereichert.
fluvioglazial: Bezeichnung für Wirkungen und Ablagerungen der Schmelzwässer von Gletschern.
Flysch: marine Sedimentgesteine, deren Ausgangsmaterial während der Gebirgsbildung von über den Meeresspiegel herausgehobenen Gebirgsteilen an aktiven Kontinentalrändern als Schlammströme in die Senken (Tiefseegräben) verfrachtet wurden; vor allem Sandsteine, Mergel und Schiefertone in Wechsellagerung.
Förde: langgestreckte Meeresbucht in einer flachen eiszeitlichen Aufschüttungslandschaft, charakteristisch für die Ostküste Schleswig-Holsteins.

Geest: höher als die Marsch gelegene, trockene Aufschüttungs-Landschaft der Eiszeiten. Vorwiegend sandige, relativ unfruchtbare Böden, häufig mit Heide und lichten Kiefernwäldern, soweit nicht melioriert und in landwirtschaftliche Nutzung genommen.

Geomorphologie: Gestalt und Form der Erdoberfläche. Vor allem durch die physische Geographie betriebener Wissenschaftszweig zur Erforschung der Entstehung der Landschaftsgestalt.

Geophyten: Pflanzen einer bestimmten Lebensform, welche die kalte Jahreszeit unterirdisch zum Beispiel mit kriechenden Ausläufern, Zwiebeln und Knollen überdauern (»Erdpflanzen«).

Geschiebe: von Gletschern oder Inlandeis transportierte und dabei mehr oder minder gerundete, unsortierte Gesteinsmassen, die in End- oder Grundmoränen abgelagert werden. Geschiebemergel sind reich an lehmigen Material, sie finden sich vor allem in Grundmoränen (→ Moräne).

Gipshut: Gipsstein auf einem Salzstock, entstanden als Rückstandsgestein beim Weglösen der obersten Salzpartien durch Grundwasser. Gips ist ein Sedimentgestein, das durch Ausfällung beim Eindampfen von Meerwasser oder durch Wasseraufnahme aus Anhydritstein entsteht.

glazial: eiszeitlich.

Gley: von hoch anstehendem Grundwasser geprägter Bodentyp mit einem rostbraunen Oxidationshorizont (infolge zeitweisen Luftzutritts) und einem darunterliegenden grauen Reduktionshorizont (Luftabschluß).

Gneis: grobkörniges, metamorphes Gestein mit schwacher bis deutlicher Schieferung.

Granit: körniger Plutonit mit den Hauptbestandteilen Quarz, Feldspat und Glimmer mit gut erkennbaren Einzelmineralen verschiedener Färbung, richtungslosem und kompaktem Gefüge.

Granodiorit: zur Granit-Familie zählendes plutonisches Gestein, dem Granit sehr ähnlich mit hellen und dunklen Mineralen, wobei letztere häufiger als im Granit sind.

Granulit: ein meist heller, hochmetamorpher → Gneis ohne Glimmer-Minerale, vor allem aus Feldspäten und Quarz bestehend.

Grauwacke: grauer bis graugrüner Sandstein mit mindestens einem Viertel Feldspäten und mit zahlreichen Gesteinsbruchstücken. Durch kieseliges Bindemittel sehr festes Gestein, als → Flysch entstanden.

Grundgebirge: in weiterem Sinne der unter dem Deckgebirge befindliche Gebirgskomplex; in engerem Sinne das kristalline Grundgebirge, welches aus metamorphen und magmatischen Gesteinen hauptsächlich der variskischen Gebirgsbildung von Silur bis Oberdevon besteht.

Habitat: charakteristischer »Wohnort« einer Einzelart, im Gegensatz zu Biotop als Lebensraum einer Biozönose.

Haff: ehemalige Meeresbucht, die durch eine vorgelagerte Landzunge (Nehrung) vom ständigen Einfluß des Meerwassers mehr oder weniger abgeschnitten ist, häufig mit einmündendem Fluß. An der Ostseeküste. Bei vollständiger Abriegelung vom Meer als Strandsee bezeichnet.

Härtling: Einzelberg, der aufgrund der Widerstandsfähigkeit seines Gesteins gegenüber Verwitterung und Abtragung über seine Umgebung herausragt.

Hochgestade, Hochufer: der vom stärksten Hochwasser eines Flusses nicht mehr überspülte Rand einer Talaue.

Hochterrasse: Schotterterrasse in Tälern über der heutigen Talaue und über die jüngeren Niederterrasse, deren Schotter während der Eiszeiten abgelagert wurde.

Hornblende: grün bis schwarz gefärbtes Mineral mit sechsseitigem Umriß, das vor allem in metamorphen Gesteinen vorkommt.

Humus: aus Streu- und Huminstoffen zusammengesetzte organische Substanz eines Bodens, dunkelbraun bis fast schwarz gefärbt.

Inlandeis: Eismassen, die ausgedehnte Landflächen bedecken und deren Relief völlig verhüllen.

intrudieren, Intrusion: Eindringen fließfähigen Materials in anderes Gestein, meist von Magma in einen Erstarrungsraum.

Jungmoräne → Moräne.

kaledonisch: Bezeichnung der Faltungsphase von Gebirgen vor 500 bis 395 Millionen Jahren, die vor allem auf den Britischen Inseln und im Westen Skandinaviens auftreten. Im deutschen Raum in einigen Sätteln des Rheinischen Schiefergebirges, Harz und Lausitz festzustellen.

Kaolin: Tongestein als Verwitterungsprodukt feldspatreicher Gesteine, hauptsächlich aus dem Tonmineral Kaolin bestehend, daneben Quarz und Glimmer. Schneeweiß bis graugelblich gefärbt, zur Porzellan-Herstellung genutzt.

Kar: lehnsesselförmige Hohlform im Steilhang eines ehemals vergletscherten Tals. Die Karnische wird auf drei Seiten von steilen Karwänden umgeben, oft von einem Karsee gefüllt. Die Mulde wird durch Gletscher ausgeschürft, die Karwände versteilen infolge von Frostverwitterung.

Karbonatgestein: allgemeine Bezeichnung für kalkhaltige Gesteine.

Karst: Bezeichnung für alle durch die Wirkung von Grund- oder Oberflächenwasser in löslichen Gesteinen (hauptsächlich Kalk und Gips) entstehenden Formen, zum Beispiel Dolinen, Höhlen, Flußschwinden und Karstquellen.

Karstquelle: Typ von Quellen, die nicht auf einem zusammenhängenden Grundwasserspiegel beruhen, sondern aus Wasser gespeist werden, das in Klüften und Gerinnen innerhalb des Gesteins fließt. So verschwindet ein Teil der Donau in Flußschwinden, um 12 km südlich in Deutschlands größter Karstquelle, dem Aachtopf, wieder zutage zu treten.

Kerbtal: V-förmige Talform, in der der Bach oder Fluß noch nahezu die gesamte Breite des Talbodens einnimmt; bei steilen Hängen enges, bei flacheren Hängen auch weiteres Kerbtal.

Klimax(gesellschaft): vermutetes Endstadium der Vegetationsentwicklung, in Mitteleuropa normalerweise Wald. Jedoch kein statisches Bild, sondern ein sich selbst erhaltendes Stadium eines relativ stabilen Fließgleichgewichts: Auch ein Urwald bricht eines Tages wegen Überalterung zusammen und verjüngt sich so jeweils auf Teilflächen.

Konglomerat: verfestigte Schotter, deren Geröllkomponenten deutlich gerundet sind. Anteil groben Materials über 50 %.

Korridorbiotop: linienhaft entwickelter Biotoptyp, zum Beispiel Hecke, Waldrand, Graben, Gewässerufer, Wegrain usw. Als Wanderungslinien für den Individuenaustausch wichtig (→ Biotopverbund).

Lamprophyr: dunkles Ganggestein (magmatisches, von Teilschmelzen in kleine Gänge abgespaltenes Gestein) mit sehr feinkörniger oder glasiger Grundmasse und meist porphyrischem Gefüge; mineralische Zusammensetzung sehr variabel.

Lehm: uneinheitliches Korngemisch von → Sand, → Schluff und → Ton, häufig besonders fruchtbar.

Leucit: kieselsäurearmes, weißlich-graues Mineral in jungvulkanischen Gesteinen.

Limburgit: eine basaltische Tephrit-Varietät über 50 % Glasanteil im Kaiserstuhl; Tephrite (»Aschensteine«) sind meist dunkle vulkanische Gesteine.

limnisch: im Süßwasser vorkommend (Organismen und Stoffe).

Löß: Lockergestein als Produkt früherer Winderosion, als in vegetationsarmen Randbereich eiszeitlicher Gletscher vor allem Schluff und Feinsand ausgeblasen und im Windschatten der Mittelgebirge wieder abgelagert wurden. Größte Mächtigkeiten im Kaiserstuhl mit über 30 m.

magmatisches Gestein: aus zäh- und glutflüssiger Schmelze des Erdinnern, dem Magma, entstehend. Zu unterscheiden sind Plutonit (nach langsamer Abkühlung in tieferen Teilen der Erdkruste entstehend) und Vulkanit (Magma ergießt sich an die Erdoberfläche und kühlt rasch ab).

marin: das Meer betreffend, im oder am Meer befindlich.

Marsch: Anschwemmungen von Sand und Schlick an Flachküsten mit starken Gezeiten. Unterscheidung mit abnehmendem Meerwasser- und Salzeinfluß in Salz-, Kalk-, Klei- und Knickmarsch. In Flußauen mit Gezeiteneinfluß Flußmarsch.

Melaphyr: feinkörniger Basalt (Paläobasalt) vortertiären Alters, dunkelgrau oder rötlich bis braun gefärbt.

Melilith: gelb bis braun, grau oder weiß gefärbtes, auch farbloses Mineral der Feldspatvertreter in basischen Vulkaniten.

Mergel: Sedimentgestein mit einem bestimmten Mischungsverhältnis von Kalk und Ton, lokker oder verfestigt. Rohstoff für die Zementherstellung.

mesotroph: mittlere Nährstoffversorgung von Gewässern und Böden, zwischen → eutroph und → oligotroph stehend.

Metabasit: basisches metamorphes Gestein.

metamorphes Gestein: durch Umwandlung aus anderen Gesteinen entstehend, also von magmatischen, Sediment- oder älteren metamorphen Gesteinen. Meist unter erhöhten Drücken und Temperaturen erfolgend.

Mitteldeutsche Kristallinschwelle: Teil des saxothuringischen Abschnitts des variskischen Gebirges mit möglicherweise älterem »basement«, war aktiver Plattenrand, unter den der rhenoherzynische Ozean subduzierte.

Moder: Humusform mittelmäßiger Zersetzung, die sich vor allem in krautarmen Laub- und Nadelwäldern findet. Über dem humosen Oberboden liegen Ansammlungen kaum zersetzter Streu und von Streu verschiedener Abbaustufen bis zur Feinsubstanz. Moder steht zwischen → Mull und dem kaum zersetzten Rohhumus.

Molasse: Sedimente der Rand- und Innensenken bei Gebirgsbildungen, die im Anschluß an die Orogenese abgelagert wurden; vor allem für die tertiären Schichten im nördlichen Voralpenraum verwendet.

Moldanubikum: südliche Zone des variskischen Gebirges mit dem französischen Zentralplateau, Vogesen, Schwarzwald und der Böhmischen Masse. Aus altem Kristallingebirge mit lückenhafter Sedimenthülle bestehend. Besonders durch Bruchtektonik und magmatische Intrusionen geprägt, die gegenüber → variskischer Faltentektonik dominierten.

monophag: Tierarten mit enger Nahrungsspezialisierung auf eine oder wenige Arten einer oder verschiedener Gattungen.

montan: Höhenstufe im Gebirge, auch als Bergwaldstufe bezeichnet, zwischen 1000 und etwa 1500 (bis 1800) m über NN.

Moräne: von einem Gletscher mitgeführter und abgelagerter Gesteinsschutt. Jungmoränen stammen aus der letzten, Altmoränen aus einer früheren Eiszeit des Pleistozäns. Wichtige Moränentypen sind zum Beispiel Grundmoräne (an der Gletschersohle mitgeschleiftes, gerundetes Gesteinsmaterial), Seitenmoräne (an den Rändern eines Gletschers aufgehäuftes Material) und Endmoräne (Wall am Rand einer Gletscherzunge, wo diese längere Zeit verharrte).

Mull: optimale Form des Humus, der aus Streu und Huminstoffen zusammengesetzten toten organischen Substanz im Boden. Mit hoher biologischer Aktivität, also einem reich entfalteten Leben von Mikroorganismen, die für einen raschen Abbau der Streu sorgen. Vor allem unter krautreichen Laubwäldern sowie auf Äckern und Wiesen.

Mure: Strom aus einem Gemisch von Wasser, Erde, Schutt und Gesteinsblöcken, der sich nach starker Durchfeuchtung talabwärts wälzt. Muren entstehen nach starken Regenfällen oder bei Schneeschmelze an steilen Hängen bei großem Schuttreichtum und nicht geschlossener Pflanzendecke.

Neophyt: Neubürger der heimischen Flora, in historischer Zeit (seit 1500) eingebürgert.

Nephelin: weißgraues Mineral der Feldspatvertreter in Magmatiten.

Nephelinit: hell- bis mittelgraues, vulkanisches Gestein mit Nephelin und Pyroxen als Hauptbestandteile.

Niederterrasse: unterste Schotterterrasse in mitteleuropäischen Tälern, die vom Hochwasser meist nicht mehr erreicht wird. Meist aus der letzten pleistozänen Kaltzeit stammend, als die Flüsse infolge starker Schuttanlieferung Schotter ablagerten.

ökologische Nische: verschieden gebrauchter Begriff zur Kennzeichnung des Raumes, in dem eine Art lebt (»Adresse«), der funktionalen Bedeutung bzw. dem Wirkungsfeld (»Beruf«) oder der Minimalumwelt der Art.

Ökosystem: Beziehungsgefüge belebter (biotischer) und unbelebter (abiotischer) Natur von Organismen und ihrem Lebensraum, die durch Stoff- und Energiekreisläufe mannigfaltig miteinander verknüpft sind.

Ökoton: schmaler und linear entwickelter Übergangsbereich von einem Lebensraumtyp in einen anderen, in welchem sich beiderseitige Umweltfaktoren mischen und so einem vielfältigen, typischen Artenspektrum Lebensraum bieten (Saumbiotop).

oligotroph: nährstoffarm, auf Gewässer und Böden bezogen. Gegensatz: → eutroph.

Olivin: grünlich, gelb, braun, grau gefärbtes oder auch farbloses Mineral, ein Mischkristall aus Forsterit und Fayalit. Körnige Aggregate, in basischen magmatischen und metamorphen Gesteinen.

Orogenese: Gebirgsbildung.

Os: wallartige, langgezogene, mit einem Eisenbahndamm vergleichbare Form von Ablagerungen, die im Rückzugsgebiet von Gletschern entstand; vermutlich im Gletscherbach vor Austritt aus dem Gletschertor aufgeschüttet. Mehrzahl: Oser.

ozeanisch: Bezeichnung für ein maritimes, meerbeeinflußtes Klima mit einem ausgeglichenen Tages- und Jahresgang von Temperatur und Feuchte. Gegensatz: kontinental.

Parabraunerde: Bodentyp, der durch Tonverlagerung gekennzeichnet ist; meist über Lockergesteinen. Die Auswaschung von Tonmineralen, Oxiden und Humusstoffen ließ einen gebleichten Bodenhorizont entstehen, darunter liegt ein Tonanreicherungs-Horizont mit sogenannten Tontapeten in Wurzel- und Regenwurmgängen.

Pechstein: paläovulkanisches Gesteinsglas mit harz- oder pechartigem Glanz, grau, schwarz, grünlich oder braun gefärbt. Entsteht durch Entgasung aus Obsidian.

Phonolith: an Feldspat und Foiden reiches vulkanisches Gestein mit dichtem, feinkörnigen Gefüge und grauer, grünlicher oder bräunlicher Färbung. Kommt in gestauten Lavamassen vor. Klingt bei Anschlagen, nach dem griechischen Wort für »Klingstein« benannt.
Phyllit: feinschuppiger Schiefer mit deutlichem Seidenglanz auf den Schieferungsflächen, Platten bis zu 0,1 mm fein spaltbar. Färbung silbergrau bis grünlich.
Pluton: Tiefengesteinskörper, der innerhalb der Erdrinde aus magmatischen Schmelzen kristallisierte.
Plutonit → magmatisches Gestein (Intrusivgestein).
Podsol: saurer, nährstoffarmer Bodentyp auf grobkörnig-durchlässigen Substraten wie Sand, Sandstein und Granit mit anspruchsloser Vegetation (Nadelhölzer, Besenheide) in Gebieten mit hohen Niederschlägen und relativ niedrigen Temperaturen. Mit mächtiger Schicht un- und teilzersetzter Streu. Unter schmalem humosem Oberboden liegt ein aschgrauer Auswaschungshorizont, darunter ein braunschwarzer und dann ein rostbrauner Einwaschungshorizont. Vor allem in den Sandgebieten Norddeutschlands unter Heiden und Kiefernwäldern.
polytroph: extrem nährstoffreich, gelegentlich als Steigerung des Begriffs → eutroph verwendet.
Population: Gesamtheit der Individuen einer Art oder Artengruppe in einem zusammenhängenden Lebensraum.
Porphyr: Gruppe magmatischer Gesteine mit einzelnen, größeren Kristallen (Einsprenglingen) in feinkörniger, dichter oder glasiger Grundmasse.
Pseudogley: durch Stauwasser geprägter Bodentyp mit dem → Gley ähnlichen Merkmalen. Kenntlich an einer fleckigen Färbung mit rostbraunen, grauen und schwarzen Konkretionen; im wasserstauenden Unterboden bleiche Färbung mit rostbrauner Marmorierung.
Quarzdiorit: Varietät des zur Granit-Familie zählenden → Granodiorits mit viel Plagioklas als einziger Feldspattyp.
Quarzit: sedimentäres oder metamorphes Gestein, zu mindestens 80 % aus Quarz bestehend, massig und ungeschiefert. Farbe weißlich, durch Beimengungen auch grau, braun oder rötlich.
Renaturierung: Versuch der Wiederherstellung eines naturnahen Zustandes von Lebensräumen, oft auch als Gegensatz zum Begriff der Rekultivierung (der Wiedernutzbarmachung ehemaliger Abbauflächen) gebraucht.
Rendzina: flachgründiger Bodentyp über festem oder lockerem Karbonatgestein, bei dem der humose Oberboden scharf ohne B-Übergangshorizont gegen das Ausgangsgestein abgegrenzt ist.
rezent: Lebewesen oder Bildungen der Gegenwart.
Rhenoherzynikum: Teil des → variskischen Gebirges zwischen der nördlichen Vortiefe und der → saxothuringischen Zone, benannt nach den lateinischen Wörtern für Rhein und Harz. Umfaßt Harz und Rheinisches Schiefergebirge, vorwiegend aus devonischen und unterkarbonischen Schichten aufgebaut. Auch als Rhenohercynicum bezeichnet.
Rhyolith: kieselsäurereiches Vulkanitgestein mit meist porphyrischem Gefüge. Sehr kompakt, oft mit Fließgefüge. Ergußäquivalent zu → Granit.
Rohboden: junger Boden im Initialstadium seiner Bildung, zum Beispiel auf Dünen oder im Gebirge. Unter einer maximal 2 cm dünnen humosen Bodenauflage steht unmittelbar der lockere oder feste Gesteinsuntergrund an.
ruderal: Bezeichnung für Standorte, die unter dauerndem oder häufigem Einfluß des Menschen stehen; ursprünglich oder zeitweise pflanzenarm und meist nährstoffreich.
Salinität: Meßzahl für die Menge an Salzen, die im Wasser gelöst sind, ausgedrückt in Promille (‰) oder g/l. Der Salzgehalt von Meerwasser beträgt 35 bis 40 ‰, von Brackwasser 35 bis 0,5 ‰ und von Süßwasser $< 0{,}5$ ‰.
Sand: Bodenteilchen mit einer Korngröße zwischen 0,063 und 2 mm (63 bis 2000 µm).
Sander: Ablagerungen aus Sanden und Schottern der Gletscherbäche im Vorfeld von Gletschern und Inlandeismassen. Das Schmelzwasser lagert das Material sortiert ab, d. h. die groben, schweren Teile zuerst, während es feine Schwebstoffe über weite Strecken mitführt.
saxonisch: Schichtverstellungen im Zusammenhang mit Salzen der Zechstein-Zeit, deren Aufstieg teils ruckartig, teils kontinuierlich verlief. Dabei entstand zum Beispiel das Bruchfaltengebirge im Niedersächsischen Bergland.
Saxothuringikum: Teil des variskischen Gebirges zwischen dem → Rhenoherzynikum und dem → Moldanubikum. Umfaßt die nördlichsten Teile von Vogesen und Schwarzwald, vor al-

lem die sächsisch-thüringischen Gebirge (Name). Gesteine aus Kambrium und Ordovizium, Devon und Unterkarbon sowie im nördlichen Bereich Grundgebirge der Mitteldeutschen Kristallinschwelle; ferner variskische Granitplutone.

Schichtstufe: auffällige Landstufe, die in schwach geneigten Gesteinsschichten unterschiedlicher Härte (Widerstandsfähigkeit) durch Abtragung entsteht und von der harten Oberkante (dem Trauf) steil zum Vorland abfällt. Besonders schön am Nordrand der Schwäbisch-Fränkischen Alb ausgebildet.

Schiefer: metamorphes Gestein mit fein- bis mittelkörnigem Gefüge, sehr deutlicher Schieferung und weniger als 20 % Gehalt an Feldspäten.

Schluff: Bodenteilchen mit einer Korngröße zwischen 2 und 63 µm (Tausendstel Millimeter).

Sedimentation: Ablagerung von Gesteinsmaterial, das andernorts verwitterte und durch Abtragungskräfte forttransportiert wurde. Sedimente können fluviatil (durch Flüsse transportiert), limnisch (Ablagerungen in Seen), äolisch (vom Wind verweht), glazial (durch Gletscher transportiert und geformt) und marin (Ablagerungen des Meeres) sein. Aus ihnen bilden sich neue Gesteine (→ Sedimentgestein).

Sedimentgestein: aus Verwitterungs-Material anderer Gesteine entstehendes Produkt mit völlig neuen Eigenschaften, fast stets geschichtet. Verfestigung der Sedimente durch Entwässerung und/oder Verkittung mit Bindemittel (Ton, Kalk, Kieselsäure).

Sekundärbiotop: durch menschliche Tätigkeit entstandene Lebensräume, zum Beispiel Wasserstellen in Abgrabungen. Das Gegenstück zum Sekundär- ist der Primärbiotop, also durch natürliche Kräfte entwickelte Biotope.

Serpentinit: mehr oder weniger grünes metamorphes Gestein, das überwiegend aus dem Mineral Serpentin besteht; fleckig oder gestreift, dicht, aber wenig hart.

Silikatgestein: allgemeine Bezeichnung für aus Silikaten (Verbindungen von Siliziumdioxid mit basischen Oxiden wie Feldspäte, Feldspatvertreter, Glimmer, Olivine, Tonminerale und andere) bestehenden Gesteinen.

Strandsee → Haff.

subalpin: Höhenstufe im Gebirge, die unterhalb der Waldgrenze von Kampfwald und Krummholzstufe geprägt wird; im allgemeinen zwischen etwa (1400) 1600 und 2000 m über NN.

Subduktion: Bezeichnung im geowissenschaftlichen Konzept der Plattentektonik für das Abtauchen einer Lithosphären-Platte (meist ozeanische Kruste) unter eine andere Platte (meist kontinentale Kruste).

subkontinental: Klimatyp im Übergang vom ozeanischen zum kontinentalen Klima. Kontinentales Klima zeichnet sich durch starke Temperatur- und Feuchteunterschiede im Tages- und Jahresgang aus, ozeanisches Klima ist recht ausgeglichen.

Subherzyn: Sedimentationsbecken zwischen Harz und Flechtinger Höhenzug, das zu dem großen Niederdeutschen Becken gehörte und im Gegensatz zur → Mitteldeutschen Kristallinschwelle auch nach dem Dogger noch Sedimentationsraum blieb.

submediterran: Übergang der mitteleuropäischen Klimatypen zum vom Mittelmeer beeinflußten (mediterranen) Klimatyp. Kennzeichen für wärme- und trockenheitsliebende Pflanzen- und Tierarten, im deutschsprachigen Raum in der Regel auf kleinflächige Sonderstandorte (Wärmeinseln) wie sonnenexponierte Trockenhänge beschränkt.

submontan: Höhenstufe im Gebirge, durchschnittlich zwischen 500 und 1000 m über NN, von Natur aus meist mit Buchenwald.

subnival: Höhenstufe im Gebirge oberhalb der alpinen Zone mit aufgelockerter, polsterartiger Vegetation.

Sukzession: zeitliche Abfolge verschiedener pflanzlicher und/oder tierischer Organismengemeinschaften. Man unterscheidet die primäre Sukzession als erstmalige Besiedlung von sich neu bildenden Flächen (Vulkaninsel, Kiesbank im Fluß) und die sekundäre Sukzession als Wiederherstellung des ehemaligen Zustands nach stärkeren Eingriffen von außen (Kahlschlag, Brand, Beweidung, Ackerbau). Ungelenkte Sukzession läuft ohne Eingreifen des Menschen ab, gelenkte Sukzession beruht auf (bewußten) Veränderungen der natürlichen Entwicklung.

Syenodiorit: mittelkörniges, meist hell- bis dunkelgrau gefärbtes, granitisches Gestein, oft mit Granit gemeinsam vorkommend. Das Vulkangestein wird auch als Monzonit bezeichnet.

Thermokarst: Form sogenannten Frostbodens, der ein Relief mit Einsturzformen zeigt, die durch tauende → Eislinsen im Boden bedingt sind.

Tholeit: basaltisches Gestein ohne das Mineral Olivin; als Gegenstück gibt es den Olivinbasalt.

Ton: Bodenteilchen mit einer Korngröße von > 2 µm (Tausendstel Millimeter).

Tonschiefer: deutlich geschichtetes, dünnschieferiges Gestein, bläulich-grau bis schwarz gefärbt. Entsteht aus Schieferton durch Druck bei Gebirgsbildungen.

Torf: unter Luftabschluß im Wasser entstandes, faserig bröckeliges Zersetzungsmaterial von Pflanzen, entweder Flachmoor-Torf (aus Pflanzen der Verlandungszonen wie Schilf, Seggen und Schwarzerle) oder Hochmoor-Torf (Torfmoose und Wollgräser). Bei mindestens 30 cm Stärke als Moor bezeichnet, sonst Anmoor.

Trachyt: junges, helles Vulkanitgestein, reich an Feldspat.

Travertin: porige, aber sehr feste, kalkige Quellausscheidung. Meist gebändert, Farbe weißlich oder gelb bis braun.

Trittsteinbiotop: kleinere, flächenhafte Lebensräume, die zu klein sind, um vollständigen Populationen das dauerhafte Überleben zu garantieren. Wichtig jedoch zur zeitweisen Besiedlung sowie Ausgangspunkt und Zwischenstation für den Individuenaustausch zwischen größeren Biotopflächen (→ Biotopverbund).

Tuff: verfestigte vulkanische Auswurfprodukte, auch allgemeiner verwendet für unverfestigte vulkanische Aschen. Nichts mit vulkanischer Tätigkeit zu tun hat Kalktuff (Sinter), eine mineralische Ausscheidung (oft Kalk) an Quellaustritten, die sich durch Entweichen von Kohlendioxid, Druck- und Temperaturänderungen oder durch Mitwirken von Pflanzen bildet.

Ubiquist: Pflanzen- oder Tierart ohne spezialisierte Umweltansprüche, die sich an sehr verschiedenartige Lebensräume anpassen kann.

Urstromtal: breite Talfurche im mitteleuropäischen Tiefland, die von großen Schmelzwasser-Flüssen während der Eiszeiten (Pleistozän) gebildet wurden; das Schmelzwasser verlief dort parallel zum Eisrand. Heute nur noch zum Teil von (oft kleinen) Fließgewässern genutzt.

variskisch: Bezeichnung für das in der variskischen Faltungsära entstandene Gebirge, das sich als rund 500 km breiter Faltengürtel vom französischen Zentralplateau durch Deutschland bis in die Sudeten zieht. Auch als varizisch, variscisch und varistisch bezeichnet.

Vegetation: Gesamtheit der Pflanzengesellschaften eines Gebietes (vergleiche → Flora).

Verwerfung: relative Abwärtsbewegung einer Gesteinsscholle an einer geneigten Gesteinsfuge.

Vulkanit → magmatisches Gestein

Waldgrenze: Bereich im Gebirge, in dem noch einigermaßen geschlossene Baumbestände in offene, nur noch von Baumgruppen und Einzelbäumen geprägte Gehölze übergeht (→ Baumgrenze).

Wallberg → Os.

Wollsackverwitterung: für Granit typische Verwitterungsform, die durch schaliges Abplatzen rundliche, kissenartige Blöcke (Wollsäcke) hervorruft.

Zeugenberg: isoliert vor einer → Schichtstufe liegende Berge, die durch Abtragung getrennt wurden und die frühere Lage der Schichtstufe bezeugen.

Zone von Erbendorf-Vohenstrauß: Bereich metamorpher Gesteine an der Grenze zwischen → Saxothuringikum und → Moldanubikum.

Verzeichnis der Bildmotive

Fläming, Elbe-Elster-Niederung und Dübener Heide
Seite 50: Hagelberg bei Belzig

Westfälische Bucht
Seite 51: Beckumer Berge
Seite 52: Blick vom Longinusturm auf Baumberge

Niederrheinisches Tiefland
Seite 53: Dürsberg/Sonsbecker Schweiz
Seite 54: Niederrhein bei Xanten

Nördliches Harzvorland und Magdeburger Börde
Seite 56: Weinberg bei Lostau
Seite 57: östlich Wolfenbüttel

Leipziger Bucht
Seite 58: Blick vom Wachtelberg bei Wurzen
Seite 59: südlich von Ronneburg

Zentraleuropäische Mittelgebirge

Weser- Leine-Bergland
Seite 60: Blick bei Dransfeld
Seite 61: Blick bei Scheden

Harz
Seite 63: Wendefurther Becken, östlich von Rübeland
Seite 64: Blick auf den Brocken

Südöstliches Harzvorland und Kyffhäuser
Seite 66: Blick von Berga auf den Kyffhäuser

Bergisches, Sauer- und Siegerland
Seite 67: westlich Kircheib/Bergisches Land
Seite 68: Blick vom Jagdberg Richtung Hainchen

Eifel und Moseltal
Seite 69: Blick auf Weinfelder Maar
Seite 70: Blick von Starkenburg auf das Moseltal

Hunsrück
Seite 71: Wildenburg

Mittelrheintal
Seite 72: Rheintal bei Rhens

Westerwald, Lahn und Taunus
Seite 73: Westerwald in Richtung Driedorf
Seite 74: Lahn bei Obernhof

West- und Osthessisches Bergland
Seite 75: Fuldatal von Hann.-Münden
Seite 76: Blick auf Meißner

Vogelsberg und Rhön
Seite 77: Vogelsberg vom Hoherodskopf
Seite 78: Rhön nördlich Rodenbach bei Gersfeld

Süddeutsches Schichtstufenland

Mainfranken und Süddeutsches Gäuland
Seite 107: Bergle bei Rottweil
Seite 108: Hessigheimer Felsengärten/Neckartal

Schwäbisch-Fränkisches Keuperbergland und Albvorland
Seite 109: Blick vom Lochen/Balinger Berge auf Eyach-Ebene mit Balingen
Seite 110: Steigerwald bei Freihaslach

Schwäbisch-Fränkische Alb
Seite 111: Blick vom Lochen auf Hörnle
Seite 112: Zwing bei Neresheim

Nördlinger Ries
Seite 113: Blick auf Utzmemmingen

Coburger Land
Seite 114: Blick von Banz Richtung Lichtenfels

Oberpfälzisches Hügelland
Seite 115: Blick auf Burg Leuchtenberg

Alpen und Alpenvorland

Donauniederung
Seite 116: Donau bei Vohburg

Hegau
Seite 117: Hohenhewen

Iller-Lech-Riedelland
Seite 118: Wurzacher Ried

Niederbayerisches Hügelland und Oberbayerische Schotterplatten
Seite 119: südlich Landshut

Jungmoränen-Alpenvorland
Seite 120: Halbinsel Mettnau/Bodensee
Seite 121: Allgäu südöstlich Eglofs

Allgäuer und Bayerische Alpen
Seite 122: Weitsee
Seite 123: Blick vom Spitzstein auf Feichteck, Karkopf und Hochries
Seite 124: Oben: Blick von Oberau auf Berchtesgaden
Unten: Blick vom Spitzstein auf das Geigelstein-Massiv
Seite 127: Steinerne Jungfrauen im Eselsburger Tal bei Heidenheim

Wald- und Forstbiotope

Seite 131: Buchenwald im Sachsenwald
Seite 132: Eichen-Hainbuchen-Wald im Krofdorfer Forst bei Wettenberg-Wißmar
Seite 133: Flaumeichenwald mit Buchsbaum im Grenzacher Buchswald
Seite 134: Schluchtwald an der Adelegg/Allgäu
Seite 135: Bachauenwald am Fohnbach im Krofdorfer Forst
Seite 136: Hartholzaue mit Märzenbecher an der Donau bei Gundelfingen
Seite 137: Bruchwald bei Lich
Seite 138: Pappelforst im Volkmarser Stadtbruch
Seite 139: Tannen- und Buchen-Tannenwald im hohen Schwarzwald
Seite 140: Fichtenwald am Seekopf Nähe Wildsee/Schwarzwald

Seite 141: Kiefernwald im Wendland
Seite 142: Fichtenforst im Krofdorfer Forst
Seite 143: Kahlschlag-Flur im Wendland
Seite 144: Fichten- Jungpflanzung am Lahnhof
Seite 145: Hutewald der Irndorfer Hardt/Schwäbische Alb
Seite 146: Niederwald im Krofdorfer Forst nahe Kirchvers
Seite 147: Buchenwald am Mindelsee, im Umbau zum Femelwald begriffen
Seite 148: Altholzinsel im Burgwald
Seite 149: Totholz im Krofdorfer Forst nahe Wettenberg-Wißmar
Seite 150: Waldsaum im Westerwald

Sonstige Gehölzbiotope

Seite 153: Brombeer-Niederhecke zwischen Arolsen-Landau und -Bühle
Seite 154: Mittelhecke bei Arolsen-Landau
Seite 155: Hochhecke bei Arolsen-Landau
Seite 156: Baumhecke auf der Schleswig-Holsteinischen Geest
Seite 157: Wallhecke auf der Schleswig-Holsteinischen Geest
Seite 158: Allee bei Gut Emkendorf
Seite 159: Solitäre Eiche bei Breuna
Seite 160: Feldholzinsel im Hüttenberger Hügelland
Seite 161: Obstwiese bei Heuchelheim-Kinzenbach
Seite 162: Obstplantage bei Xanten
Seite 163: Kopfweiden-Reihe bei Arolsen-Mengeringhausen
Seite 164: Gehölzbrache bei Biebertal-Fellingshausen
Seite 165: Straßenrand-Pflanzung im Meißner

Trockene Offenbiotope

Seite 167: Kalktrockenrasen an der Rennweghohle bei Zeutern/Kaichgau
Seite 168: Halbtrockenrasen auf dem Limberg/Kaiserstuhl
Seite 169: Binnendünen der Saarmunder Berge
Seite 170: Sandheide in der Lüneburger Heide nahe Wilseder Berg
Seite 171: Hochheide am Belchen/Schwarzwald
Seite 172: Borstgrasrasen in der Struth von Bottenhorn
Seite 173: Felsen am Belchen/Schwarzwald
Seite 174: Hochwasserdamm am Oberrhein bei Hartheim
Seite 175: stillgelegte Straßenbahn-Trasse in Essen-Rüttenscheid
Seite 176: Sandweg nahe Wilseder Berg
Seite 177: Hohlweg (Rennweghohle) bei Zeutern/Kraichgau
Seite 178: trockene Ruderalflur auf deponiertem Erdaushub, Wettenberg-Wißmar

Ackerbiotope

Seite 181: Sommergetreide und Raps im Hüttenberger Hügelland
Seite 182: Hackfruchtacker: Kartoffelacker bei Hessigheim
Seite 183: Grünfutter-Anbaufläche in der Lahnaue bei Wettenberg-Wißmar
Seite 184: Ackerbrache bei Wettenberg-Wißmar
Seite 185: Ackerrandstreifen bei Twistetal-Twiste
Seite 186: Weinkultur an den Moselhängen bei Kröv
Seite 187: Weinbergbrache an den Lahnhängen bei Bad Ems
Seite 188: Baumschule in Dithmarschen

Grünlandbiotope

Seite 191: Talfettwiese am Dürsberg/Sonsbecker Schweiz
Seite 192: Bergwiese am Hochgescheid bei Präg/Schwarzwald
Seite 193: Fett-Viehweide in der Soholmer Au/Schleswig-Holstein
Seite 194: Pfeifengraswiese an den Blitzenreuter Seen
Seite 195: Gedüngte Feuchtwiese am Pfrunger Ried
Seite 196: Feuchte Hochstaudenflur nördlich Villingen
Seite 197: Großseggenried am Twistevorstau bei Arolsen
Seite 198: Grünland-Brache bei Biebertal-Fellingshausen

Moorbiotope

Seite 201: Salemer Moor bei Ratzeburg
Seite 202: Moorheide am Weißen Moor bei Heide
Seite 203: Niedermoor am Weißen Moor bei Heide
Seite 204: Übergangsmoor im Lichtenmoor bei Nienburg nach Abtorfung
Seite 205: verlandender Torfstich im Fockbeker Moor

Stillgewässer-Biotope

Seite 208: Garrensee bei Ratzeburg
Seite 209: Bültsee
Seite 210: Teich in Borstel
Seite 211: Tümpel in einem Steinbruch bei Dilschhausen im Marburger Hinterland
Seite 212: Rußheimer Altrhein
Seite 213: Wendefurther Becken/Harz
Seite 214: Rieselfelder Münster
Seite 215: Laichkräuter auf Abgrabungsgewässer im Krofdorfer Forst
Seite 216: Schilfröhricht am Aalkistensee bei Ölbronn
Seite 217: vegetationsarmes Ufer am Wollmatinger Ried/Bodensee

Fließgewässer-Biotope

Seite 220: Murrursprung bei Vorderwestermurr, eine Sturzquelle
Seite 221: Todtnauer Wasserfall/Schwarzwald
Seite 222: Gertelsbach oberhalb Bühlertal/Schwarzwald
Seite 223: Kossautal südlich von Lütjenburg
Seite 224: Lahn oberhalb von Marburg-Cölbe
Seite 225: Flußstaustufe der Fulda oberhalb Hann.-Münden
Seite 226: Rhein-Herne-Kanal in Gelsenkirchen
Seite 227: Graben nahe den Riddagshäuser Teichen bei Braunschweig

Küstenbiotope

Seite 229: Sublitoral der Nordsee vor dem Westerheversand
Seite 230: Sand- und Schlickwatt bei Nordstrand
Seite 231: Lummenfelsen auf Helgoland mit Trottellummen und Dreizehenmöwen
Seite 232: Sandstrand am Amrumer Kniepsand
Seite 233: Rotes Kliff auf Sylt
Seite 234: Ostsee-Strandwall am Schwansener See bei Damp
Seite 235: Kleiner Binnensee bei Hohwacht
Seite 236: Salzwiese vor dem Norderheverkoog/Eiderstedt

Alpine Biotope

Siedlungsbiotope

Abgrabungs- und Industriebiotope

Alle Fotos von Leonie und Eckhard Jedicke, Seite 245 von Martin Haberer

Literaturverzeichnis

Arbeitskreis Forstliche Landespflege (Hrsg., 1986): Biotop-Pflege im Wald. Kilda-Verlag, Greven, 2. Auflage.

Blab, J. (1989): Grundlagen des Biotopschutzes für Tiere. Schr.-R. Landschaftspfl. u. Natursch. 24, Kilda-Verlag, Greven, 3. Auflage.

— Terhardt, A., Zsivanovits, K.-P. (1989): Tierwelt in der Zivilisationslandschaft, Teil I: Raumeinbindung und Biotopnutzung bei Säugetieren und Vögeln im Drachenfelser Ländchen. Schr.-R. Landschaftspfl. u. Natursch. 30, Kilda-Verlag, Greven.

Briemle, G. (1991): Abgrenzung von Feuchtgebieten unter botanisch-indikatorischen Aspekten. Naturschutz und Landschaftsplanung **23**, (5), 182-185.

Bushart, M., Haustein, B., Lüttmann, J., Wahl, P. (Bearb., 1990): Rote Liste der bestandsgefährdeten Biotoptypen von Rheinland-Pfalz (Stand 1. 12. 1989). Hrsg. vom Ministerium für Umwelt und Gesundheit, Mainz.

Dettmar, J. (1991): Industriebrachen — vergiftete Wüsten oder lebendige Oasen. Hrsg. von der Gesellschaft Internationale Bauausstellung Emscher Park, Gelsenkirchen.

Eigner, J., Schmatzler, E. (1991): Handbuch des Hochmoorschutzes. Naturschutz aktuell 4, Kilda-Verlag, Greven.

Ellenberg, H. (1982): Vegetation Mitteleuropas mit den Alpen in ökologischer Sicht. Verlag Eugen Ulmer, Stuttgart, 3. Auflage.

Engelhardt, W. (1971): Was lebt in Tümpel, Bach und Weiher? Franckh'sche Verlagshandlung, Stuttgart, 5. Auflage.

Fehn, H. (1968): Topographischer Atlas Bayern. Paul List Verlag, München.

Fezer, F. (1979): Topographischer Atlas Baden-Württemberg. Wachholtz Verlag, Neumünster.

— Muuss, U. (1971): Luftbildatlas Baden-Württemberg. Paul List Verlag und Wachholtz Verlag, München/Neumünster.

Franke, W. (1989 a): Variscan plate tectonics in Central Europe, current ideas and open questions. Tectonophysics **169**, 221-228.

— (1989 b): Tectonostratigraphic units in the Variscan belt of central Europe. Geological Society of America, Special Paper **230**, 67-90.

Friese, G., Müller, H. J., Dunger, W., Hempel, W., Klausnitzer, B. (1973): Habitatkatalog für das Gebiet der DDR. Entomologische Nachrichten (Dresden) **17**, (4/5), 42-77.

Geyer, O. F., Gwinner, M. P. (1979): Die Schwäbische Alb und ihr Vorland. Sammlung Geologischer Führer 67. Verlag Gebr. Borntraeger, Berlin/Stuttgart.

Henningsen, D. (1981): Einführung in die Geologie der Bundesrepublik Deutschland. Ferdinand Enke Verlag, Stuttgart, 2. Auflage.

Heydemann, B. (1981): Ökologie und Schutz des Wattenmeeres. Angewandte Wissenschaft 255. Schr.-R. des Bundesministers für Ernährung, Landwirtschaft und Forsten, Landwirtschaftsverlag, Münster-Hiltrup.

— Müller-karch, J. (1980): Biologischer Atlas Schleswig-Holstein. Wachholtz Verlag, Neumünster.

— Nowak, B. (1980): Katalog der zoologisch bedeutsamen Biotope (Ökosysteme) Mitteleuropas. Natur und Landschaft **55**, (1), 7-9.

Hölzinger, J. (1987): Die Vögel Baden-Württembergs. Bd. 1: Gefährdung und Schutz. Verlag Eugen Ulmer, Stuttgart.

Hoffmann, A. (1991): Sanierung alter Mauern mit Fugenvegetation. Naturschutz und Landschaftsplanung **23**, (3), 114-116.

Hohl, R. (Hrsg., 1981): Die Entwicklungsgeschichte der Erde. VEB F. A. Brockhaus Verlag, Leipzig, 7. Auflage.

Jedicke, E. (1986): Blumenwiese oder Rasen? Anlage und Pflege. Franckh'sche Verlagshandlung, Stuttgart.

— (1988): Kleingewässer. Teiche, Tümpel, Weiher. Otto Maier, Ravensburg.

— (1989 a): Boden. Entstehung, Ökologie, Schutz. Otto Maier, Ravensburg.

— (1989 b): Brachland als Lebensraum. Otto Maier, Ravensburg.

— (1990 a): Biotopverbund. Grundlagen und Maßnahmen einer neuen Naturschutzstrategie. Verlag Eugen Ulmer, Stuttgart.

— (1990 b): Amphibien. Ökologie, Gefährdung,

Schutz. Otto Maier, Ravensburg.
– (1991): Schöne Hecken für Garten und Landschaft. Verlag Eugen Ulmer, Stuttgart.
– Frey, W., Hundsdorfer, M., Steinbach, E. (1992): Praktische Landschaftspflege. Verlag Eugen Ulmer, Stuttgart.
Jedicke, L., Jedicke, E. (1989): Naturdenkmale in Schleswig-Holstein. Landbuch-Verlag, Hannover.
– (1991 a): Das Watt neu entdecken. Landbuch-Verlag, Hannover.
– (1991 b): Naturdenkmale in Baden-Württemberg. Landbuch-Verlag, Hannover.
Kaule, G. (1986): Arten- und Biotopschutz. Verlag Eugen Ulmer, Stuttgart.
Kempf, N., Lamp, J., Prokosch, P. (Red., 1988): Salzwiesen: Geformt von Küstenschutz, Landwirtschaft oder Natur? Tagungsbericht 1, WWF Deutschland, Husum, 2. Auflage.
Knief, W. (1987): Die Bedeutung des Wattenmeeres für Vögel. Seevögel **8**, (2), 23-28.
Kraft, M. (1991): Vogelbestand im Marburger Südviertel. Naturschutz und Landschaftsplanung **23**, (2), 69-73.
Kuckuck, P. (1974): Der Strandwanderer. Verlag Paul Parey, Hamburg/Berlin, 11. Auflage.
Laukötter, G. (1987): Quellen. Broschüre, Naturschutzzentrum NRW, Recklinghausen.
Leser, H. (1991 a): Ökologie wozu? Der graue Regenbogen oder Ökologie ohne Natur. Springer-Verlag, Berlin/Heidelberg.
– (1991 b): Landschaftsökologie. Ansatz, Modelle, Methodik, Anwendung. Verlag Eugen Ulmer, Stuttgart, 3. Auflage.
Liedtke, H. (1984): Namen und Abgrenzungen von Landschaften in der Bundesrepublik Deutschland gemäß der amtlichen Übersichtskarte 1 : 500 000 (ÜK 500). Forschungen zur deutschen Landeskunde 222, Trier.
– Hepp, K.-H., Jentsch, C. (1974): Das Saarland in Karte und Luftbild. Wachholtz Verlag, Neumünster.
– Scherf, G., Sperling, W. (1973): Topographischer Atlas Rheinland-Pfalz. Wachholtz Verlag, Neumünster.
Matthes, S., Okrusch, M. (1965): Spessart. Sammlung Geologischer Führer 44. Verlag Gebr. Borntraeger, Berlin/Stuttgart.
Murawski, H. (1983): Geologisches Wörterbuch. Ferdinand Enke Verlag, Stuttgart, 8. Auflage.
Muuss, U., Schüttler, A. (1969): Luftbildatlas Nordrhein-Westfalen. Wachholtz Verlag, Neumünster.
Naturschutz-Zentrum Hessen (Hrsg., 1991): Lebensraum Magerrasen. Biotop des Jahres 1991. Selbstverlag, Wetzlar.
Neef, E. (1981): Das Gesicht der Erde. Verlag Harri Deutsch, Thun/Frankfurt/M., 5. Auflage.
Nickel, E., Fettel, M. (1979): Odenwald. Sammlung Geologischer Führer 65. Verlag Gebr. Borntraeger, Berlin/Stuttgart.
Oberdorfer, E. (1983): Pflanzensoziologische Exkursionsflora. Verlag Eugen Ulmer, Stuttgart, 5. Auflage.
Paffen, K. (Hrsg., 1973): Das Wesen der Landschaft. Wege der Forschung 39, Wissenschaftliche Buchgesellschaft, Darmstadt.
Plachter, H. (1991): Naturschutz. Verlag Gustav Fischer, Stuttgart.
Reade, W., Hosking, E. (1974): Vögel in der Brutzeit. Verlag Eugen Ulmer, Stuttgart.
Reineck, H.-E. (Hrsg., 1982): Das Watt. Ablagerungs- und Lebensraum. Frankfurt, 3. Auflage.
Riecken, U., Blab, J. (1989): Biotope der Tierwelt in Mitteleuropa. Naturschutz aktuell **7**, Kilda-Verlag, Greven.
Rothmaler, W. (1984/1987): Exkursionsfauna für die Gebiete der DDR und der BRD. Bd. 1 und 2, Verlag Volk und Wissen, Berlin, 2./11. Auflage.
Runge, F. (1986): Die Pflanzengesellschaften Mitteleuropas. Aschendorffsche Verlagsbuchhandlung, Münster, 8./9. Auflage.
Rutte, E., Wilczewski, N. (1983): Mainfranken und Rhön. Sammlung Geologischer Führer 74. Verlag Gebr. Borntraeger, Berlin/Stuttgart.
Schaefer, M., Tischler, W. (1983): Wörterbücher der Biologie: Ökologie. Gustav Fischer Verlag, Jena, 2. Auflage.
Scheffer, F., Schachtschabel, P. (1982): Lehrbuch der Bodenkunde. Ferdinand Enke Verlag, Stuttgart, 11. Auflage.
Schönenberg, R., Neugebauer, J. (1987): Einführung in die Geologie Europas. Verlag Rombach, Freiburg i. Br., 5. Auflage.
Schrader, E. (1970): Die Landschaften Niedersachsens. Bau, Bild und Deutung der Landschaft. Wachholtz Verlag, Neumünster.
Schultze, J. H. (1955): Die Naturbedingten Landschaften der Deutschen Demokratischen Republik. VEB Geographisch-Kartographische Anstalt, Gotha.

Schweizer, V., Kraatz, R. (1982): Kraichgau und südlicher Odenwald. Sammlung Geologischer Führer 72. Verlag Gebr. Borntraeger, Berlin/Stuttgart.

Sperling, W., Strunk, E. (1970): Luftbildatlas Rheinland-Pfalz. Wachholtz Verlag, Neumünster.

Stresemann, E. (1983): Exkursionsfauna für die Gebiete der DDR und der BRD. Bd. 2.1: Wirbellose, 6. Aufl.; Bd. 3: Wirbeltiere, 8. Auflage. Verlag Volk und Wissen, Berlin.

Tischler, W. (1990): Ökologie der Lebensräume. Meer, Binnengewässer, Naturlandschaften, Kulturlandschaft. Verlag Gustav Fischer, Stuttgart.

Tietze, W., Boesler, K.-A., Klink, H.-J., Voppel, G. (Hrsg., 1990): Geographie Deutschlands: Bundesrepublik Deutschland. Verlag Gebr. Borntraeger, Berlin/Stuttgart.

Voigtländer, U. (1989): Wanderatlas Müritzgebiet. VEB Tourist Verlag Berlin/Leipzig, 4. Auflage.

Wagenbreth, O., Steiner, W. (1985): Geologische Streifzüge. Landschaft und Erdgeschichte zwischen Kap Arkona und Fichtelberg. VEB Deutscher Verlag für Grundstoffindustrie, Leipzig, 2. Auflage.

Westrich, P. (1989): Die Wildbienen Baden-Württembergs. Bd. I und II. Verlag Eugen Ulmer, Stuttgart.

Wildermuth, H. (1980): Natur als Aufgabe. Leitfaden für die Naturschutzpraxis in der Gemeinde. Schweizerischer Bund für Naturschutz, Basel.

Wilmanns, O., Wimmenauer, W., Fuchs, G. (1989): Der Kaiserstuhl: Gesteine und Pflanzenwelt. Verlag Eugen Ulmer, Stuttgart, 3. Auflage .

Wimmenauer, W. (1985): Petrographie der magmatischen und metamorphen Gesteine. Ferdinand Enke Verlag, Stuttgart.

Wittig, R. (1991): Ökologie der Großstadtflora. Uni-Taschenbücher 1587, Gustav Fischer Verlag, Stuttgart.

Register

Die Zahlen der Seiten, auf welchen eine ausführliche Abhandlung erfolgt, sind hervorgehoben. Aus Platzgründen sind die Namen von Pflanzen und Tieren nicht aufgenommen, sondern nur die Bezeichnungen wichtiger Pflanzengesellschaften.